JN192254

Emeran Mayer, M.D.

THE MIND-GUT CONNECTION

How the Hidden Conversation within Our Bodies Impacts Our Mood, Our Choices, and Our Overall Health

腸と脳

エムラン・メイヤー

高橋洋 訳

体内の会話はいかにあなたの気分や選択や健康を左右するか

紀伊國屋書店

腸と脳

体内の会話はいかにあなたの気分や選択や健康を左右するか

Emeran Mayer, M.D.

THE MIND-GUT CONNECTION

How the Hidden Conversation within Our Bodies Impacts Our Mood, Our Choices, and Our Overall Health

Published by arrangement with Harper Wave,
an Imprint of HarperCollins Publishers
through Japan UNI Agency, Inc., Tokyo

自分の内臓感覚に耳を澄ますよう
つねに励ましてくれた
ミノウとディランに、
そして私に腸と脳のコミュニケーションに対する
関心の火を灯してくれた
わが師ジョン・H・ウォルシュに、
本書を捧げる。

目次

第1部　身体というスーパーコンピューター

※本文中の〔　〕は訳者による注を示す。

第1部
身体というスーパーコンピューター

第1章

リアルな心身の結びつき

　私が大学の医学部に入ったのは一九七〇年だが、そのころの医師たちは人体を、限られた数の部品からなる複雑な機械としてとらえていた。この機械は、十分にメンテナンスをして正しい燃料を与え続ければ、平均しておよそ七五年間動く。高級車同様、大事故に遭わなければ、また、取り返しがつかないほど部品が壊れなければ、走り続ける。一生に何度か定期点検を行なえば、予期せぬ災いを免(まぬか)れる。薬や外科手術は、感染、不慮の事故による負傷、あるいは心臓疾患などの突発性の問題に対処する、強力なツールとして考えられていた。

　しかしここ四、五〇年のあいだに、私たちの健康に関する何かが根本的に狂いはじめ、古い医療モデルでは対処はおろか、理由の説明さえも不可能なことが明らかになってきた。一つの器官や遺伝子の異常という要因によって現在起こっている問題を説明することは、もはや妥当とは見なされなくなったのである。今や私たちは、急激に変化する環境に身体と脳を適応させる複雑な調節メカニズムが、自分たちのライフスタイルから影響を受けていることに気づきはじめた。これらの調節メカニズムは、おのおの独立してではなく一つの全体として機能しつつ、摂食、代謝、体重、免疫系、さらには脳の発達や健康の維持をコントロールしている。ようやく私たちは、腸と腸内微生物、およびそこに宿る微生物が厖大な数の遺伝子（マイクロバイオーム）をもとに産生するシグナル分子が、調節メカニズムの重要な構成要素をなすことを理解しつつある（微生物の集合を遺伝子の観点から表わす場合をマイクロバイオーム、個体の観点から表わす場合をマイクロバイオータという。本書で「マイクロバイオーム」「マイクロバイオータ」と表記する場合は、もっぱら腸内のものを指す）。

本書で私は、腸と腸内に宿る兆単位の微生物、そして脳とが、いかに密に連絡を取り合っているかについて、革新的な見方を提示する。とりわけこの三者の結びつきが、脳や腸の健康維持に果たす役割に焦点を絞る。さらには、この体内の会話が遮断された場合、脳や腸の健康にもたらされる悪影響について論じ、脳と腸の連絡を再確立して最適化することによって、健康を取り戻す方法を紹介する。

私は学部生時代でさえ、医学の世界に広く流布していた従来のアプローチに満足していなかった。身体組織や疾病のメカニズムに関する研究は数多（あまた）あれど、胃潰瘍（かいよう）、高血圧、慢性疼痛（とうつう）などの、ごく普通の病気の発症に脳がどのように関わっているかについては、ほとんど何の言及もないのに驚かされた。また、病院内を巡回しているときに、徹底的な検査をしても症状の原因がつきとめられない患者に何人か出会った。その症状のほとんどは、腹部、骨盤、胸部など、身体のさまざまな部位で生じる慢性疼痛に関係していた。そのような経験をしながら三年生になり、論文を書く準備に取り掛からねばならなくなったとき、これらのごく普通の病気をもっとよく理解できるようになるはずだと考えて、脳と身体の相互作用を研究する生物学を学びたくなった。そこで数か月かけて、専門が異なる何人かの教授に相談しにいった。内科学の部門長を務めていたカール教授は、「メイヤー君、慢性疾患の発症に心が重要な役割を果たしていることは誰もが知っている。だが、この現象を研究するための科学的方法は今のところ存在しない。ましてや、それに関して一篇の論文を書くことなど土台不可能だ」といい放った。

カール教授の疾病モデル、というより当時の医学界で用いられていたあらゆるモデルは、感染症、心臓発作、外科的救急処置を要する疾病（たとえば虫垂炎）など、特定の急性疾患（突然発症して長引かない病気）には非常にうまく機能する。いずれの疾病の治療においても成功を収めた現代医学は自信を深め、ますます効力が増していく抗生物質によって、治療のできない感染症はほとんどなくなった。新たに考案された外科的手術は、さまざまな疾病を防ぎ、治療することができる。壊れた器官は、切除したり取り替えたりすることが可能になった。私たちに必要なのは、人体というマシンの各パーツを動かしているメカニズムの詳細を解明することだけだと考えられていた。こうしてますます高度化していくテクノロジーへの依存度を増しながら、医療システムは、がんを含めた致命的な健康問題がいずれは解決されると想定する楽観主義の浸透に拍車をかけてきたのである。

かつてリチャード・ニクソン大統領が米国がん法（一九七一年）に署名したとき、西洋医学は新次元に突入し、軍隊のたとえ（メタファー）を新たに手に入れた。がんは国家の敵に、人体は戦場になったのだ。この戦場では、医師は、毒性を帯びた化学物質、命取りになりかねない放射線、そして外科手術を駆使しながら総力を結集してがん細胞を攻撃する、などというように、焦土作戦を展開して身体から疾病を取り除く。薬物治療でも類似の戦略が採用され、さまざまな細菌を殺す、もしくは無力化することのできる薬効範囲の広い抗生物質をばら撒（ま）きながら感染症と戦い、病原菌を殲滅（せんめつ）する。いずれのケースでも、勝利を手中に収められる限り、付帯的損害（コラテラルダメージ）は容認可能なリスクと見なされる。

それから数十年間、機械的で軍隊的な疾病モデルが医学研究の指針として用いられた。「故障した部品を修理しさえすれば、問題は解決するだろう。究極の原因を解明する必要などない」と考えられていたのだ。このような医療哲学は、ベータ遮断薬やカルシウム拮抗薬を用いて、脳が発信する異常なシグナルが心臓や血管に届かないようにする高血圧治療や、胃酸の過剰な生成を抑えることによって胃潰瘍や胸焼けを治療するプロトンポンプ阻害薬を生んできた。医療や科学は、これらすべての問題の主たる原因である、脳の機能不全にはほとんど注意を払ってこなかった。あるアプローチが失敗すれば、さらに強力な手段が用いられた。プロトンポンプ阻害薬で潰瘍を抑えられなければ、脳と腸を結ぶ必要不可欠な神経線維の束である迷走神経を切断したのだ。

確かになかには、大きな成功を収めたアプローチもある。長いあいだ、医療システムや製薬業界は、わざわざアプローチを変える必要を感じなかったらしい。疾病の発症を防ぐのが第一と、患者がはっぱをかけられることはあまりなかった。とりわけ強調したいのは、ストレスを受けているとき、あるいは心理状態が良くないときに、脳や、脳が身体に送る特異なシグナルが果たす重要な役割が、考慮されていなかったと思われることだ。高血圧、心臓病、胃潰瘍の初歩的な治療法は、はるかに効果的な治療法で徐々に置き換えられ、それによって人命が救われ、苦痛が緩和され、そして製薬業界が潤った。

しかし今日、かつてもてはやされた機械のメタファーは退潮しつつある。従来の医療モデルがたとえとして用いていた車、船、飛行機などの四〇年前の機械は、能力において今日の機械の主役たるコンピューターに遠く及ばない。月に到達したアポロ宇宙船でさえ、搭載していた計算機器はごく初歩的なもので、iPhoneの数百万分の一の性能しか持たず、一九八〇年代の電子計算機と比較するほうが妥当な代物だった。至極当然のことだが、当時の機械的な疾病モデルは、計算能力や知能（インテリジェンス）を考慮に入れていなかった。そう、脳が無視されていたのだ。

テクノロジーが変化するにつれ、人体の概念化に用いられるモデルも変化してきた。計算能力は爆発的に向上した。車は今や、正常な機能を保てるよう各部位を監視し調節する能力を備えた、車輪のついた動くコンピューターと化し、自動走行の実現も目前に迫っている。機械やエンジンに向けられたかつての関心は、情報収集と情報処理に対する関心に移行した。いくつかの疾病の治療には有用な機械モデルも、身体や脳の慢性疾患の理解となると、もはや何の役にも立たない。

機械モデルの代価

投薬や手術で修理が可能な複雑な機械の、個々の部品の破損として疾病をとらえる従来の見方は、いやましに成長する医療産業を生んだ。一九七〇年以来、アメリカ人一人あたりの医療費は二〇〇〇パーセント上昇している。アメリカ経済が一年間に生産するすべての製品のほぼ二〇パーセントにあたる金額が、この巨大な産業に支払われているのだ。

世界保健機関が二〇〇〇年に発表した画期的な報告は、対象となる一九一か国のうち、医療費に関してはアメリカを最高位にランクしているが、残念ながら医療の総合的な評価は三七位、健康レベルについては七二位に位置づけている。民間団体コモンウェルス・ファンドによる最近の報告でもアメリカの医療の成績は悪く、一一の欧米諸国中、一人あたりの医療費が最高で、他のすべての国のおよそ二倍にのぼるとされている。ところが総合的な評価では、アメリカは最低のランクに位置づけられている。このデータは、アメリカでは健康問題に対処するのに莫大な資源が費やされるようになったにもかかわらず、慢性疼痛、過敏性腸症候群（IBS、以降この表記を用いる）などの脳腸障害（brain-gut disorders）、うつ病、不安障害、神経変性疾患などの心の病の治療に関しては、ほとんど進歩がないという厳しい現実を反映する。この結果は、人体を理解するモデルが時代遅れになったことを意味するのか？　この問いに「イエス」と答える統合医療の専門家、機能性医療の実践者の数は次第に増えつつある。それどころか、主流の科学者にも、そのように考える人が現われはじめている。変化は差し迫っているのだ。

一般的な健康状態の劣化

IBS、慢性疼痛、うつ病などのさまざまな慢性疾患に効果的に対処できないことだけが、疾病に焦点を絞る従来的な医療モデルの欠陥なのではない。一九七〇年代以後、肥満やそれに関連する代謝障害、炎症性腸疾患、喘息（ぜんそく）、アレルギーなどの自己免疫障害、アルツハイマー病やパーキンソン病などの加齢にともなう脳疾患や進行中の脳疾患を含め、健康に対する新たな障害の増加が見られるようになった。たとえば、アメリカにおける肥満率は、一九七二年の一三パーセントから二〇一二年の三五パーセントへと次第に増大している。今日のアメリカでは、一億五四七〇万の成人と、二歳から一九歳の子どもの一七パーセント、すなわち六人に一人の子どもが、太り気味か肥満だ。また、毎年少なくとも二八〇万人が、肥満が原因で死亡している。世界的に見ると、糖尿病の四四パーセント、虚血性心疾患の二三パーセント、各種がんの七〜四一パーセントは、その原因を太り気味と肥満に求めることができる。肥満の流行が退潮しなければ、それによる疾病の治療にかかる費用は、驚くべきことに年間六二〇〇億ドルにものぼると見積もられる。

私たちは現在でも、このような新たな健康障害の発生件数が急上昇した原因をつきとめようと苦労しているが、そのほとんどは、効果的な解決方法が見つかっていない。アメリカの平均寿命の延びかたは他の先進諸国と軌を一にするが、高齢者の身体と心の健康という点では大幅な遅れをとる。平均寿命が延びた分の代価を、その延びた数年間の生活の質（ＱＯＬ）の低下で払っているともいえよう。

だから私たちは、人体がいかに機能するのか、どうすればそれを最適な状態に保てるのか、また、障害が生じたときにいかにして安全かつ効率的に治せるのかを理解するための現行のモデルを、今こそ更新しなければならない。もはや、時代遅れになったモデルがこれまで生んできた代価や長期的なコラテラルダメージを、許容するわけにはいかないのだ。

これまで私たちは、全般的な健康の維持という点になると、消化管（消化器系）と脳（神経系）という、人体が備える二つの複雑かつ重要な系（システム）を無視してきた。心身の相関は神話などではなく生物学的事実であり、身体全体の健康を理解するためには必須の要素なのである。

スーパーコンピューターとしての消化器系

消化器系に関する私たちの理解は、数十年来、身体を機械と見なすモデルに依拠してきた。この見方では、消化管は、一九世紀に提起された蒸気機関の原理で作動する時代遅れの装置と見なされる。

私たちは、食物を口に入れ、咀嚼し、嚥下する。すると胃は、濃塩酸の助けを借りつつ機械的な研磨力を行使して食物を分解し、それから均質化した食物のペーストを小腸に送る。小腸ではカロリーと栄養素が吸収され、未消化の食物を大腸に送る。大腸は排便によって消化の残骸を廃棄する。この種の産業化時代のたとえはわかりやすく、今日の胃腸病専門医や外科医を含め、長らく医師の見方を支配してきた。この見方によれば、機能不全に陥った消化管の部位は、簡単に切除もしくはバイパスが可能だ。また、減量のために、大規模な再配線を施すこともできる。この種の技法に熟達した今日の医師は、外科手術をせずに内視鏡検査を行なうことさえできる。

しかしこの見方は、極度の単純化と見なされるようになった。医学は依然として、消化器系を脳とはほぼ独立した組織と見なしているが、現在ではこれら二つの組織が密接に関連していることが知られており、この知見は「脳腸相関」〔gut-brain axis 脳腸軸とも訳される〕という概念に反映されている。それに基づいていえば、私たちの消化器系は、従来の想定よりはるかに精緻で複雑で強力だ。最近の研究によれば、腸は、そこに宿る微生物との密接な相互作用を通して、基本的な情動、痛覚感受性、社会的な振る舞いに影響を及ぼし、意思決定さえ導く。しかもそれは、食べ物の好き嫌いや食べる量に限った話ではない。「内臓感覚に基づく判断」といういい古された表現の正しさは、神経生物学的にも裏づけられる。つまり、私たちが自分の人生を左右する判断を下す際には、腸と脳の複雑なコミュニケーションが関与するのである。

腸と心の結びつきは、心理学者だけが関心を持つべき類のものではない。頭の内部の問題に限った話ではないのだ。この結びつきは、脳と腸の解剖学的な結合という形態で固定配線されており、さらには血流を介して伝達される生物学的なシグナルにも支えられている。だがここは先を急がず、まず「消化管（gut）」という言葉の意味を考えることからはじめよう〔gutの訳語については訳者あとがき参照〕。消化器系は、「食物を処理する機械」という表現が意味するところより、はるかに複雑だ。

腸は、他のいかなる組織も凌駕し、脳にさえ匹敵する能力を持つ。専門用語では腸管神経系（ENS）と呼ばれる独自の神経系を備え、「第二の脳」と呼ばれることもある。この第二の脳は、脊髄にも匹敵する五〇〇〇万から一億の神経細胞で構成される。

腸内の免疫細胞は、免疫系における最大の構成要素をなす。つまり、腸壁には血中を循環しているものや、骨髄に含まれるもの以上の免疫細胞が存在する。食物に含まれる、病原菌を含めた無数の細菌に常時さらされている腸に、免疫細胞を集めることには利点がある。腸を本拠地とする免疫防御系は、汚染された飲食物を摂取したときに消化器系に侵入してくる危険な細菌を同定し、破壊する。さらに驚くべきことに、腸に宿る、兆単位にのぼる良性の腸内細菌の広大な海、すなわちマイクロバイオータのなかから少数の危険な細菌を検知することによって、この課題を遂行している。だから私たちは、マイクロバイオータと完全に調和しつつ暮らしていけるのだ。

腸壁は無数の内分泌細胞で詰まっている。内分泌細胞とは、必要なときに血流に放出される二〇種類ほどのホルモンを含む特殊な細胞である。腸壁の内分泌細胞をすべて一つにまとめると、生殖腺、甲状腺、脳下垂体、副腎など、それ以外の内分泌系組織を合わせたものよりも大きくなる。

腸は、体内で最大のセロトニン貯蔵庫でもある。体内のセロトニンの九五パーセントは、この貯蔵庫に納められている。セロトニンは、脳腸相関で非常に重要な役割を果たすシグナル分子で、消化器

図1

腸と脳のあいだの双方向のコミュニケーション

腸と脳は、神経、ホルモン、炎症性分子などからなる、双方向の伝達経路を介して密接に結びついている。腸内で生成された豊かな感覚情報は脳に達し（内臓刺激）、機能の調節を指示するシグナルを腸に送り返す（内臓反応）。腸と脳のこの緊密な相互作用は、情動の生成や、最適な腸機能の維持に重要な役割を果たしている。

系内で食物を動かす連携した収縮などの腸機能ばかりでなく、睡眠、食欲、痛覚感受性、気分、全般的な健康に関しても必須の役割を担う。このような機能を司る脳システムの統制に関与するがゆえに、このシグナル分子は、代表的な抗うつ剤、セロトニン再取り込み阻害薬〔選択的セロトニン再取り込み阻害薬SSRIなど〕の主たる標的になっているのだ。

腸の機能が食物を消化することだけなら、なぜそのような組織に、無数の特殊な細胞や信号システムが組み込まれているのだろうか？　一つの答えは、現在のところほとんど知られていないが、私たちの身体のなかで最大の表面積を有する巨大な感覚器官としての、腸の必須の機能に見出せる。人間の腸は、平らに延ばせばバスケットボールコートほどの広さになり、食物に含まれる大量の情報を、シグナル分子の形態でコード化する無数の小さなセンサーで覆われている。それによって甘さから苦さ、熱さから冷たさ、スパイスの刺激から鎮静効果までを検知するのである。

腸は脳と、神経の太いケーブルによって両方向に、また血流による連絡経路を介して結合している。腸で生成されたホルモンや炎症性のシグナル分子は脳に伝達され、また、脳で生成されたホルモンは、平滑筋、神経、免疫細胞などの腸内のさまざまな細胞に送られてその機能を変える。脳に達する腸からのシグナルの多くは、満腹感、吐き気、不快感、満足感などを喚起する「内臓刺激」〔gut sensation の訳で、内臓（おもに腸）から脳に送られる刺激を指す〕を生むばかりでなく、腸に向けられた脳の応答を引き起こし、それが際立った「内臓反応」〔gut reaction の訳。腸から脳への反応ではなく、内臓刺激を受けて引き起こされる腸に対する脳の反応。図1参照〕を引き起こす。脳は、これらの感覚を忘れたりはしない。「内臓感覚」〔gut feeling の訳。内臓刺激が脳で処理されたあとで生じる状態をいう〕は脳の巨大なデータベースに蓄えられ、何らかの判断を下す際に参照される。そしてそれは、「何を食べるか」「何を飲むか」のみならず、「どんな人とつき合うか」、あるいは「仕事で、リーダーとして、陪審員として、いかなる判断を下すか」をも左右しうる。

中国哲学における陰と陽の概念は、相反する二つの力が実際には補完的であり、相互に密接に結びついていること、また、相互作用を介して統一体を形成することを強調する。この考えを脳腸相関に適用すると、内臓感覚を陰、内臓反応を陽としてとらえればよい。陰と陽が、同一の実体に属する二つの補完的な原理であるのと同じように、内臓感覚と内臓反応という腸と脳の結びつきは、健康の維持、情動の喚起、直感的判断に不可欠な、脳腸双方向ネットワークの二つの異なる側面を表わしている。

マイクロバイオームの夜明け

過去数十年間、脳と腸の相互作用の研究で得られた成果に注目する人はほとんどいなかったのだが、最近になって、脳腸相関の概念は脚光を浴びるようになった。この変化はおもに、腸内に生息する細菌、古細菌、菌類、ウイルス（合わせてマイクロバイオータと呼ぶ）に関するデータや知識が、爆発的に増えたことによって起こった。私たちは、不可視の微生物に数で圧倒されているにもかかわらず（一人の腸内には、地球の全人口の一〇万倍もの微生物が宿っている）、人類がその存在に気づいたのは、オランダの科学者アントニ・ファン・レーウェンフックが、洗練された顕微鏡を製作した三〇〇年ほど前のことにすぎない。彼は、改良した顕微鏡を用いて歯からこすり取った微生物を観察し、それに

「微小動物（アニマルキュール）」という名称を与えたのだ。
　微生物を特定・分析する技術は、それ以来劇的に進歩したが、そのほとんどは過去一〇年間に得られたものである。この進歩には、二〇〇七年一二月にアメリカ国立保健研究所（ＮＩＨ）の主導で、人類と共存する微生物の特定と分析を目的として立ち上げられた、ヒトマイクロバイオーム計画（プロジェクト）が大きく貢献した。このプロジェクトは、遺伝や代謝に果たす微生物の役割や、人体の生理作用や疾病素因にマイクロバイオームがいかに関与しているのかを解明するために設置された。

　過去一〇年間、マイクロバイオームの話題が、医学のほぼあらゆる分野に、それも精神医学や外科などの分野にまで広がっていった。目に見えない微生物のコミュニティは、植物、動物、土壌、深海の噴出孔（ベント）、大気圏高層など世界の至るところに存在する。そして微生物に魅了された大勢の科学者たちが、海洋、土壌、森林に生息する微生物を研究している。ホワイトハウスでさえ、地球の気候、食糧供給、人間の健康に微生物が及ぼす影響を調査することを目的として二〇一五年に開催された会議に、全国から科学者を集めるべく貢献した。これを書いている現在、バラク・オバマ大統領は、ヒトの脳の研究にこれまで数十億ドルを投入してきた二〇一四年のブレイン・イニシアティブにも似た、マイクロバイオーム・イニシアティブの立ち上げを、二〇一六年五月一三日に発表する準備を整えている〔予定通りに同日発表された〕。

　マイクロバイオータの恩恵は、私たちの健康に絶大な効果を及ぼす。よく言及されるおもな恩恵には、腸が処理できない食物成分の消化の支援、身体による代謝の統制、食物とともに体内に取り込まれた有害な化学物質の処理や解毒、免疫系の訓練や統制、病原菌の侵入や増殖の防止などがある。その一方、マイクロバイオーム（マイクロバイオータとそれが持つ総体的な遺伝子）の異変や撹乱は、炎症性腸疾患、抗生物質の投与に起因する下痢、喘息などのさまざまな疾病を招き、自閉症スペクトラム障害、さらにはパーキンソン病などの神経変性疾患にも結びつく可能性がある。

科学者たちは最新のテクノロジーを駆使して、皮膚、顔面、鼻腔、口腔、唇、まぶた、歯のあいだなどに生息する微生物を発見しては分析している。とはいえ消化管、とりわけ大腸には、人体で最大の微生物の個体群が宿る。ほとんど酸素が存在しない暗闇の世界たる人間の腸内には、一〇〇兆を超える微生物が生息している。これは赤血球を含めた人体の細胞の数にほぼ匹敵する。つまり、人体の内部や表面に存在する細胞の一〇パーセントだけが（比較の対象に赤血球を含めれば五〇パーセント近くになるが）、人間由来のものであることになる。すべての腸内微生物をひとかたまりにすると、重さは九〇〇グラムから二七〇〇グラムのあいだになり、およそ一二〇〇グラムの脳に近似する。この比較を根拠に、マイクロバイオータを「忘れ去られた組織」と見なす人もいる。マイクロバイオータを構成する一〇〇〇の細菌種は、七〇〇万を超える遺伝子を持つ。つまりヒトの遺伝子一つにつき、腸内細菌の遺伝子が三六〇ほど存在する計算になる。要するに、ヒト由来の遺伝子は、ヒトと微生物の遺伝子を合わせた（ホロゲノムと呼ばれる）遺伝子総体の一パーセント未満を占めるにすぎない。

微生物には、それが持つ厖大な数の遺伝子のおかげで、私たちとの相互作用に動員可能な分子を生成する強力な能力ばかりでなく、並外れた多様性がある。マイクロバイオータは人によって大きく異なる。微生物の種や株の組み合わせという観点からいえば、あなたと正確に同じマイクロバイオータを宿す人などいない。あなたの腸内に宿る微生物の種類は、あなたの遺伝子、母親から受け継いだマ

図2

腸内微生物の多様性と脳疾患に対する脆弱性

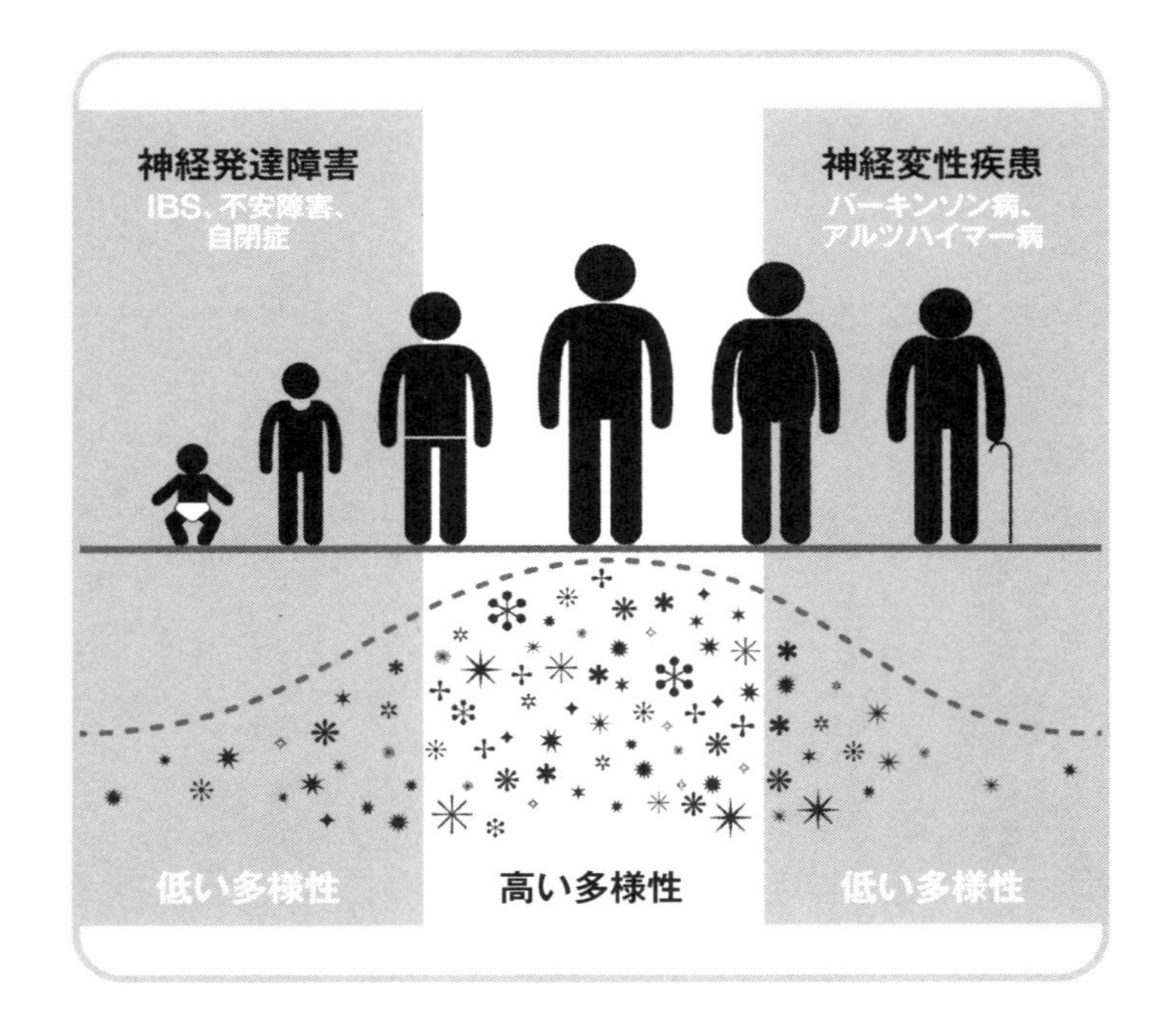

腸内微生物の数や多様性は、生涯を通じて変化する。マイクロバイオームが確立する途上の生後3年間はその程度が低く、成人後最大化し、年齢を重ねるにつれて減退していく。腸内微生物の多様性が低い乳児期は、自閉症、不安障害などの神経発達障害に対する脆弱性を生む期間に、また多様性が徐々に減退していく高齢期は、パーキンソン病やアルツハイマー病などの神経変性疾患を発症する期間に一致する。このように、腸内微生物多様性の低下は、さまざまな障害を誘発する危険因子になると考えてよいだろう。

イクロバイオータ、家族が宿す微生物、食習慣（ダイエット）、ならびに本書でおいおい説明していくが、脳の活動、心の状態など、さまざまな要因によって変わる。

微生物が人体の内部で果たしている役割の途方もない重要性を理解するには、微生物がどこからやって来て、いかに人間と結びついているのかを知っておく必要がある。微生物の進化の話は、マーティン・ブレイザーの著書『失われてゆく、我々の内なる細菌』で雄弁に物語られている。

およそ三〇億年にわたり、地球上に存在する生命は細菌だけだった。細菌は土の中、水中、大気中のいたるところに生息し、化学反応を推進しつつ多細胞生物への進化の道を開いた。悠久の時間をかけてゆっくりと試行錯誤を繰り返すことで、今日あらゆる生命を支援する非常に効率的な「言語」を含め、複雑かつ堅固なフィードバックシステムを築き上げていったのである。

マイクロバイオータに関して私たちが学んできたことのすべては、従来の科学的な見方に挑戦する。だからこそ、科学界でもさまざまなメディアからも多大な関心が寄せられ、大きな議論を呼ぶようになったのだ。また、「人体は、微生物の乗り物にすぎないのか？」「微生物は、脳を操作することで、微生物自身に都合の良い食べ物を私たちに食べさせているのか？」「私たち人類の内部や表面が、人類以外の細胞に数で圧倒されているという事実は、自己の概念を変えるのか？」など、マイクロバイオームの影響をめぐる哲学的な問いが提起されるようになったのも、この挑戦性のゆえである。

その種の哲学的な思索は魅力的ではあるものの、現在のところ科学では支持されていない。とはいえ、ヒトマイクロバイオームの科学的研究が、ここ一〇年で明らかにしてきた事実が持つ意義には、計り知れないものがある。急速に発展しつつあるこの分野の研究はまだ緒についたばかりであるにせよ、もはや人類のみが、他のあらゆる生物とは区別される、進化によって生み出された知的な生物だと見なすことはできない。コペルニクスのもたらした一六世紀の科学革命が、太陽系における地球の位置についての理解を根本的に変えたのと同じように、また、一九世紀に提唱されたダーウィンの進化論が、動物界における人類の位置に関する理解を革新したのと同じように、人類の宿すマイクロバイオームを探究する科学は、私たちに、この地球上における人類の立ち位置の再考を迫るだろう。発展しつつあるマイクロバイオームの科学に従えば、私たち人間は、実のところヒトの構成要素と微生物の構成要素からなる超個体なのであり、この二つは不可分で、生存するために依存し合う。ここで注目すべきは、この超個体における微生物の構成要素の貢献度は、ヒトのそれよりはるかに大きいという点だ。微生物の構成要素は、土壌、大気、海洋に生息する他のあらゆる微生物と、さらにはほぼあらゆる動物と共生している種々の微生物と、生物学的コミュニケーションシステムを介して緊密に連携しているため、私たちは地球の生命のネットワークに、緊密に、そして不可避的に結びつけられている。ヒトと微生物から構成される超個体という新たな概念が、地球上における私たちの役割と、健康や疾病が持つ諸側面の理解に大きな意義を有することは、あえて指摘するまでもない。

「脳―腸―マイクロバイオータ」相関のバランスの崩れ

いかなる生態系であれ、その健康は安定性と、攪乱からの回復力を通じて示される。生態系の健康に寄与するおもな要因は、生態系を構成する生物の数と多様性である。これはヒトマイクロバイオームという生態系にも当てはまる。いくつかの腸疾患によって、腸内微生物の構成が健全なバランスを失うことを示す証拠が得られつつある。この状態は腸内菌共生バランス失調と呼ばれ、その失調が重度の障害をもたらした典型的なケースとして、病院で抗生物質を投与されたあと、激しい下痢や腸炎を起こした何人かの患者の症例がある。クロストリジウム・ディフィシル腸炎と呼ばれるこの疾患は、薬効範囲の広い抗生物質の服用によってマイクロバイオータの多様性と豊かさが大幅に失われ、病原菌C・ディフィシルに感染されると発症する。腸の健康を保つためには腸内微生物の多様性が重要であることを示すさらなる証拠として、損なわれたマイクロバイオームの構成を回復させると、結腸炎が迅速に治癒した症例がある。このような患者の腸内微生物の多様性を回復するために現在利用できる唯一の方法は、健常者の便から得たマイクロバイオータを患者の腸に移植するというものだ。驚くべきことに、糞便微生物移植と呼ばれるこの治療によって、患者の腸内微生物の構成を再構築できる。なお、この種の治療についてはのちの章で取り上げる。

しかし、潰瘍性大腸炎、クローン病、脳腸疾患のＩＢＳなどの、他の慢性腸疾患における腸内菌共生バランス失調の正確な病態生理学的な役割はまだよくわかっておらず、多くの問題が未解明のまま残されている。世界人口のおよそ一五パーセントは、ＩＢＳの主要な症状、不規則な便通、あるいは腹部の痛みや不快感を抱えている。いくつかの研究で、一部の患者では腸内微生物のコミュニティが変化していることが報告されているが、個々の患者を対象に、いかなる治療法——抗生物質、プロバイオティクス〔人体に良い影響を与える微生物〕、特殊な食餌療法、糞便微生物移植など——がマイクロバイオータのバランスの回復にもっとも有効なのかを判断するための明確な基準は、今のところ存在しない。

細菌の役割

数年前ならSFのごとく聞こえただろうが、最新の科学は、腸と腸内微生物と脳が、共通の生物言語を用いて対話していることを明らかにしつつある。これらの目に見えない生物が、どうやって私たちに話しかけるのだろうか？　どうすれば彼らの声を聞き取れるのか？　そもそも、なぜ私たちとコミュニケーションを図れるのか？

微生物は腸内だけでなく、その多くが腸の内壁を覆う粘液や細胞のごく薄い層に生息している。この独自の生息環境のもと、微生物は腸の免疫細胞や、内臓刺激をコード化する無数の感覚受容体と密接に関連し合っている。いい換えると、身体の主要な情報収集システムと密に連絡している。このような位置にあるため、微生物はストレスの度合いや、脳から送られてくる満足、不安、怒りなどの情動を表わすシグナルに聞き入ることができる。本人が送られてくる情動に気づいているか否かは関係ない。しかも、ただ聞き入るだけではない。驚くべきことに腸内微生物は、腸が脳に送り返すシグナルを生んで、情動に影響を及ぼせる絶好の位置を占める。かくして、脳内に起源を持つ情動は、腸、および微生物が生成するシグナルに影響を及ぼす。そして、このシグナルは脳に送り返され、そこで情動を強めたり、ときには長引かせたりする。

一〇年ほど前にこのトピックに関する論文（研究のほとんどは動物を対象にしたものだった）が科学

雑誌に掲載されはじめたとき、私はそこに報告されている結果や意義に疑問を感じた。従来の医学の見方と、あまりにもかけ離れていたからだ。しかし、私が属していた、キルステン・ティリッシュ率いるカリフォルニア大学ロサンゼルス校（ＵＣＬＡ）の研究グループが健常者を対象に研究を行ない、すでに報告されていた動物実験の正しさを再確認したとき、私は、マイクロバイオータと脳の相互作用が情動や社会的行動、さらには判断力にいかなる影響を及ぼすのかを徹底的に調査することを決意した。心の健康は、微生物の適正なバランスを必要とするのか？　心と腸の結びつきが変化すると、脳に慢性疾患を引き起こす恐れがあるのか？　これらの問いは、科学者の視点のみならず、医療や福祉の観点からも興味深い。種々の脳障害が苦痛や医療コストの増大をもたらしている現状を考慮すれば、腸と脳の結びつきの正しい理解が早急に求められる。

自閉症スペクトラム障害（ＡＳＤ）は、一九六六年の時点では一万人の子どもに四・五人の割合でしか見られなかったが、二〇一〇年には、八歳の子どもの六八人に一人の割合で見られるようになり、増加の一途を辿っている。二〇一四年に実施された国民健康調査で得られた最近のデータでは、アメリカの子どもの実に二・二パーセントが、一度はＡＳＤと診断されている。この数は、アメリカの子どもの五八人に一人に相当する。もちろんこの増加には、ＡＳＤに対する認知度の高まりや、診断基準の変化も関係するが、データによればＡＳＤと診断される人数は、過去十年間だけでも、少なくとも二倍に上昇している。

ＡＳＤが広まると同時に、自己免疫疾患や代謝異常など、マイクロバイオータの異変に由来する他の疾患を抱える患者も増えつつある。このような疾患が新たに流行するようになった経緯の類似性は、過去五〇年間におけるヒトマイクロバイオータの異変に関して共通の基盤があることを示唆する。その原因の一端として、ライフスタイルと食習慣の変化、抗生物質の広範な使用が考えられ、この結びつきは近年の動物実験で裏づけられている。また、プロバイオティクスや糞便微生物移植を用いた最近の臨床試験で、マイクロバイオータと異常行動のあいだの結びつきが直接検証されるようになった。

神経変性疾患の件数も増えつつある。先進諸国では、六〇歳以上の高齢者の一〇〇人に一人がパーキンソン病にかかっている。アメリカでは現在、少なくとも五〇万人がパーキンソン病を抱え、毎年およそ五万人が新たにその診断を下されている。二〇三〇年には、パーキンソン病患者の数は倍になると見積られているが、この疾病の有病率を正確に把握するのは非常に困難である。なぜなら、疾病が進行しない限り、パーキンソン病に典型的に見られる神経学的兆候や症状に基づいて診断を下すことが、通常はできないからだ。事実最近の研究では、パーキンソン病に典型的に見られる症状が発現するはるか以前から、患者の腸管神経系にパーキンソン病特有の神経変性が生じていること、およびこの疾病には腸内微生物の構成の変化がともなうことが報告されている。

次にアルツハイマー病を見てみよう。二〇一三年におけるアメリカのアルツハイマー病患者は五〇〇万人にのぼる。この数は、二〇五〇年にはほぼ三倍の一四〇〇万人に達すると見積もられている。パーキンソン病の典型的な発症年齢と同じく、アルツハイマー病の症状も、六〇歳を過ぎて最初に現われ、年齢を重ねるにつれて発症の恐れが高まる。患者数は、六五歳を過ぎると五年ごとに倍増する。アルツハイマー病の治療コストは現時点でも膨大で、この傾向が続けば、二〇五〇年には年間コストが一兆一〇〇〇億ドルに達すると見積られている。ほぼ同年齢で現われはじめるこの二つの神経変性疾患の発症には、生涯にわたって蓄積してきた腸内微生物の機能の変化が関係しているのだろうか？

マイクロバイオータは、アメリカにおける生活障害の第二の主要因たるうつ病にも関連する。うつ病の治療によく用いられる医薬品は、プロザック、パキシル、セレクサなどの、いわゆるセロトニン再取り込み阻害薬で、セロトニン・シグナルシステムの活動を促進する。医学界ではこれまで長いあいだ、このシステムは脳にしか存在しないと考えられてきた。しかし現在では、体内のセロトニンの九五パーセントが、腸内の特殊な細胞に含有されることがわかっている。そしてこの特殊な細胞は、私たちが何を食べたかによって、また、ある種の腸内微生物が生成する化学物質によって、さらには情動状態を伝達する脳からのシグナルを受け取ることによって、影響を受ける。また注目すべきことに、セロトニンを含有する腸内の特殊な細胞は、脳の情動中枢に向けて直接シグナルを送り返す感覚神経と緊密に結びついており、脳腸相関の重要な構成要素をなす。戦略的に重要な位置を占める腸内微生物や、それが生成する代謝物質は、うつ病の進行、あるいはその重さや持続の度合いに強い影響を及ぼす可能性がある。この可能性が比較実験で実際に検証されれば、その知見は、食餌介入をはじめとして、現在より効果的な治療法を考案するのに役立つだろう。

本書で私は、重い脳疾患のみならず、ごく普通に見られる腸や脳の障害を、腸内微生物と脳の相互作用のあり方の変化に結びつける最新の科学的証拠を取り上げ、ライフスタイルや食習慣によって、この相互作用がいかなる影響を受けるのかを説明するつもりだ。

あなた＝食べ物——ただし腸内微生物も含む場合に限る

味覚の生理学に関するベストセラーを著した一九世紀のフランスの作家で、法律家でもあり医師でもあったジャン・アンテルム・ブリア＝サヴァランは、「何を食べているかを教えてくれれば、あなたがどんな人物かをいい当てられる」と書く。サヴァランチーズやサヴァランケーキなどの名にも残っているグルメの彼は、食事と肥満と消化不良の関係について深い洞察をもたらした。だが、彼がこの文章を書いた一八二六年にはまだ、腸内微生物の働きを介して、食べ物が心の健康や脳の主要な機能を左右するなどという事実は知られていなかった。事実、腸と神経系を仲立ちする位置を占めるマイクロバイオータは、私たちが飲んだり食べたりするものと身体や心の健康の結びつきにおいて、さらには感情や情動と消化の結びつきにおいて、重要な役割を果たしている。

腸は、二四時間三六五日、本人が寝ていようが目覚めていようが、ミリ秒ごとに食物や環境に関する情報を収集している。この情報収集のほとんどは、わずかな微生物しか生息しておらず、腸と脳の対話への貢献度が低いと考えられる、胃と小腸の開始部で生じる。しかし大腸に宿る兆単位にのぼる微生物は、未吸収の食物成分を消化して、消化プロセスを別次元の営為に変えるほど巨大な数の分子を生成する。無菌環境のもとでなら、腸内微生物が存在しなくても、消化や栄養吸収を含め、生命の維持が可能なことが動物実験で判明している。しかし無菌環境で育てられたマウス、ラット、ウマなどの動物には、脳の発達、とりわけ情動を調節する部位の発達に大きな異変が認められる。

腸内微生物の健康は、食物に影響される。また、腸内微生物の食物に対する嗜好は、多かれ少なかれ生後数年のあいだにプログラミングされる。とはいえ当初のプログラミングがどうであれ、腸内微生物は、あなたが肉を食べようが野菜を食べようが、ほとんど何でも消化することができる。そして、何百万もの遺伝子に蓄積された膨大な情報を用いて、部分的に消化された食物を無数の代謝物質に変換する。これら代謝物質の人体への作用については、ようやくわかりかけてきたにすぎないが、神経や免疫細胞を含めて消化管に重大な影響を及ぼすものもあることが知られている。また、血流に入って長距離のシグナル伝達に関与し、脳を含めたあらゆる組織に影響を及ぼすものもある。微生物が生成した分子が持つ特に重要な能力の一つは、到達した組織に低悪性度炎症を引き起こしうることだ。炎低悪性度炎症は、肥満、心臓疾患、慢性疼痛、脳の神経変性疾患の原因になると考えられている。炎症分子と、それが特定の脳領域に及ぼす効果に関する知見は、脳障害を理解するにあたって重要な手がかりになるだろう。

健康と新たな科学

腸と脳のコミュニケーションに関する新たな科学は、最近になって科学界やメディアでもっとも注目されるようになった分野の一つである。「外向的な」マウスから取り出した、マイクロバイオータを含む糞を移植するだけで、「臆病な」レシピエントマウスが、社交的なドナーマウスに似た振る舞いを示すようになるなどと誰が考えていただろうか？　あるいは、貪欲で肥満したマウスの便を微生物とともに移植すると、やせたマウスがエサを食べ過ぎるようになることを示した類似の実験や、プロバイオティクスの豊富なヨーグルトを四週間食べ続けた健康な女性の脳が、負の情動を喚起する刺激に以前より反応しなくなることを示した実験についてはどうか？

マイクロバイオータと脳が構成する統合システム、およびこのシステムと食物の密接な関係に関する新たな知見は、腸、マイクロバイオータ、脳、心が、いかに相互作用を及ぼし合っているのかを教えてくれる。この相互作用のゆえに、さまざまな病気にかかりやすくなる場合もあれば、最適な健康状態を保てる場合もある。さらに注目すべきは、生態学的な観点から身体をとらえる見方に基づいて、心身の健康や疾病をめぐって新たな理解が形成されつつあることだ。この見方は、腸と脳の内部に座を占める無数のプレーヤー同士が結びつくことによって、安定性や、疾病に対する抵抗力が築かれるという事実をとりわけ強調する。

この新たな知見は、現行の医療システムの見直しを迫るものだ。そして、身体を個々の部品からなる機械と見なす、時代遅れにもかかわらず蔓延している見方を捨て去り、多様性を武器に、安定性や攪乱に対する抵抗力を築き上げていく、緊密な生態系として身体をとらえる見方を採択するよう要請する。ある高名なマイクロバイオーム研究者が主張するように、私たちは、個々の細胞や微生物に宣戦布告するようなやり方を捨てて、複雑な生態系の持つ生物多様性の維持を支援する友好的なレンジャー隊員として、マイクロバイオームをとらえる視点を獲得しなければならない。パラダイムシフトを経て獲得されたこの視点は今後、腸と自己の健康、さらには病気からの回復力を保つのに不可欠なものになるだろう。そして、何百万人ものアメリカ人の健康を阻害している疾病の治療や予防を可能にする、新たな道を切り開いていくはずだ。

今や私たちは、心、身体、体内の生態系を保全するエンジニアに、自分自身がならなければならない。そのためには、腸と脳がいかにコミュニケーションを取っているのかを、さらには腸内微生物がそこにどう関与しているのかを理解する必要がある。次章からは、このコミュニケーションシステムに関する最新の科学的発見を取り上げる。もし私が本書の執筆に成功したとすれば、この本を読み終わるころには、あなた自身と周囲の世界の見えかたは刷新されるはずだ。

第2章

心と腸のコミュニケーション

車の運転中、後続の車が突然追い越してきて前方に割り込み、急ブレーキをかけたとする。追突を避けようとしてあわててブレーキを踏んだため、あなたの車は隣の車線にはみ出してしまう。追い越しをかけた車のドライバーは笑っている。あなたは、首の筋肉の緊張を感じ、唇を固く閉じ、歯を食いしばり、眉をひそめる。助手席に座っている妻は、あなたの怒った表情にすぐに気づく。意気消沈したときの表情は、それとはまったく異なる。そのときには、妻は視線を落として沈み込むあなたの暗い表情に気づくはずだ。

私たちは、ごく自然に他人の顔から情動を検知する。この能力は、言語、民族、文化、国籍を超えて、それどころか怒ったイヌや怯えたネコを思い浮かべてみればわかるように、動物でさえ作用する。自然は人間に、他者の示すさまざまな情動にただちに気づき、反応する能力を与えたのだ。情動が表情として外部に現われるのは、顔面の数々の小さな筋肉に、脳が特定のパターンでシグナルを送るからである。それぞれの情動には対応する独自の表情がある。だから周囲の人々は、一瞬にしてあなたの表情を読み取れる。つまり、私たちは皆、開かれた本なのだ。

ところが胃腸に対する情動の影響については、私たちは何も知らないに等しい。先の例でいえば、後ろの車に煽られたあなたが怒り心頭に発しているとき、脳は顔面の筋肉とともに消化器系に特徴的なパターンでシグナルを送り、消化器系はそれに対して強い反応を示す。割り込んできたドライバーに腹を立てているあいだ、あなたの胃は激しく収縮する。その収縮で胃酸の分泌が増大し、朝方食べたスクランブルエッグがなかなか胃から出ていかなくなる。同時に、腸はねじれ、粘液や他の消化液を分泌する。不安なときや動揺しているときにも、パターンは異なるが類似の胃腸の反応が生じる。意気消沈すると、腸はほとんど動かなくなる。実のところ、脳で生じるいかなる情動も、胃腸の活動に反映されることが現在では知られている。

このような状況における脳の神経活動は、他の組織にも影響を及ぼし、あなたが感じるあらゆる情動に各組織が協調して反応する。たとえばストレスを受けると、心拍は高まり、首や肩の筋肉は緊張する。リラックスしているときには、それとは逆の反応が生じる。しかし、腸とのあいだに固定配線された結合を持つ脳は、腸との結びつきが非常に強い。人はつねに腹部に情動を感じており、その事実は、「胃が締めつけられるような感じ（stomach tied up in knots）」「はらわたが引き裂かれるような経験（gut-wrenching experience）」「そわそわして落ち着かない（butterflies in your stomach）」など、言葉にも反映されている。このような感覚を引き起こしているのは、情動を生成する脳の神経回路であり、情動と脳と胃腸は、独自の結びつきを形成している。

腸に異常を覚えて病院に行っても、内視鏡検査で炎症や腫瘍などの重い症状が見つからなかった場合、医師は患者の訴えをたいてい軽視する。効果的な治療法を提供できず、真の原因に対処することもなく、異常を緩和するために、食事へのアドバイスや錠剤、あるいはプロバイオティクスを与える

図3

胃腸は顔の表情を映し出す

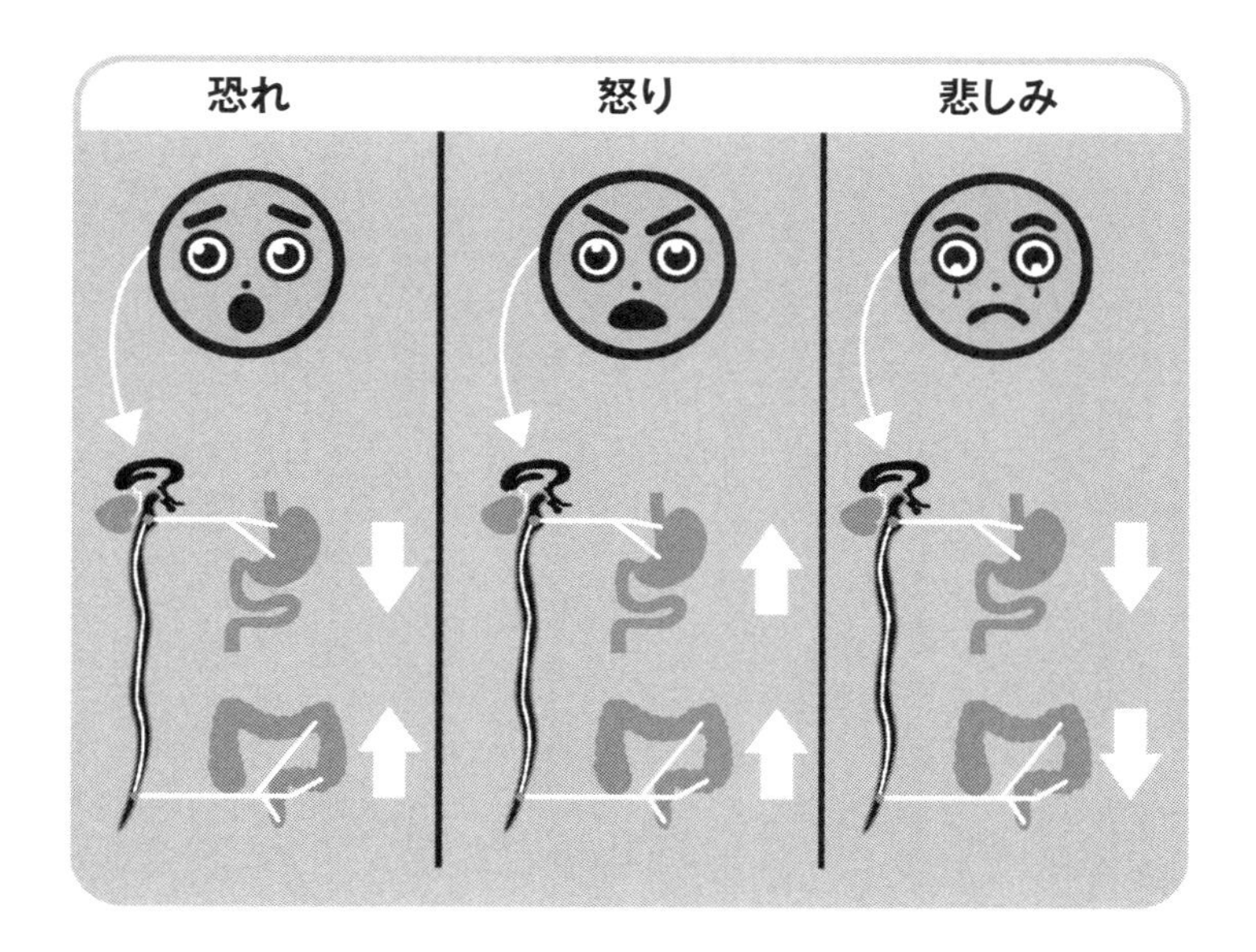

情動は、顔の表情に密接に反映される。類似の情動の表現は、大脳辺縁系で生成された神経シグナルの影響を受ける、消化管の種々の領域にも出現する。消化管の上部と下部に達するシグナルは、同期しているかもしれないし、正反対のものかもしれない。白い矢印は、特定の情動に結びついた消化管の収縮の増大、もしくは低下を示す。

だけだ。

胃腸こそ情動のドラマが上演される劇場であることを、もっと多くの医師や患者が知っていれば、そのドラマが患者を主人公とする悲劇と化す可能性を減らせるはずだ。アメリカ人のほぼ一五パーセントは、ＩＢＳ、慢性の便秘、消化不良、機能性胸焼けなど、胃腸に何らかの異常を抱えている。これらはすべて脳腸相関の障害に分類され、患者は吐き気、腹鳴（ふくめい）、腹部膨満から耐え難い痛みに至るまで、さまざまな症状を呈する。驚くべきことに、胃腸に異常を抱える患者の多くは、その問題が情動状態の反映であることをまったく知らない。

それどころか、その事実を知らない医師も多い。

嘔吐が止まらない男

胃腸病専門医としての長い経歴を通じて、私がこれまで診察してきた患者のなかでもビルは際立つ。五二歳の母親に連れられてきた当時のビルは二五歳で、胃腸の症状を除けば至って健康だった。驚いたことに、口火を切ったのは母親のほうだった。「どうかビルを助けてください。あなたが最後の望みです。私たちは、藁（わら）にもすがる思いでここまで来ました」

それまで八年にわたり、ビルはあちこちの緊急救命室（ＥＲ）で相当な時間を過ごしてきた。激しい胃の痛みと、とどまるところを知らない嘔吐に悩まされ続けていたのだ。ひどいときには、一週間に数回、ＥＲの世話になっていた。ＥＲの医師たちは、苦痛を和らげるために鎮痛剤や鎮静剤を与えるのが関の山で、何が真の問題なのか、誰も的確に把握していなかったらしい。さらに具合の悪いことに、ビルの訴える症状の激しさと診断の結果がマッチしないために、彼が薬物をほしがって病院に来ているのではないかと疑う医師すらいた。

またビルは、何人かの胃腸病専門医の診察を受けたが、彼らが実施した徹底的な臨床検査では、症状の原因はつかめていなかった。慢性的な苦痛と嘔吐のせいで大学に通えなくなり、心配する両親のもとに戻っていた。

会社勤めをしていた母親は、ビルの症状を正確に診断できない医師たちに失望を感じ、答えを求めてインターネットで独自に情報を検索しはじめた。そしてその結果をもとに、「ビルは、周期性嘔吐症候群のあらゆる症状を抱えているようです」と私に報告してくれたのである。

ビルの担当医師として、私は自分で確認する必要があった。

脳腸相関の障害の説明にはよくあることだが、周期性嘔吐症候群における諸症状の独特な発現様式に関しても、数々の新奇な理論が提起されている。しかし、私の研究チームと他のＵＣＬＡの研究グループによる数十年にわたる調査の結果に基づけば、もっとも有望な説明は、脳内の過剰なストレス反応が、過度の内臓反応を引き起こしているというものだ。

一般に周期性嘔吐症候群では、強いストレスがかかる人生の重大事を経験することによって発作が引き起こされる。無理な運動、月経、高地での滞在、あるいは長期にわたる心的ストレスなど、見かけは無関係に見えるさまざまな刺激が重なると、発作を引き起こすのに十分な身体的不均衡が生じかねない。意識的か無意識的かを問わず、このような脅威を検知した脳は、生存のために必要なあらゆる機能を調整する脳領域、視床下部にシグナルを送り、副腎皮質刺激ホルモン放出因子（ＣＲＦ）と呼ばれる、脳（と身体）をストレス反応モードに置く作用を持つストレス分子の分泌を促す。この障害を抱える患者は、ＣＲＦシステムがつねに働きかけられていても、数か月、あるいは数年にわたり、症状をまったく呈さないこともある。しかし何らかのストレスがさらに加わると、症状が発現する。

ＣＲＦのレベルが一定の限度を超えると、腸を含む身体のあらゆる組織や細胞がストレスモードに切り替わる。ＵＣＬＡの同僚で、ストレスに起因する脳腸相関の障害を専門とする世界的な研究者の一人イヴェット・タシェは、一連の巧妙な動物実験を行なって、ＣＲＦがさまざまな身体の変化を引き起こすことを明らかにした。

ＣＲＦレベルの上昇は不安の高まりをもたらし、腸からのシグナルを含めさまざまな刺激に対してその人を鋭敏にする。だから激しい腹痛を感じるのだ。腸は収縮の回数を増やし、内容物を排泄しようとする。ゆえに下痢になる。胃の働きは遅くなり、内容物を下ではなく上へと戻そうとする。腸壁は漏れやすくなり〔この症状はリーキーガット症候群と呼ばれ、以降度々「漏れやすい腸」という表現で示される。不要な栄養素や分子まで腸壁から吸収されてしまうことが人体に悪影響を及ぼす〕、結腸は多量の水分や粘液を分泌し、胃腸壁を流れる血液の量は増大する。

ビルの症例では、二、三のカギとなる質問だけで診断を下せた。私はまず、嘔吐が続く期間と、症状のない期間が交互するかどうかをビルに尋ねた。答えはイエスだった。次に彼と母親に、偏頭痛や、周期性嘔吐症候群に遺伝的に関係する慢性疼痛症候群の家族歴を尋ねたところ、母親と祖母に偏頭痛の既往歴があった。

図4
ストレスに反応して引き起こされる内臓反応

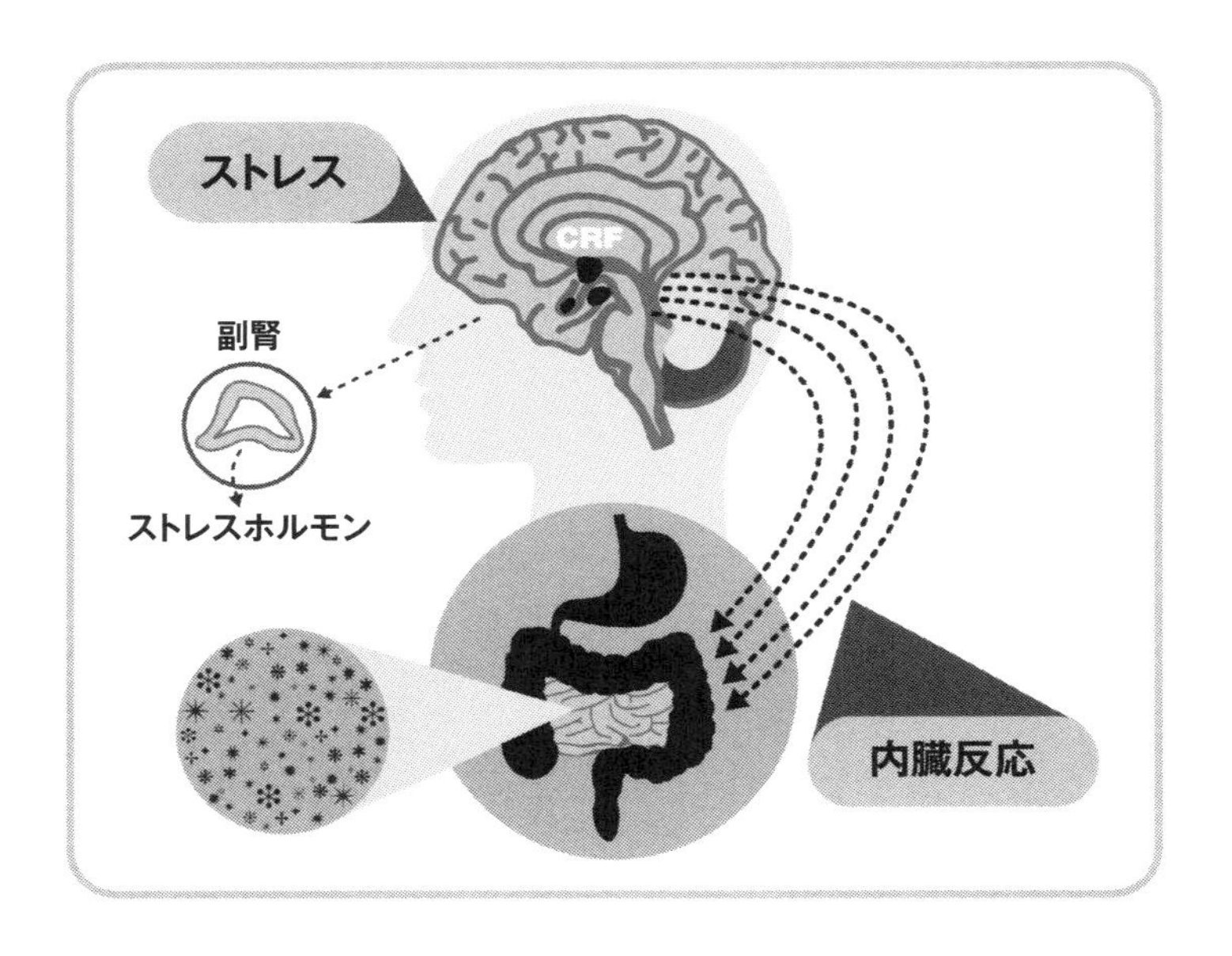

バランスのとれた正常な状態が、ストレスなどで攪乱されると、脳は組織の健康を改善し、生存の可能性を高めるために、調整された反応を引き起こす。副腎皮質刺激ホルモン放出因子（CRF）は、ストレス反応を始動するマスタースイッチであり、視床下部によって分泌され、近傍の脳領域に働きかける。ストレスを受けることで脳内で分泌されたCRFは、身体における（コルチゾールやノルエピネフリンなどの）ストレスホルモンの増大をもたらす。またこのプロセスは、内臓反応を引き起こし、マイクロバイオータの構成や活動に影響を及ぼす。

さらに私は、「発作の直前に、何か徴候がありますか？」と訊いてみた。激しい不安、発汗、末端冷え性、動悸などの身体のストレス反応が一五分程度続いたあとで、全面的な発作が起こるというのが彼の回答だった。また、その徴候のために朝早く目覚めることがあるともいう。これは、周期性嘔吐症候群の特徴でもある（この特徴は、明け方になってストレス中枢の活動が増大しはじめるために引き起こされると考えられる）。温水シャワーを浴びたり、アチバン〔抗不安薬〕を服用したりして発作を抑えられる場合もあるが、いずれもたいてい役に立たないようだ。「ひとたび嘔吐がはじまると止まらなくなります。ERに駆け込むしかないんです」と彼はいう。

「ERではどんな処置を受けましたか？」と尋ねると、ビルは「医師はしぶしぶ麻薬性の鎮痛剤を処方してくれますが、それを飲むとたいていすぐ眠ってしまいます。そして一時間後には、症状が消えた状態で目覚められます」と答えた。彼がそれまでに受けてきた内視鏡検査、腹部のCTスキャンなどの種々の臨床テストでは、病因を説明するいかなる異常も見つからず、また、脳スキャンの結果から、脳腫瘍の可能性も除外されたとのことだ。

ビルの母親がインターネットで見つけた診断は正しかった。彼はまさに、周期性嘔吐症候群にかかっていたのだ。皮肉なことに、医師たちは誰一人正しい診断を下せなかったのに、医療の訓練など受けたことのない彼の母親が、インターネットを使って正しく診断できるほど、原因は至って単純なものだった。

たいていの医師が内臓反応について限られた知識しか持たず、効果的な治療を提供できていないという現実は、周期性嘔吐症候群のような重い病気にかからずともわかる。アメリカ人は二〇人にほぼ三人の割合で、ＩＢＳ、機能性胸焼け、機能性胃腸症など、脳腸相関の異変に起因する徴候や症状に悩まされている。しかし、不快な内臓感覚に悩まされていない人でも、内臓反応はこれらの障害に関係なく生じるという点に留意するべきだ。

周期性嘔吐症候群は、常軌を逸した内臓反応のもっとも劇的な例の一つにすぎない。脳腸相関の異変は、ときに私たちに大きな影響を及ぼす。

腸内の小さな脳

友人と食事に出かけたとしよう。ウェイターが、注文したミディアムレアのリブアイステーキを運んでくる。あなたはステーキを切り分けて口に運ぶ。次の瞬間から、あなたの体内で何が起こるかを説明しよう。ただし、以下の記述は食事中の会話のネタにはしないほうがよい。

ステーキの一片を咀嚼して嚥下する前から、あなたの胃は酸電池に匹敵するほど酸性度の高い濃塩酸で満たされる。部分的に咀嚼されたステーキの断片が胃に達すると、胃は強力な研磨力を行使して、ステーキの断片を細かな粒子に粉砕する。

そのあいだ、胆囊（たんのう）と膵臓（すいぞう）は、脂肪分の消化を助ける胆汁や種々の消化酵素を注入することによって、小腸の仕事の準備を整える。細かく砕かれたステーキの破片を胃から受け取った小腸は、消化酵素と胆汁の働きで分解された栄養素を吸収し、身体中に送り出す。

消化の過程が進むと、腸壁の筋肉は、蠕動（ぜんどう）と呼ばれる特徴的な収縮運動を行ない、食物を消化管に沿って下方に押しやる。蠕動の圧力、範囲、方向は、取り込まれた食物のタイプによって異なる。たとえば、脂肪や複合炭水化物の吸収には多くの時間をかけ、糖分を含む飲料の吸収にはあまり時間をかけない。

それと同時に、腸壁の一部は、消化された食物を収縮の力で壁に向けて動かし、そこで栄養素を吸収する。大腸では、強力な波状の収縮運動で内容物が前後に動かされ、水分の九〇パーセントが吸収される。それから内容物は、さらなる強力な波状収縮で直腸に押し出される。するとあなたは、便意を催す。

次の食事までには、腸の整理整頓（ハウスキーピング）のために、それとは異なる波状の圧力（伝播性筋放電群）がかかる。つまり胃で粉砕されなかった、薬の不溶解残渣（ざんさ）や丸呑みされたピーナッツなどの残留物がすべて排出されるのである。この波状の動きは九〇分ごとに生じ、食道からはじまってゆっくりと直腸に向けて下りていく。そしてその圧力で、未消化のブラジルナッツが粉砕され、有害な微生物が小腸から結腸へと掃き出される。

蠕動反射とは異なり、このハウスキーピング運動は、睡眠中など、基本的に消化管に消化すべき食物が残っていないときにのみ作用し、朝食を口にするとただちに停止する。

腸は脳や脊髄の助けを借りずに、一連の作用を連動させている。その方法を知るのは腸壁を構成する筋肉ではない。消化の管理は、おおむね腸管神経系が担当している。なお、腸管神経系とは、食道から直腸に至る消化管壁を取り巻く、五〇〇〇万個の神経細胞からなるネットワークをいう。この「第二の脳」は、頭部に座す三ポンド〔およそ一・四キログラム〕の脳に比べれば小さいが、消化という点になると、非常に効率的に働く。

コロンビア大学医療センターに在籍する、著名な解剖学者で細胞生物学者のマイケル・ガーションは、腸のセロトニンシステムの研究のパイオニアで、著書『第二の脳（*The Second Brain*）』で知られるが、腸管神経系が独立して作用する能力を持つことを示すビデオをよく見せる。このビデオには、液体に浸されたモルモットの腸の断片が、脳との結合を欠いたまま、自力でプラスチック製の粒を一方の側から他方の側へと動かす様子が映されている。人間の腸もモルモットと同様、まずまちがいなく独立して機能するはずだ。

複雑な消化機能のすべてが、腸管神経系内の固定配線された神経回路（何百万もの神経細胞の解剖学的な結合）によって自律的に調整されているという事実は特筆に値する。しかも、特に問題が生じない限り、脳やその他の中枢神経系の組織の助けをほとんど借りずに、この偉業をなし遂げているのだ。

とはいえ、普段は自律的に作用するこれらの機能のほぼすべては、情動を司る脳領域の働きによって損なわれることもある。友人と食事をしている最中に、会話がもつれて口論になったりすると、胃のすばらしい研磨活動はただちに停止し、けいれん性の収縮がはじまる。すると胃の内容物は、正しく押し出されなくなる。それまでに食べたステーキの半分は、消化されずに胃に残る。レストランを出て長時間が経過しても、あなたは横になって目覚めたまま、胃のけいれんを感じていなければならない。しかも胃に内容物が滞留しているために、夜間の収縮運動は起こらず、腸の浄化がなされない。そもそも活動過多の脳腸相関を抱えるビルのような患者の場合、健常者には大きな問題を引き起こすことのないストレスや情動的な刺激が、胃の蠕動を妨げたり、その方向を逆転させたりし、それと同時に結腸にけいれん性の収縮を引き起こす。脳の警報装置の設定値が狂って誤報が頻繁に発生し、自らの健康をひどく損なっているのだともいえよう。

銃創と内臓反応

いつの時代にも、人は内臓を通じて情動を経験してきた。そして好奇心に満ちた人々が、この現象を何とか理解しようとしてきた。軍医のウィリアム・ボーモントは、一八二二年に胃と脳の結びつきについて学べる機会を手にしたとき、その好機をみすみす見逃すことはなかった。

ある初夏のこと。ボーモントは、ヒューロン湖の北端に位置するマキノー島（ミシガン州）にあるマキノー砦に配属されていた。ある日、砦のすぐ近くで、アレクシス・セント・マーティンという名の毛皮猟師が、誤ってマスケット銃で撃たれてしまった。三〇分後にボーモント医師が駆けつけたとき、腹部の左上にこぶし大の穴が開いているのがわかった。その傷を覗き込むと胃を観察することができ、そこには人差し指を突っ込めるほどの穴が見えた。

ボーモントの手腕によってセント・マーティンは一命をとりとめる。だがボーモントは胃の穴を閉じることができず、セント・マーティンは胃瘻（いろう）を抱えたまま、すなわち胃に開いた穴を露出したまま一生を過ごす羽目になる。回復後、もはや毛皮商人としての仕事をこなせなくなった彼は、ボーモントがミシガン州からニューヨーク州のナイアガラ砦に移ったときに雇われ、住み込みの雑役夫としてボーモントの家族と一緒に暮らしはじめた。こうして二人は実験者と被験者として、奇妙なチームを組むことになったのだ。

すぐにボーモントは、リアルタイムで人間の消化作用を観察した史上初の人物になる。彼は、ゆでた牛肉、生キャベツ、固くなったパンなどの食べ物の断片を絹糸にゆわえてセント・マーティンの胃の内部にたらし、さまざまなタイミングで引き戻しては、胃液でどの程度消化が進んでいるのかを調査したのだ。この実験はとても困難で、また、セント・マーティンにとっては気分の良いものではなく、彼はときにいらいらしたり、動転したりした。やがてボーモントは、胃の内部で生じている活動の変化を直接観察することによって、怒りが消化を遅らせているという結論を引き出した。こうして彼は、情動が胃の活動を左右しうることを報告した史上初の科学者になったのである。

情動は、胃ばかりでなく消化管全体に影響を及ぼす。一九四六年の『ウィークス』誌には、第二次世界大戦中に戦闘で腹部に重傷を負い、小腸と大腸の大部分が露出する状態になった兵士を観察した軍医の話が報告されている。それによれば、この不運な兵士は、彼のいる病棟に負傷した戦友が運び込まれてくると、さらにひどい苦痛を感じはじめ、小腸と大腸の活動が激化したのだそうだ。

このような戦地での観察に基づく初期の事例報告から、実験室で腸と心の結びつきに関する科学的な研究が行なわれるようになるまでには、およそ二〇年を要した。一九六〇年代になると、ダートマス大学医学部に所属する胃腸病専門の名医トーマス・アルミーが、コントロールされた環境下で多くの患者を調査している。彼は、健常者とＩＢＳ患者に情動を喚起するインタビューを行ないながら、結腸の活動を観察した。その結果、被験者が敵意や攻撃性をむき出しにして反応したときには、結腸はただちに収縮した。それに対し、絶望、無力、自責などを感じたときには、結腸の収縮は緩慢だった。この結果は、のちに他の科学者が追試しているが、被験者自身に関わるトピックが提示されたときにのみ、結腸の活動が増大することがわかった。

私たちが日々感じている情動と、特定の身体反応が結びつくよう脳が固定配線されており、情動が激化すると、この固定配線を介して内臓反応が導かれる、というのが、今日の科学者たちの一致した見解である。

ここで腸と腸管神経系と脳がいかに関係し合っているかを理解するために、次のようなたとえを考えてみよう。この三者の関係を患者に説明するときに、私がよく用いるたとえだ。

アメリカ本土にハリケーンが迫っているとする。連邦政府は、国民の一人ひとりに対して緊急時の指示を直接与えたりなどしない。地方自治体のネットワークに指示を送り、それを受けた各自治体は、必要と判断されれば放送を通じて市民に必要な指示を出したり、災害予防対策を講じたりする。ハリケーンなどの大きな脅威に見舞われない限り、地方自治体はほぼあらゆるものごとを処理できるが、緊急事態が発生して連邦政府から明確な指示が送られてくると、日常業務よりそちらを優先する。そしてひとたび危機が去れば、ただちに日常業務に戻る。

それと同様、腸管神経系は、消化に関係するあらゆる日常業務をこなしている。あるとき、あなたは何かに脅威を感じ、不安や怒りを覚えたとする。その際、脳の情動中枢は消化管の個々の細胞に指示を送ったりはせず、腸管神経系にシグナルを送って日常業務を一時中断するよう指令する。ひとたび情動の発露が収まれば、消化器系は日常業務に戻る。

脳はさまざまなメカニズムを通じて、腸内でその種の運動プログラムを実行する。コルチゾールやアドレナリン（エピネフリンとも呼ばれる）などのストレスホルモンを分泌し、腸管神経系に神経シグナルを送るのである。その際、脳は腸機能の実行を促進するシグナルと（迷走神経を含む副交感神経系によって伝達される）、抑制するシグナル（交感神経系によって伝達される）という二セットの神経シグナルを送る。この二つの神経経路は、通常は合わせて活性化され、腸管神経系の活動の調節、微調整、連携を行なって、その都度の情動の状態を反映する腸の活動を形成する。

かくして情動が腸という舞台で上演されると、いくつもの特殊な細胞が演技しはじめる。この舞台に登場する俳優には、各種腸細胞、腸管神経系の細胞、一〇〇兆の微生物がいる。そして、上演される芝居の情動的な色合いによって、俳優の振る舞いや、化学物質による会話の様相が変化する。出し物は一日を通じて交替し、嫌な話もあれば楽しい話もある。一方では、子どもの心配、後続の車に追い抜かれて前に割り込まれたときの苛立ち、ミーティングに遅れるのではないかという不安、解雇や困窮に対する恐れをめぐるシーンがあり、他方では、愛する人との抱擁、友人の親切な言葉、一家団欒をめぐるシーンがある。

私たちはこれまで、怒り、悲しみ、恐れなどの負（ネガティブ）の情動に結びついた内臓反応について学んできたが、愛情、絆（きずな）、幸福などの正（ポジティブ）の情動に対する内臓反応についてはほとんど何も知らない。万事順調なときには、脳は腸管神経系の活動に干渉しないのだろうか？　それとも幸福感を反映する独自の神経シグナルを送るのだろうか？　もしそうなら、このシグナルは腸内微生物や腸の感受性、あるいは消化の進行にどんな影響を及ぼすのか？　家族で娘の大学卒業を祝う豪華なディナーのときや、瞑想をして忘我の境地に浸っているとき、腸内ではいったい何が起こるのか？　健康に対する内臓反応の影響について十分に理解したいのなら、科学はこれらの問いに答える必要がある。

腸内で上演される芝居が、ロマンティック・コメディーではなくスリラーやホラーになってしまう人もいる。いつでも怒ったり不安を感じたりしている人の腸細胞は、幼少期にまでさかのぼる物語の台本を利用して、来る日も来る日も陰惨な筋書き(プロット)を繰り広げることがある。そのような人々の腸を構成する細胞の多くは、時間が経つと芝居の色調に自らを合わせるようになる。腸管神経系の神経結合は変化し、腸の感覚受容器の感度は高まり、セロトニン生成メカニズムは稼働率を上げ、腸内微生物はさらに攻撃的になりさえする。機能性消化管障害、不安障害、うつ病、あるいは自閉症を抱えた人々を対象とする研究で、腸の俳優たちの構成や振る舞いが変化することが見出されているのも特に驚きではない。その種の発見を報告する科学論文は山ほどある。ところが、そのような異変をターゲットとする治療法となると、医療はこれまでのところ効果的な手段の開発に成功していない。一方、脳の台本を楽しい話に書き換えるという方法は有望に思える。台本を書き換えることで内臓反応を変え、腸細胞の異変を逆転させるのだ。関連する話としては、現在、催眠や瞑想などの心を基盤とする介入法が、腸内微生物の変化に結びつくのか否か、また、その変化が、ＩＢＳのような障害の症状を緩和するのか否かを検証する研究が進められている。

腸の情動反応をプログラミングする脳

現在、情動が消化管を含めた身体に及ぼす影響に関する知識は増大した。そのメカニズムを理解するには、まず大脳辺縁系について知る必要がある。大脳辺縁系とは、人間が他の温血動物と共有する原始的な脳の系(システム)であり、情動の生成に重要な役割を果たす。私たちが、怒る、驚く、性的に興奮する、飢えや渇きを覚えると、脳の灰白質の奥深くにある大脳辺縁系の内部の神経回路が活性化するのだ。

この神経回路はミニスーパーコンピューターのごとく、身体内外の変化に対して最適な反応を行なえるよう身体を調節する。生命が脅かされるような状況に直面したとき、ただちに無数のメッセージを編成して身体中の組織や細胞に送り、それぞれの振る舞いを変えるのである。

次に何が起こるかは、誰もが知っているはずだ。情動を司る脳の神経回路は胃腸にシグナルを送り、活動に必要なエネルギーを浪費しないよう内容物の除去を指令する。だから、重要なプレゼンテーションの直前になるとトイレに駆け込みたくなるのだ。また、心循環系は、酸素の多い血液を腸から筋肉へと回して消化を遅らせ、闘争（もしくは逃走）の準備を整える。

このような生理作用を経験している動物は人間だけではない。数百万年にわたり、哺乳類は、生存のために目の前の脅威の程度を評価し、結束し、戦い、ときには逃げた。進化は私たちに、危険な状況に対処するための集合的な知恵を授けてくれた。そして、脅威に自動的に反応する神経回路やプログラムという形態で、この知恵を凝縮したのだ。それによって哺乳類は、危険な状況のもとで時間やエネルギーを節約できるようになった。というのも、その種の既製の反応を欠いては、危機が訪れるたびに一から反応を形成し直さなければならないからだ。このようなプログラムは「情動操作プログラム」として知られており、数ミリ秒以内に活性化され、生存、繁殖、繁栄を可能にする統合化された一連の行動を実行する。

（情動の研究に神経科学を適用する）感情神経科学に大きく貢献してきたワシントン州立大学の神経

科学者ヤーク・パンクセップは、動物実験の結果から、恐れ、怒り、悲しみ、戯れ、欲望、愛情、母性行動に対する身体反応を導く、少なくとも七つの情動操作プログラムが、私たちの脳には備わっていると結論している。このプログラムは、たとえ本人が何の情動も感じていなくても、状況に合った一連の身体反応を自動的かつ迅速に実行してくれる。だから、きまり悪く感じれば顔が紅潮し、ホラー映画を観ているときには鳥肌が立ち、何かにおびえると心臓の鼓動が速まり、心配が高じると腸が敏感になるのだ。

情動操作プログラムは、遺伝子に書き込まれている。この遺伝子コードは両親から受け渡され、幼少期のできごとに影響される。たとえばあなたは、ストレス環境に置かれたときに、恐れや怒りのプログラムが過剰に反応する形質を発現する遺伝子を、両親から受け継いでいるかもしれない。また、子どものころに何らかの情動的なトラウマを負うと、身体は、ストレス反応をもたらす遺伝子に化学的なタグを付加するかもしれない。その結果、大人になってから、ストレスを受けると過剰な内臓反応を経験するようになる。同じストレス環境に置かれても、人によってきわめて異なる反応を示すのはそのためだ。ほとんど何の内臓反応も示さない人もいれば、吐き気、胃痙攣（けいれん）、下痢などを起こす人もいる。このような緊急時のための初期プログラミングは、食うか食われるかの世界に生きていれば有益であろうが、保護された安全な環境で暮らしている現代人には負担になることが多い。

腸がストレスを受けるとき

情動操作プログラムのなかでも、ストレスの影響を受けやすいものは詳細に研究されている。外的、あるいは内的な脅威に直面して不安や恐れを感じると、恒常性（ホメオスタシス）、すなわち内的なバランスを保つためにストレス反応が発動する。

　私たちがストレスという言葉を使うとき、それはたいてい、日常生活で感じる精神的負担、もしくはトラウマとして刻印されるほどのできごと、自然災害などの大きなストレス要因（ストレッサー）に由来する、精神的な重圧を意味する。しかしそれに加え脳は、身体が関与するさまざまなできごと、具体的にいえば感染、手術、事故、食中毒、睡眠不足、禁煙の努力を、さらには月経のような自然な身体の変化でさえも、ストレスとして認知する。

　ここで、ストレスを受けると身体に何が起こるかを説明しておこう。ただしその前に、情動を司る脳領域のすばらしい能力を知っておく必要がある。生命が脅威にさらされると、この能力は、その瞠目すべき価値をいかんなく発揮する。

　脅威を認知した脳は、脳内のストレスプログラムを起動する。このプログラムは、消化管を含めたさまざまな身体組織の活動を最適化するために調整を図る。おのおのの情動操作プログラムは、特定のシグナル分子を用いる。したがって脳内で特定の化学物質が分泌されると、対応するプログラムが実行され、身体や腸に影響を及ぼす。脳の提供するシグナル分子には、鎮痛剤としても作用し、快活さをもたらすエンドルフィン、欲求や動機に働きかけるドーパミン、「愛情ホルモン」とも呼ばれ、信頼や魅惑の感覚を刺激するオキシトシンなど、よく知られたホルモンが含まれる。また、前述した、ストレスのマスタースイッチとして機能する副腎皮質刺激ホルモン放出因子（ＣＲＦ）もそれに含まれる。

健康そのものの人が浜辺でくつろいでいるときでも、CRFは副腎で生成されるホルモン、コルチゾールの分泌量を調節することによって、健康の維持に必要な任務を遂行している。日常的に生じる正常な変動を通して、コルチゾールは脂肪、タンパク質、炭水化物の適正な代謝を維持し、免疫系の働きの抑制に寄与する。

しかしストレスプログラムが活性化すると、CRF－コルチゾール系の活動が高まる。ストレスを受けると、生存に必要なあらゆる機能をコントロールし、CRFの主要な生産工場でもある脳の小さな組織、視床下部が最初に反応する。CRFの分泌は、媒介となる化学物質を通じて副腎の活性化をもたらし、活性化された副腎はコルチゾールを送り出しはじめる。そのため血中のコルチゾールレベルが上昇し、予想される代謝活動の増大に向けて準備が整えられる。

また、視床下部が分泌したCRFは、不安や恐れの感情を喚起する脳領域、扁桃体にも拡散し、ストレスのマスタースイッチとして機能する。こうして引き起こされた扁桃体の活動は、身体では動悸、手の平の発汗、消化管からすべての内容物を除去しようとする動きとして現われる。

ストレスが引き起こす消化器系の活動の変化は、食事の楽しみを妨げる。強いストレスにさらされている日に、ランチを山盛りで食べたいなどとは思わないはずだ。

それどころか、リラックスして食事をしていたとしても、不快な内臓反応を経験することがある。ひとたび情動操作プログラムが起動すると、その効果は数時間、ときには数年間持続する場合もある。思考、過去のできごとの記憶、未来への期待は、脳腸相関の活動に影響を及ぼすことがあり、それは苦痛に満ちたものにもなりうる。

一例を示そう。かつて食事中に配偶者と口論したレストランに再び出かけたとき、たとえなごやかな雰囲気で会話が進んでいても、昔の記憶がよみがえって怒りの情動操作プログラムが起動するかもしれない。口論をしたレストランがイタリアンレストランだったとすると、どんなイタリアンレストランでも、あるいは単にシーフードリゾットを見ただけでも、怒りのプログラムが起動するのだ。私は患者に、この例をよく語って聞かせる。するとたいがい、彼らは何かの食べ物が原因で消化器系の不調が引き起こされたと主張する。そのような主張に対して私は、症状の原因が食べ物そのものにあるのか、それとも過去のできごとの想起にあるのかを考えてもらうことにしている。このように、症状を引き起こした状況に注意を向けさせると、患者はたいてい、脳と腸の結びつきが非常に強いことを認識するようになる。

腸内の鏡像

ビルのような周期性嘔吐症候群の患者や、他の脳腸相関の障害を抱える患者に、私が提供できる重要な情報の一つとして、何が苦痛に満ちた症状を引き起こすのか、そしてその患者が抱える症状の治療法の決定に、この知見がいかに役立つのかをわかりやすく説明する科学的論拠がある。単純な説明ではあれ、論拠を示すことで、診断にともなう不確実性がある程度取り除かれ、患者や家族の不安が和らげられる。またもちろん、科学は効果的な治療を実施するための合理的な基盤を与えてくれる。

私はビルに、彼の脳がＣＲＦを過剰に分泌していることを説明した。脳内でＣＲＦが過剰に分泌されると、不安のみならず、動悸、手の平の発汗、さらには蠕動を逆転させて内容物を上に向かって戻す胃の異常な収縮が引き起こされる。また、結腸の過度の収縮が起こり、それによって痙攣性の痛みが生じ、胃の内容物が下方に送られる。この説明を聞いたビルと彼の母親は、安堵の表情を浮かべていた。というのも、症状に関する科学的な説明を聞いたのは、そのときが初めてだったからだ。

「でも、発作がつねに早朝に現われるのはなぜでしょうか？」と、母親が訊いてきた。その質問に対して私は、「脳内での正常なCRFの分泌は早朝にピークを迎え、それから正午になるまでゆっくりと減退していくからです」と答えた。だから周期性嘔吐症候群の患者の場合、脳内のCRFが早朝になると不健康なレベルに達する可能性が高い。

それから私は、脳と腸の神経系が連携しながら腸の機能を制御していることを教えるために、いかにCRFが緊急事態を宣言し、身体を戦闘モードに切り替えるのかについて説明した。それに対してビルは、「よくわかりました。でも、大きなストレスを受けているわけではない睡眠中に、なぜそんなことが起こるのでしょうか？」と尋ねてきた。

私は「問題はまさにそこにあります。要するに、次々に誤報が発生しているのです」と返答し、彼の場合、非常事態に対処する脳のメカニズムのブレーキが故障していて、些細なできごとでも恐れのプログラムが起動するのだと説明した。

この説明を聞いた母親は、「ありがとうございました。ようやく事情が飲み込めました」と納得してくれた。しかし納得しただけでは、問題の解決にはならない。だから彼女は、そもそも発作が起こらないようにするにはどうすればよいのかを訊いてきたのだ。

健康な生活を阻害する激しい発作を抑えるために、私はビルに、活動過多のストレス神経回路や、

ＣＲＦの過剰な分泌による異常な興奮を鎮静するための数種類の薬を処方した。発作の頻度を抑える薬や、発作が起こってしまったときにそれを止める薬も出した。幸いなことに周期性嘔吐症候群の患者の多くは、適切な治療を受ければ劇的に改善する。発作の回数は減り、また、その発現をうまく抑えられるようになるのだ。やがて患者は再発を恐れなくなり、投薬量を減らす、あるいは投薬を打ち切ることも可能になる。

ビルもそのような経過を辿った。三か月後の再診時には、「発作はたった一度しか起こりませんでした」といった。私が処方した抗不安薬のクロノピンが効いて、発作がほとんど起こらなくなったようだ。彼は、何年にもわたって苦しみ続け、ＥＲの医師たちの屈辱的なコメントをさんざん耐え抜いて、ようやく普通の暮らしを取り戻したことを喜んでいた。私が診察した他の周期性嘔吐症候群患者は、回復するのに認知行動療法や催眠など他の治療法を必要としたが、ビルは投薬だけで済んだ。彼は再び大学に通うようになり、やがて投薬量も大幅に減っていった。

私たちは、ビルのような患者の症例から多くを学べる。私も、日夜診察室でさまざまなことを学んでいる。就職面接に対する不安、交通渋滞に巻き込まれたときのいらいら、約束の時間に遅れそうになったときの焦りなどによって引き起こされる正常な内臓反応は、大きな問題ではない。とはいえ、怒り、悲しみ、不安などの情動が恒常的に生じる場合には、腸やそこに宿る微生物に有害な影響が及ぶことを知っておく必要がある。内臓反応が上演される舞台は広大で、登場する俳優は無数にいることを覚えておこう。コップ一杯の水を飲みさえすれば癒せる喉の渇きや、数分しか続かない一過性の痛みは大事ではない。だが、情動はつねに腸内に鏡像を持つこと、また、恒常的な怒り、悲しみ、恐れは、消化器系のみならず健康全般にも多大な影響を及ぼすことを考えれば、そう安心してはいられないだろう。

第3章

脳に話しかける腸

私たちは日々、自分の任務を遂行しようとあくせくしているが、腹のなかで何が起こっているかに思いを馳せることなどあるだろうか？　普通ならあまり気には留めないはずだが、そのあいだも消化器系は粛々と自らの仕事を遂行している。とはいえ、それだけに、胃腸で起こるできごとはあなたにとって大きな意味がある。特に多忙でない日に、胃腸が生み出すあらゆる感覚に朝から晩まで注意を向け、その刺激を直接感じてみてはどうだろうか。

胃腸のかすかな感覚や音、あるいはその背景で生じる情動にできる限り注意を向け、気がついたことを紙に書き留めるか、スマートフォンなどに記録してみよう。また、そのとき何をしていたのか、どう感じたのか、何を食べていたのかなどの情報も残しておくとよい。次に示すのは、私たちが数年前に行なった実験の参加者、二六歳の健康な被験者ジュディーが報告した、一日分の内臓刺激に関する記録である。

日曜日、ジュディーは朝早く目覚め、一杯のコーヒーを飲んでから日課のランニングに出かける。彼女は五キロメートルのランニングを終えるまでは何も食べない。経験から、胃に食べたものが入った状態では走りにくいことを知っているからだ。ランニングを終えて帰ってくると、母親と友人に電話する。それを終えるころには空腹がつのり、日曜日のいつもの朝食、マッシュルームのオムレツと、クリームチーズをはさんだサワードゥ・バゲット〔天然酵母を使った酸味のあるパン〕にありつく。

彼女は好みの朝食を楽しむあいだ、快さを覚える。とはいえ自分が食べているものにはほとんど注意を払っていない。というのも、食べながら興味深い新聞記事を読んでいたからだ。やがて満腹になった彼女は、オムレツを半分残す。その日はボーイフレンドと浜辺でサイクリングをする予定だった。トイレに行ったあとで外出する。浜辺で二人は楽しいひとときを過ごし、家に帰ると午後七時だった。

軽い夕食を済ませたあと、ジュディーは月曜日の午前中に予定されているプレゼンテーションの準備をしなければならないことを思い出す。不安を感じはじめ、胃に軽い吐き気を覚える。プレゼンの準備が整うにつれ、気分は徐々に和らいでくる。そして午後一〇時になった時点で、翌朝残りを片付けることにし、床につく準備をする。午前五時半に目覚ましをセットして眠ろうとするが、なかなか寝つけず、目覚めるたびに腹部が鳴っているのに気づく。長く大きな音が、腹部の上方から下方に向けて移動していくように感じられる。とうとう起き上がって台所に行き、残っていたオムレツを食べる。すると腹部の音は止まり、気分は晴れる。こうして彼女は眠りにつく。

あなたも、特に意識してはいなかったとしても、同様な内臓刺激を日常的に感じているはずだ。私たちは皆、一生このような感覚を持ち続け、それがいわば第二の天性になる。生存という観点からすると、内臓刺激に対する注意や気づきの一般的な欠如には意味がある。情報が氾濫する複雑な現代社会を生きていくことは、それだけでも難事だ。そんな社会で毎日暮らすなか、いちいち胃腸の収縮や音を気にしていたら、あるいは夜間に収縮の大きな波が消化管を伝わっていくたびに目覚めていたら、いったいどうなるだろうか？　このような感覚に常時注意を払っていなければならないとしたら、他のものごとに一切集中できなくなってしまう。夕食時に会話をすることも、昼食後にうたた寝をしたり新聞を読んだりすることも、あるいは十分な睡眠をとることさえできなくなるだろう。

私たちが気づく内臓刺激は、一般に対応に迫られるものに限られる。空腹感は何かを食べるよう促す、満腹感はそれ以上食べるのをやめさせる、便意はトイレに駆け込ませる、などだ。それ以外のほとんどの内臓刺激については、胃の痛み、胸焼け、吐き気、執拗な腹部の張り、あるいは悪くすると食中毒、ウイルス性胃腸炎など、胃腸に問題が生じない限り、私たちは安心し切ったまま気づかないでいる。もちろんいつもと変わらない量の食事をしたあとでも、食べ過ぎや胃もたれを感じる程度のことはある。突然、胃腸からの感覚情報〔sensory informationの訳で、感覚を生み出す刺激情報の意。実際に感覚が生じるのは刺激が脳に達してからであることに留意〕が、自分にとって意味を持ちはじめるのには理由がある。不快感を覚えることによって何らかの対処を余儀なくされ、また、そのような状況を引き起こす食べ物には今後手をつけないよう肝に銘じさせるのだ。

過敏な脳

たいていの人は、ほぼすべての内臓刺激に気づいていないが、顕著な例外がいくつかある。その一つは、心臓の鼓動や腸内における食物の動きに容易に気づく人がいることだ。彼らは、胃腸を含め身体から送られてくるあらゆるシグナルに対して敏感である。そのような人々を対象に行なわれた脳画像実験では、注意や顕著性(サリエンス)の評価に関与する脳のネットワークに、反応の高まりが見出されている。

もう一つの例外は、消化管から脳に送られた感覚情報が、破損したシグナルとして脳に届く、不運な人々が一〇パーセントほどいることだ。私が診察した数々の患者のなかでも、身体刺激に対する気づきの鋭敏化を顕著に呈するある紳士の症例は、その独自性において突出している。

この患者フランクは七五歳の元教師で、私の診察室に来るまで五年間にわたり、腹部膨満、腹部の不快感、不規則な便通など、典型的なIBS症状を含む消化管の障害を抱えていた。だが、問題はIBS症状のみではなかった。彼はまた、食道の上部に何かがつかえているような不快感(ヒステリー球とも呼ばれる)を慢性的に覚え、げっぷを繰り返し、胸骨の背後にメントールのような刺激性の感覚を覚えて頻繁にせきをし、息を吸ったときに十分に空気を取り込めていない気がすることがあったのだ。これらの症状は、私の診察室に来るおよそ五年前、重病の妻を亡くしたちょうどその時期に突然発現したという。

診断に役立てようといくつかの質問をしたところ、フランクは、子どものころからIBSに似た軽い症状があったようだ。これまでに何度も胸部、消化管、心臓を徹底的に検査してきたにもかかわらず、症状の原因がまったくわからないとのことだったが、消化管に何らかの機能的障害を抱えている可能性が高かった。彼の症状は、食道から結腸に至る消化管の各領域から送られてくる内臓刺激に対する過敏性に由来する、といったあたりがもっとも妥当な診断だと思われた。医師によってはその症状を心理的要因に帰するだろうが、今では、メントールなどのさまざまな化学物質を検出できる特殊な分子（受容体（レセプター）と呼ばれる）を含め、消化管には精巧な感覚器官が備わることが知られている。しかし、五年前にフランクの過敏性に働きかけた要因とは、いったい何だったのか？

それについては、フランクの現パートナーがある情報を提供してくれた。彼は長らく、動物性脂肪や糖分の多い不健康なものを食べていたそうだ。チョコレートケーキ、フライドポテト、濃厚なチーズなどからの誘惑に負けたときに、彼の症状が悪化することに彼女は気づいていた。脂肪分の多いその手の食べ物の摂取が、消化管と脳のコミュニケーションにおける過敏性の発現に寄与したのか？フランクのような患者は、収縮、膨張、酸の分泌などの消化管の正常な機能に過敏なばかりではない。彼らのなかには、腸内で風船を膨らます、食道に酸性溶液を垂らすなどといった実験的な刺激に対し、健常者より敏感な人もいることが数々の研究からわかっている。

消化管が備える感覚系の複雑さを考慮すると、普通の食べ物、あるいは不健康ながらたいていの人にはいかなる症状も引き起こさない食べ物や食品添加物に過剰に反応するなど、彼らの消化器系が混乱の影響を受けやすいことは特に驚きではない。彼らは、危険をいち早く察知できる、いわば炭鉱のカナリアなのだろうか？

消化管で集められた感覚情報の九〇パーセント以上は、意識にのぼらない。私たちは基本的に、腹部から日夜上がってくる刺激を無視していられる。だが、腸管神経系は、この刺激を注意深く監視している。内臓刺激の多くは、感覚系の複雑なメカニズムを通じて粛々と消化管の小さな脳に送られ、消化器系の機能を日夜最適なものに保つために必須の情報として利用される。しかし内臓刺激の巨大な流れは、上方に向かって脳にも達する。迷走神経を介して伝達されるシグナルの九〇パーセントは消化管から脳へと流れており、逆方向には一〇パーセントが流れているにすぎない。事実、消化管は脳の介入がなくてもその活動のほとんどを維持できるのに対し、脳は消化管から送られてくる必須の情報に大きく依存する。

では、消化管が発する、どの情報が重要なのだろうか？　実のところ、重要な情報は想像以上に多い。消化管が備える多数のセンサーは、最適な収縮パターンを形成するために必要となるあらゆる情報、具体的にいうと蠕動の圧力や方向を定め、消化対象の食物を胃腸内で送る速度を調節し、消化が適正に行なわれるよう酸や胆汁の分泌量を決定するために必要な情報を腸管神経系に伝達する。またそれは、胃に残存する食物の量、摂取した食物の量や密度、消化された食物の化学組成、さらにはマイクロバイオータの活動に関する情報を収集する。一連のセンサーは、緊急時には寄生虫、ウイルス、病原菌、病原菌の産生する毒素、さらには消化管の炎症反応を検知する。事実、急性の炎症は、通常の刺激やできごとに対し、多くのセンサーを過敏にする。センサーからの情報は消化管の機能を適正に保つのに必須だが、腸管神経系は意識にのぼる感覚を生み出さない。ガーションの著書『第二の脳』が刊行されたとき、腸管神経系の能力をめぐって論議が巻き起こった。第二の脳は知覚能力を備えるばかりでなく、情動や無意識が宿る場所ではないかと論じる者もいた。しかし、この見解が誤りなのはほぼ確実である。消化管が発する感覚情報は頭部の脳にも送られるのであり、それに注意を向けることによって、意識的にとらえられるのだ。

二四時間三六五日、消化管と腸管神経系と脳は、つねに連絡を取り合っている。このコミュニケーションネットワークは、私たちの健康や快適な暮らしに、想像よりもはるかに大事な仕事を担っているのかもしれない。

消化管で感じる

肉汁したたるハンバーガーにかぶりつく、パリパリの焼きたてバゲットをかじる、ニューイングランド・クラムチャウダーをすする、チョコレートの優雅な味わいを楽しむ。そのとき、私たちは何を味わっているのか？

味は、舌の味蕾(みらい)に備わる一連の受容体(レセプター)がもたらす。外側の細胞膜に埋め込まれたレセプターの分子は、カギ穴が特定のカギを受け入れるのと同じように、食物や飲料に含まれる特定の化学物質を検知する。レセプターは、食物に含まれる化学物質に結びつくと脳にメッセージを送る。すると脳は、口や舌から送られてきた一連の感覚情報から特定の味覚を構築する。

舌の表面の味覚レセプターは、甘味、苦味、塩味、酸味、旨味という五つの異なる性質を検知できる。そして、五つの性質の組み合わせで、食物の味が決まる。加えて、ニンジンのコリコリ感、ヨーグルトのなめらかさ、キンシウリ〔ソウメンカボチャとも〕の特異な食感など、食物の舌触りは、食物の物質的な特性の検知に特化した別のレセプターに刺激を与える。つまり、口内にコード化されているすべての刺激の組み合わせによって、味覚という経験が生じるのである。食品産業は、この経験を最大化する食品を考案するのに長(た)けている。

驚いたことに、味覚に関与する分子やメカニズムのいくつかは、口内のみならず消化管全体に分布していることが、最近の研究からわかっている。甘味と苦味の味覚レセプターに関しては、まちがいなくこのことが当てはまり、事実、人間の消化管には二五種類ほどの苦味レセプターが発見されている。消化管の味覚レセプターが、味覚体験とはほとんど、もしくはまったく関係がないことについては判明しているが、脳腸相関におけるその役割についてはわずかしかわかっていない。しかしレセプターの分子は、感覚神経終末、および消化管壁のホルモンを含有する変換細胞（前章で取り上げたセロトニンを含有する細胞など）に存在し、脳と消化管の対話に参加するのに格好の位置を占めている。

レセプターには、ハーブやガーリック、トウガラシ、マスタード、ワサビなどのスパイスによって活性化されるものもあれば、メントール、樟脳（しょうのう）、ペパーミント、消炎剤、さらにはカンナビスに反応するものもある。マウスの腸内だけでも、二八種類のいわゆるフィトケミカルレセプター（植物が含む化学物質を検知するレセプター）が特定されており、人間の腸内にも、植物に含まれる種々の化学物質に反応する、それ以上の種類のレセプターが存在するであろうことはまちがいない。

私たちはたいてい、舌の味覚レセプターを刺激して食べ物の風味を引き立てるためにハーブやスパイスを使う。天然素材の効用を信じ、とりわけ薬用効果を求めてハーブやその抽出物を摂取する人々が近年増加しつつある。また、薬草医は健康に対するハーブの効用を長々と述べ立てている。世界の多くの地域では、文化の一部としてスパイスが使用されている。トウガラシを使わないインド料理やメキシコ料理、新鮮なハーブやヨーグルトを欠くペルシア料理、ペパーミントのないモロッコ茶など考えられない。

ハーブやスパイスに対する味覚の嗜好における地域ごとのちがいは、地域住民を風土病から守るために摂取されていたことから生じた可能性が十分に考えられる。たとえば、数々の開発途上国でスパイスをふんだんに使った料理が多いのは、消化管の感染から地域住民を守るためかもしれない。ペルシア料理における新鮮なハーブや、モロッコで食後に必ず出されるペパーミント茶についてはどうか？　いずれにせよ、ハーブやスパイスが世界中で広く使われている理由が何であれ、植物から抽出された物質が、脳腸相関を私たちの周囲の多様な植物に結びつける点にまちがいはない。植物性食物に富む食事から得られるさまざまな植物性化学物質は、それと完全にマッチした消化管の感覚メカニズムと結びつき、体内の生態系（マイクロバイオーム）と、体外の生態系を調和させる。

では、消化管にはなぜかくも多くのセンサーが存在するのか？　甘味を検知するレセプターをはじめとして、食物の代謝に重要な役割を果たすレセプターもある。甘味レセプターが、（炭水化物が消化されると生成される）グルコースや人工甘味料を検知すると、血流へのグルコースの吸収、および膵臓のインシュリンの分泌が促進される。また、脳にメッセージを伝えることによって満腹感を生む、別のホルモンの分泌が促される。

消化管の苦味レセプターがどのように働くのかは、現在のところよくわかっていない。UCLAの同僚の神経科学者カティア・スタニーニは腸管神経系の専門家で、特に腸の味覚レセプターの研究を行なっている。彼女の推測によれば、マイクロバイオータが生成する代謝物質に反応するレセプターがあり、このレセプターが脂肪分の多い食物の摂取によるマイクロバイオータの異変のせいで変化すると、肥満に至る可能性があるのだそうだ。肥満者を対象に行なった共同研究で、われわれはこの仮説を裏づける証拠を手にすることができた。

消化管の苦味レセプターの機能に関しては、他にも説がある。苦味レセプターに刺激を加えると、飢餓ホルモンとも呼ばれるホルモン、グレリンが分泌されることが研究で示されている。分泌されたグレリンは、脳に送られて食欲を刺激する。ヨーロッパ諸国に、苦い食前酒（アペリティフ）を飲む習慣が古くからあるのは、食前酒には、消化管の味覚レセプターを刺激してグレリンの分泌を促し、食欲を増進させる効果があるからだったとしても、私は特に驚かない。

中国医学で古来用いられている、ひどく苦い漢方薬について考えてみよう。苦味は治癒効果とほとんど何の関係もないように思えるが、消化管が持つ二五種類ある苦味レセプターのうちのいずれかの活性化に関係しているらしい。苦味レセプターが活性化することで、脳や身体に治癒をもたらすメッセージが伝えられるのだ。さらに興味深いことに、バラの香りを楽しみ、腐敗した牛乳をかぎわけ、バーベキューの旨そうな匂いをかぎつけるのに使っている鼻の嗅覚レセプターと同じものが消化管全体にも分布していることが、最近の研究からわかっている。消化管の嗅覚レセプターは、味覚レセプターと同様、おもに内分泌細胞上に存在し、そこで各種ホルモンの分泌をコントロールしている。

味覚レセプターと嗅覚レセプターは、口内や鼻腔のみならず消化管全体にも分布しているため、「味覚」や「嗅覚」などというい方はあまり妥当ではなくなった。今や科学者たちは、肺やその他の内臓に存在する化学的な感覚メカニズムの体系の一部を構成し、所属する組織によって役割が変わるものとして、これらのレセプターをとらえている。最新の知見に基づいて考えれば、このようなセンサーが、さまざまな内臓に宿る独自の微生物コミュニティから発せられたメッセージを拾う能力を持っていたとしても、さして驚きではないだろう。

では、混沌とした消化管の内部から、神経系はどのようにこの重要な情報を取得するのか？　神経系という高性能のデータ収集システムが、部分的に消化された食物や、腐食性の化学物質に満ちた消化管の汚れた世界に浸っているなどとは、なかなか理解しにくい。というより、実のところ浸ってはいない。ニューロンそのものは消化管壁の内部に座し、内容物とは直接接触しておらず、消化管の内部で生じる事象の検知は、特殊な内壁細胞が担当している。そして内壁細胞は、内壁の媒介細胞、とりわけ種々の内分泌細胞に、さらに媒介細胞は、迷走神経などの近傍の感覚ニューロンにシグナルを送る。今日までに、内臓刺激の特定の側面に特化し、内分泌細胞が分泌した特定の分子に反応する、さまざまな感覚ニューロンが多数特定されている。感覚ニューロンのおのおのが、腸管神経系や脳にシグナルを送るのである。

消化管の内分泌細胞は数が非常に多く、また、きわめて効率的に神経系にシグナルを送り、私たちの健康維持に重要な役割を果たしている。消化管に備わる、ホルモンを含む細胞をすべて合わせてひとかたまりにすると、体内で最大の内分泌器官になるはずだ。胃から大腸の末端に至る消化管が備える内分泌細胞は、私たちが取り込んだ食物に含まれるさまざまな化学物質や、マイクロバイオータが生成する化学物質を検知している。たとえば胃が空(から)のときには、胃壁の特殊な細胞からグレリンと呼ばれるホルモンが分泌される。このホルモンは、血流、もしくは迷走神経を伝わるシグナルを介して脳に送られ、強い食欲を引き起こす。それに対し、小腸が消化活動にいそしんでいる満腹時には、「今は満腹だから、これ以上食べてはならない」というメッセージを伝える「満腹」ホルモンが、小腸の細胞によって分泌される。

内分泌細胞が関与する脳と消化管の連絡経路の他にも、消化管を本拠地とする免疫系と、免疫細胞が分泌する、サイトカインと呼ばれる炎症分子からなる別系統のシステムがある。消化管の免疫細胞は、おもに小腸内のパイアー斑と呼ばれる区域に存在する。また虫垂にも見られ、小腸、大腸の腸壁にも散在する。消化管を本拠地とする免疫細胞は、内部の空間とは薄い細胞層で隔てられているが、樹状細胞と呼ばれる細胞は、この薄い細胞層を貫いて伸び、腸内微生物や病原菌と相互作用をしている。重要な点を指摘しておくと、樹状細胞が分泌するサイトカインは、消化管壁を越えて体循環に入り、やがて脳に達する。それとは別に、ホルモンを含む消化管の細胞が生成したシグナル分子は、迷走神経を介して脳に送られる。

消化中の食物に関する情報を神経系に伝えるための数々のメカニズムを備えた消化管が、栄養を吸収するためだけの器官ではないことが、近年ますます明らかになりつつある。消化管の精巧な感覚系は、人体における国家安全保障局とでもいえよう。食道、胃、腸など、消化器系に属するあらゆる組織から情報を収集し、大多数のシグナルは無視して、疑わしきものを検出したときや、非常事態が発生したときに警報を鳴らすからだ。消化管は、人体でもっとも複雑な感覚器官の一つなのである。

消化管の気づき

私たちが飲んだり食べたりするとき、消化管のデータ収集システムが送る報告は、消化管の小さな脳（腸管神経系）にも頭部の大きな脳にも、さまざまな必須情報を提供する。大小二つの脳はどちらも、飲食物を摂取するとこの必須情報の入手にいそしむが、おのおのは別々の情報に関心を寄せる。

小さな脳は、最適な消化反応を生むために、また、必要なら嘔吐もしくは下痢によって、消化管の両端から内容物を排泄して毒素を除去するために、消化管が発する情報――食物の摂取量、消化管に入った内容物（脂肪、タンパク質、炭水化物など成分についてや、濃度、密度、粒子の大きさについて）など――を用いる。また、小さな脳は、汚染した食物に含まれる毒素、細菌、ウイルスなど、有害な侵入者に関する情報も含まれる。小さな脳は、脂肪分をたっぷり含むデザートを食べたという情報を受け取ると、食物が胃から排出される速度や、腸を通過する速度を落とす。それに対し、低カロリーの食物を摂取したという情報を入手すると、腸で十分なカロリーを吸収できるよう、胃の内容物を排出する速度を上げる。また、有害な侵入者を検知した場合には、水分の分泌を促し、蠕動の方向を変えて胃の内容物を取り除き、食物が小腸と大腸を通過する速度を速めて有害物をすみやかに除去する。

一方、大きな脳は、全体的な健康に焦点を絞り、消化管から送られてくる種々の徴候を監視して、その情報を身体の他の部位から送られてくるさまざまなシグナルや、環境に関する情報と統合する。腸管神経系で生じている事象も監視するが、怒ったときの胃や結腸の激しい収縮、気が滅入ったときの消化活動の低下など、情動の影響も密接にチェックしている。つまり、脳は自分の作った芝居が消化管という舞台で上演される様子を監視しているのだ。また、ほぼまちがいなく、脳は、腸内に宿る兆単位の微生物が生み出す情報を受け取っている。この腸と脳のシグナル交換は、ここ数年のあいだに注目されだしたにすぎない。脳は消化管から送られてくるあらゆる感覚情報を常時監視しているが、日常業務は地方自治体、すなわち腸管神経系に委任している。大きな脳が直接関与するのは、本人が意図した場合か、脳の反応を必要とする重大な脅威にさらされたときに限られる。

こういったさまざまな感覚メカニズムを通して、消化管は一日中、起きていても眠っていても、身体の奥深くで生じるあらゆる事象に関する情報を、ミリ秒単位で脳に送っている。もちろん、中枢神経系にフィードバック情報を常時送っているのは、消化管だけではない。脳は、身体のあらゆる細胞や組織から常時感覚情報を受け取っている。たとえば、肺や横隔膜は呼吸をするたびに、心臓は鼓動するたびに脳に筋肉の動きに関するシグナルを送り、動脈壁は血圧に関する情報を、筋肉は筋緊張に関する情報を送っている。

持続的に送られてくる身体の状態に関する報告、つまり身体システムのバランスと機能を円滑に保つために脳が用いる情報を、科学者は「内受容性の」情報と呼ぶ。内受容性の情報はあらゆる細胞から送られてくるとはいえ、消化管やその感覚メカニズムが脳に送るメッセージは、その量、多様性、複雑性において抜きん出る。消化管の感覚ネットワークは表面全体に分布しており、その総面積は皮膚の二〇〇倍、いい換えるとバスケットボールのコートとほぼ同じ大きさになるという事実を考えてみるとよい。そしてこのバスケットボールコートには、選手の動き、加速、減速、跳躍、着地などに関する情報を集める、無数の小さなセンサーが備わっているのだ。しかも、消化管が発するシグナルには化学物質や栄養などに関する情報も含まれるので、このたとえは、内臓刺激としてコード化される厖大な量の情報の一部を表わすにすぎない。

消化管と脳を結ぶ情報ハイウェイ

脳への内臓刺激の伝達には、迷走神経がとりわけ重要な働きをする。消化管を構成する細胞や内臓刺激をコード化するレセプターの大多数は、迷走神経を介して脳と緊密に連絡している。また、マイクロバイオータが脳に向けて発するシグナルのほとんどは、この経路を通る。齧歯類を用いた、腸内微生物の変化が情動に与える影響の研究では、迷走神経が切断されると、腸内微生物が変化しても情動への影響が認められなくなることが報告されている。しかし、迷走神経は一方通行の連絡経路ではなく、消化管から脳へ流れる交通量が九〇パーセントを占めるとはいえ、たとえていえば、ラッシュアワー時でも両方向の交通を可能にする六車線のハイウェイとしての機能を果たしている。迷走神経がかくも大量のトラフィックを可能にしているのは、それがもっとも重要な内臓の調節メカニズムであり、消化管のみならず他のすべての内臓組織と脳を結んでいるからだ。

ここで、消化管と脳を結ぶ連絡システムが健康全般にいかに重要かを示す例を紹介しよう。UCLAで訓練を積んでいたとき、私は、小腸の入口付近にある十二指腸の大きな潰瘍に長く苦しんでいたジョージ・ミラーという名の患者に出会った。潰瘍の状態が悪化するとひどく痛むばかりでなく、突然出血して入院を余儀なくされたことが二度あるとのことだった。彼は何年もこの症状に見舞われたのち、胃酸の生成を促す能力を無効化するために、担当の胃腸病専門医から、迷走神経を切断する手術を勧められた。迷走神経切断術を受けたミラーのような患者が経験した、その後の経過や個人的なエピソードは、内臓刺激の何たるかについて多くのことを、また、脳が内受容性の情報を提供する組織との連絡を失うと、その人に何が起こるかを明らかにしてくれる。

一九八〇年代前半の医学界では、酸の過剰な生成を抑制し、消化性潰瘍を治療するためのもっとも単純で効率的な方法は、全迷走神経切離術と呼ばれる迷走神経の切断である、という考えが流布していた。しかしこの手術は、迷走神経を介して消化管から脳に大量の情報が流れているという事実や、この情報の流れが全般的な健康の維持にきわめて大事であるという可能性に対する配慮を欠いていた。幸いにも現在は、このような無謀ともいえる処置がとられることはほとんどない。というのも、潰瘍は投薬で治療するのが一般化したからだ。

ミラーの場合、潰瘍に苦しまなくなったという意味では、手術は成功したといえる。しかし代償も大きかった。彼は手術後、不快な内臓刺激に悩まされはじめ、少し食べただけで満腹になり、吐き気、嘔吐、痙攣、腹痛、下痢などのさまざまな症状が常時現われるようになったのである。

他にも、動悸、発汗、頭のふらつき、極端な疲労などの原因不明の症状が見られた。ミラーの担当医は、一連の症状の要因を特定できずに一種の神経症と見なし、「アルバトロス症候群」という診断を下した。ちなみにこの用語は、手術で消化性潰瘍を治療したにもかかわらず、不快な内臓刺激、持続する腹痛、吐き気、嘔吐、食欲減退などの症状が残った、ミラーのような患者を指して使われていた。しかし現在では、患者の多くに関しては、この症状の発現には確固たる生理的基盤があることが知られている。

今日では、内臓刺激の複雑さのみならず、痛み、食欲、気分、認知のような、非常に重要な一連の機能に影響を及ぼす、視床下部や大脳辺縁系などの脳領域に向けられたシグナルの送信に迷走神経が重要な役割を担っていることが、十分に理解されている。今から考えてみれば、このような必須の情報ハイウェイを（ロサンゼルスの四〇五号線を閉鎖するかのごとく）遮断すれば、朝目覚めたときや食事中に覚える感覚に大きな影響が及ぶことは容易に想像できる。

ミラーの抱えていた症状の背後にあるメカニズムの正確な解明は、今後も期待できない。というのも、もはや迷走神経切断術はほとんど行なわれなくなったからだ。その一方で、脳の主要なコントロール中枢への内臓刺激の伝達に果たす迷走神経の役割に対する関心が、近年とみに高まってきた。内臓刺激を誘導する新たな方法として、また、抑うつ、てんかん、慢性疼痛、肥満、さらには関節炎のような炎症性慢性疾患の治療手段として、電気や薬による迷走神経の刺激が評価されるようになってきた。このような新たな発見は、迷走神経と消化管と脳のあいだのコミュニケーションが健康維持に果たしている役割の重要性をさらに裏づける。

セロトニンの役割

激痛を引き起こす内臓刺激の一つは、食中毒に起因するものだ。四〇年ほど前、四週間にわたってインドを旅行していた私は、自分でもそのつらさを身をもって経験した。その日私は、静かな仏教寺院を訪ね、桃の木に覆われたオアシスを通り、無人の谷や山を越えて、インド北部からヒマラヤ山脈のふもとに入った。旅行中、食事は毎日レンズ豆のスープ、米、バター茶で済ませ、喉の渇きは清澄な小川から直接水をすくって癒していた。山麓の町マナリに着いたときには、気分はいつになく高揚していた。私は目的地への到着を祝うために、それまでの食事パターンを変えて、地元のレストランでスパイスの効いたおいしい料理にありついた。

翌朝早く、私は二四時間かけてニューデリーに戻るバスに乗った。この日の不名誉は、生涯忘れないだろう。前日の食事のせいで生じた胃腸の不調をコントロールするのは、群れをなして襲ってくる無数のハイエナを寝かせるのと同じくらい困難だった。この経験の激烈さは、私の情動的な記憶の奥深くにしっかりと刻み込まれている。そのときの体験を思い出すと、内臓刺激（とその記憶）がいかに強力かを再認識できる。

食中毒は、病原ウイルス、細菌、あるいはそれらが生成する毒素で汚染された飲食物を誤って摂取すると生じる。悪性の大腸菌が生成する毒素について考えてみよう。毒素は、セロトニンを含有する腸細胞が備えるレセプターに結合する。すると、消化管は「おぞましい嘔吐と嵐のような下痢」モードにただちに切り替わる。シスプラチンのような抗がん剤は、同様な状況を引き起こす。

これは、人体に組み込まれた生存メカニズムの一つであり、腸が一定量以上の毒素や病原菌を検知すると、腸管神経系は消化管全体に排泄指令を出し、両端から毒素を排除しようとする。美しいとはとてもいえないが、賢明な処置だ。

この反応は、内臓刺激の生成に特に大事な働きを担う、腸の上部に存在するセロトニンを含む細胞によって促進される。セロトニンは、内容物が消化管に沿って移動し、クロム親和性細胞と呼ばれる細胞に接触すると、微弱な機械的せん断力で分泌され、通常の状況下では規則正しく消化プロセスを推進する。消化管の内分泌細胞に含まれる他のホルモンと同様、分泌されたセロトニンは、腸管神経系と迷走神経の感覚神経終末を活性化する。それを通じて腸管神経系は、何が腸内を移動しているのかを把握し、非常に重要な蠕動反射を引き起こす。それに対し、食中毒や、シスプラチンのような化学療法薬に反応して生じる、濃縮されたセロトニンの分泌は、嘔吐や激しい便意を引き起こす。

オランダの研究グループと私のグループが健常者を対象に行なった共同研究では、セロトニンの生成に必須のアミノ酸、トリプトファンの不足する食事が、脳のセロトニンレベルを低下させ、脳の覚醒ネットワークの活動を高めることが見出されている。また、このような中枢神経系の変化は、実験的に与えられた機械的な刺激に対する結腸の感受性の鋭敏化にも結びつく。同様に、セロトニンレベルを低下させる食事が、うつ病の家族歴があるなどのリスクを抱える人に、抑うつ症状を引き起こしやすいことを示した研究もある。

セロトニンは、腸と脳のシグナル交換に用いられる究極の分子である。セロトニンを含む細胞は、小さな脳と大きな脳の両方に密接に結びついている。腸を本拠地とするセロトニン・シグナルシステムは、食物、腸内微生物、薬の作用によって生じた反応を消化器系の活動、さらには感情に結びつけるのに重要な役割を果たす。その一方、腸の神経や脳に含まれる少量のセロトニンには、それとは別の大事な役目がある。セロトニンを含む腸内の神経は蠕動反射の調節に関与し、脳内の一群の神経細胞は、さまざまな脳領域にシグナルを送って、食欲、痛覚感受性、気分など、生存に必須の一連の機能に影響を及ぼす。

腸のセロトニンシステムの研究を創始したマイク・ガーションの話によれば、このシステムに結びついた内臓刺激に気づくのは、体調不良のとき、あるいは私がニューデリーに戻るバスで体験したような、激烈な苦痛を感じているときに限られるのだそうだ。だが、ほんとうにそうなのだろうか？ここではとりあえず、細菌やウイルスへの感染によって大量のセロトニンが分泌される場合や、腸のセロトニンシステムの異変のためにＩＢＳの症状や下痢が引き起こされる場合など、劇的なケースは脇に置こう。腸では、脳の感情をコントロールする中枢にじかに結合する迷走神経の経路の近くに、膨大な量のセロトニンが蓄えられている点に鑑みると、内容物がセロトニンを含む細胞に接触する際に、あるいは腸内微生物が生成する代謝物質に反応して、低レベルのセロトニン関連シグナルが脳の感情中枢に恒常的に送られていることが十分に考えられる。低レベルのセロトニンの分泌は、たとえそれによってコード化されたシグナルが意識にはのぼらなかったとしても、意識の背景をなす情動や感情に影響を及ぼし、私たちの気分にポジティブな「色合い」を与えている可能性がある。それはまた、おいしい料理を食べたあとで、満腹感や満足感を覚える理由でもある。

情報としての食物

以上の考察は、重要な問いを提起する。私たちの大多数が、たとえば大食いしたあとで胃が二倍に膨らもうが、内容物が残っていないときに消化管に沿ってくるみ割り器のような収縮が移動していこうが、内臓刺激のほとんどを意識的に知覚していないのなら、なぜ消化管は、特殊な感覚装置を備えているのか？

この問いに対する単純かつ科学的裏づけのある答えは、「この感覚メカニズムは、胃の内容物の排出、腸内での食物の移動、酸や消化酵素の分泌などといった、基本的な胃腸の機能の円滑な実行や調節に、また、食物摂取に関連する食欲や満腹感などの身体機能に、さらには血糖のコントロールなどの基本的な代謝作用に必須である」というものだ。こういった内臓刺激の機能的な諸側面は、微小な原始海洋動物が、特定の栄養素の代謝を支援する微生物によって「植民」された数百万年前に獲得されたと考えられる。

それより大胆な答えは、消化管から脳に送られ、消化管の機能や代謝とは直接的な関係がなく、意識のレーダーにはほとんどかからない大量の情報に関係するものだ。兆単位にのぼる腸内微生物が生み出す無数のメッセージを含め、脳に送られる消化管関連の大量の情報は、健康状態や感情の調節、さらには第5章で見るように、人の下す判断に関して、脳腸相関に独自の役割を与えているのである。

消化管が備えるさまざまなセンサーや迷走神経の複雑さや、消化プロセスにおけるそれらの働きを考慮しつつ、内臓刺激という広い文脈で消化管の働きをとらえると、人間の消化器系の革新性がよくわかる。私たちが備える消化管は、食物に含まれる種々の栄養素やカロリーを吸収するだけでなく（消化できなかった食物は腸内微生物が面倒を見てくれる）、その高度な監視システムで、食物の栄養を分析し、最適な消化に必要な情報を引き出している。要するに、食物には最適な消化方法に関する指示や詳細説明が記載されているのだ。それについては、最近になるまでほとんど何も知られておらず、現在でもその意味の解明が進められている。この事実は、あなたが菜食主義者、魚菜食主義者、雑食者、肉食者のいずれであろうが、ファストフードばかり食べていようが、ダイエット中であろうが、あるいはメキシコ旅行中に腸感染を起こして苦しんでいたとしても、何ら変わりはない。注目すべきことに、消化管の精巧な感覚系は、食物が口に入ったその瞬間に情報を引き出しはじめ――舌の味覚レセプターと、食道の腸管神経系（腸管神経系は消化管の全体にわたって存在する）が、入ってきた食物に関する情報を送りはじめ――、結腸に達するまで働き続ける。そして消化管は日常生活に何ら支障をきたすことなく、一連の機能を実行しているのである。

感覚レセプターが消化管壁に沿って広範かつ濃密に存在していることを考えると、消化管は、消化に関係する複雑なプロセスによって、また、そこに宿る一〇〇兆のおしゃべりな微生物が生み出す膨大な量の情報を常時脳に送っていることがわかる。つまり脳腸相関は、大量の情報の収集、蓄積、分析、それへの反応という機能に鑑みれば、かつて考えられていたような地道に働く蒸気機関などではまったくなく、真のスーパーコンピューターなのだ。

以上はすべて、消化管の機能に関して最近得られた知見の一部であり、マクロ栄養素、ミクロ栄養素、代謝、カロリーなどといった詳細への拘泥（こうでい）から、「私たちの消化管とその神経系、そしてそこに宿る微生物は、実のところ驚異的な情報処理装置であり、それに関与する細胞の数という点では脳をはるかにしのぎ、能力という点でも脳が持つ機能のいくつかに匹敵する」という最新の見解への移行を反映するものでもある。このシステムは、体内に取り込まれた食物が、いかに飼育、栽培されたのか、どんな肥料が使われたのか、いかなる化学物質が添加されているのかなどに関する重要な情報を拾いつつ、私たちを周囲の世界に密接に結びつける。そして次章で詳しく説明するように、体内に取り込まれた食物と感情の結びつきには、腸内微生物が注目すべき役割を担っている。

第4章 微生物の言語

一九七〇年代から八〇年代にかけて、消化管と脳のコミュニケーションに関する研究を先導していたのは、ウエスト・ロサンゼルスにあるアメリカ合衆国退役軍人省の構内に設置されていた、潰瘍研究教育センター（CURE）であった。消化器系を専門とする著名な生理学者の一人モートン・I・グロスマンが創設したCUREは、（当時は主要な健康障害の一つだった）胃潰瘍や、消化器系の基本メカニズムの研究を志す世界中の科学者や、治験担当医のメッカになっていた。このセンターについては何冊かの本が書かれており、また、そこでなされた革新的な発見、カリスマ的なリーダーであった創始者グロスマン、そして彼の弟子の一人ジョン・ウォルシュに関してはさまざまな語り草がある。

一九八〇年代前半に研究員としてCUREに赴任したときの私の目標は、消化管内で生じているコミュニケーションの研究だった。私が通っていたミュンヘン（ドイツ）のルードヴィッヒ・マクシミリアン大学医学部のカリキュラムには、消化管と脳の相互作用を扱う講座などなかった。バンクーバーのブリティッシュコロンビア大学で内科の研修期間を終えたとき、私は自分の科学的関心を追求できる、当初は二年間と想定していた研究トレーニングへの参加を心待ちにしていた。

あとから知ったことだが、ジョン・ウォルシュは当時、自己の内臓感覚に基づいた判断や発見の数々が先見の明のあるものとして高く評価された、若く才能あふれる研究者だった。彼は、当初は外来種のカエルの皮膚から、のちには哺乳類の消化管や脳から抽出した、「消化管ホルモン」「消化管ペプチド」と呼ばれる、当時は謎に包まれていた一連のシグナル分子に生涯関心を抱いていた。当時の生物学者は、胃による塩酸の生成、膵臓による消化ホルモンの分泌、胆嚢の収縮などの作用をオンにしたりオフにしたりする単純な化学的スイッチとして、これらのシグナル分子をとらえていた。しかし、その後数年間続いた消化管と脳の関係の究明を目指す研究の輝かしい揺籃期に、シグナル分子を、単なるオンかオフのスイッチとしてとらえる従来の見方が、消化器系や脳とコミュニケーションを図るために兆単位の腸内微生物が用いる、複雑な普遍生物言語としてとらえる新たな見方へと移行していくのを、私は肌で感じ取っていた。

ヴィットリオ・エルスパメルが率いるイタリアの生物学者のグループは、外来種のカエルの皮膚に、捕食を阻止するためのものと思われる、いくつかの消化管ペプチドを初めて検出した。捕食を阻止するためとはこういうことだ。経験の浅い若い鳥がこのカエルを食べると、ペプチド分子が消化管内で放出されるため、食べたエサを台無しにする反応が引き起こされ、カエルを吐き出す。そのため、同種のカエルを二度と食べようとはしなくなるのだ。また、カエルは鳥の組織が反応するペプチドを生成することから、カエルと鳥が、同一化学物質のコミュニケーションシステムを共有することが判明した。

この報告が発表されてからしばらくして、哺乳類に同種の消化管ペプチドを探していたカロリンスカ研究所（スウェーデン）のヴィクター・マットらは、調理したブタの腸からこの分子を大量に抽出精製することに成功し、関心を持つ世界中の研究者に分配した。この貴重な抽出物の粉末がウォルシュの研究室に送られてくると、われわれはそれを見て、分離に必要な時間と労力を思って感嘆した。それから、早朝にロサンゼルス近郊の畜殺場に出かけてブタの腸を持ち帰り、それをもとに自分たちの手で消化管ペプチドを抽出精製した。その一つでガストリンと呼ばれる分子を実験動物に注射すると、この動物の胃は塩酸を増産しはじめた。セクレチンと呼ばれる別のペプチドを注射すると膵臓の消化液の分泌が増大し、ソマトスタチンを注射すると両方の機能が抑制された。消化管ペプチドは消化管ホルモンとも呼ばれ、甲状腺や卵巣で生成されたホルモンが長距離メッセージを送るように、血流に入ると遠隔の身体組織に達する。

科学者たちはすぐに、消化管ペプチドが、ホルモンを含む腸細胞のみならず腸管神経系の神経細胞にも存在し、蠕動、水分の吸収、分泌の微調整に用いられていることを発見した。さらに、脳内に同じ化学物質が発見され、そこでペプチドは、飢え、怒り、恐れ、不安に関係する種々の行動や運動プログラムをオンにしたりオフにしたりしていることが判明した。

一九八〇年代に入り、先見の明のある生物学者ジェシー・ロスとデレク・ルロイスに率いられたアメリカ国立保健研究所の科学者グループが、ウォルシュ、マット、エルスパメルがカエル、ブタ、イヌなどの動物から分離したものと同じシグナル分子を生成する能力を、微生物も持つのかどうかを調査する研究に着手すると、事態は意外な方向に進展しはじめる。彼らは、さまざまな微生物を培養液で育て、糖分から得たエネルギーを貯蔵するよう指令するホルモン、インシュリンが生成されているか否かをチェックした。

彼らは、細胞にも培養液にも、実験室で飼育されたラットの脂肪細胞を刺激して糖分からエネルギーを取り出せるほど、ヒトのインシュリンに類似する分子を発見した。この劇的な発見で、インシュリンは、それまで生物学者が考えていたように動物の体内に最初に現われたのではなく、およそ一〇億年前に誕生した原始的な単細胞生物にすでに出現していたことが初めて明らかにされた。

私がロスとルロイスの魅力的な業績を初めて知ったのは、彼らがCUREのウォルシュ研究室に別の微生物から得られた抽出物を送ってきたときのことだった。ウォルシュは放射免疫測定を用いて、その抽出物に含まれる分子を特定してその量を測定し、意外な事実を見出した。インシュリンに加え、哺乳類の消化管ペプチドに類似する別の分子を発見したのだ。またこの発見以後、ノルアドレナリン、エンドルフィン、セロトニンなどの、微生物バージョンの消化管ペプチドやホルモン、ならびにそれらのレセプターが多数発見されている。

ロスとルロイスは、一九八二年に発表した『ニューイングランド・ジャーナル・オブ・メディシン』誌の論文で、「内分泌系や脳がコミュニケーションに用いているシグナル分子は、おそらく微生物に由来する」と述べ、彼らの発見を要約している。この開花しつつある科学に関心を抱いた私は数年後、当時カリフォルニア工科大学に在籍していた卓越した数学者で、私の友人でもあるピエール・バルディと、思索的な共著論文を書いた。UCLAの高名な言語学教授に、「言語に関わる用語は人間同士のコミュニケーションにのみ適用可能だ」と諭されながらも、私たちはこの論文に「消化管ペプチドは、普遍生物言語の言葉なのか」というタイトルをつけた。ちなみに論文は、一九九一年の『アメリカン・ジャーナル・オブ・フィジオロジー』誌に掲載された。

この論文の草稿をウォルシュに見せたとき、彼は冗談めかして「こんな思索的な論文が掲載されたのはラッキーだった。ここに書かれている考えは三〇年先を進んでいる」といった（彼のこの見解は、いつもとたがわず、それほど的はずれではないことがあとになってわかった）。私たちは論文で、このシグナル分子は、消化管のみならず小さな脳と大きな脳を含めた神経系や、免疫系でも用いられる普遍生物言語に属する言葉であると主張した。その種の細胞コミュニケーションシステムは、人間のみならず、カエル、植物、さらには腸内微生物でさえ用いていることが科学的に明らかにされている。私たちは、情報理論と呼ばれる数学的なアプローチを生物学的データに適用して、各細胞や組織のあいだで送り合うことのできる、ホルモンから神経伝達物質に至る種々のシグナル分子の量を見積もりさえした。

残念ながら、科学界はまだ、この発見の真価を見極められるまでに成熟してはいなかった。ウォルシュの予言どおり、腸内微生物が再び脚光を浴びるまでには、さらに三〇年ほどの、消化管と脳の相互作用の研究が必要とされたのである。

幼少期における浣腸の負の効果

ダリアはあたかもこれから葬式に参列するかのごとく、黒いサングラスをかけ、黒い服を着て診療室に入ってきた。しかし私は、同じような出で立ちの患者を何度も見てきたので、彼女の格好に特に驚きはしなかった。サングラスをかけているのは、おそらく偏頭痛を招きやすい、光に対する極度の感受性のゆえであろう。黒服は、四五歳になる彼女が、何らかの無念の思いを隠そうとして着ていたのかもしれない。

ダリアは執拗な便秘のために診察を受けに来たのだが、問題は便秘にとどまらず、他にも全身の慢性疼痛、疲労、偏頭痛などの症状が現われていた。また面談から、彼女はつねに抑うつ状態にあり、その原因が胃腸にあると考えていることが明らかになった。彼女の話では、便秘は、母親が定期的に彼女に浣腸をしていた子どものころにさかのぼるようだ。ちなみに当時は、日々の便通を確保するために、母親が子どもに浣腸をすることがよくあった。

遺憾ながら、ダリアは日々の便通を確保するために毎日浣腸をし、週に一度結腸洗浄（結腸上部に温水を注入する浣腸）を施さなければならなかった。毎日浣腸をしていないと、何週間も自然な便通が起こらないことがあったのだ。彼女は、自分の結腸が「死んで」いるために内容物を動かすことができず、浣腸で毎日便通を誘導しなければ、耐え難い不快感を覚えると主張した。これらの事実は、便秘による不快感に対する恐れと結びつき、絶対に浣腸をやめられないという強い信念を生んでいたのである。

ダリアはそれまでに数々の治療を受けていたが、いずれも効果がなく、薬でうつ症状を抑えても、便秘は一時的にしか緩和しなかった。どうやら未知のメカニズムが、腸と脳のコミュニケーションを阻害する方向へと引き戻しているらしかった。私は一連の検査を受けるよう彼女に指示したが、その結果からは便秘の原因はまったくわからなかった。結腸通過検査と呼ばれる特殊なテストで、消化後の食物の残滓が結腸を通過する時間はまったく正常だとわかったのが、もっとも注目すべき結果だった。

ダリアはまた、不安、抑うつ、疲労、慢性疼痛などの諸症状が、消化管における有毒な老廃物の発酵によって生じているのだと、また、それを廃棄できないために、全般的な健康が蝕まれているのだと確信していた。彼女のような、さまざまな症状を抱え、奇怪に聞こえる訴えを起こす患者を前にした医師は、結腸内視鏡検査を行なって最新の下剤を処方し、精神科医を紹介するのが関の山だ。今日では、そのような扱いは、症状の基盤をなす重要な生物学的要因を無視していると見なされるだろう。子どものころにダリアが受けていた浣腸は、幼少期における腸内微生物の正常な構成の発達を妨げ、腸内微生物と神経系のコミュニケーションの様態を長期にわたって変えていたことが大いに考えられる。腸内微生物のいかなる変化が、それらの症状を引き起こすのかについては現在のところ正確にはわかっていないが、彼女の症例は、健康なマイクロバイオームの発達の阻害が、消化管と脳のコミュニケーションの生涯にわたる障害とともに、精神症状を発現するリスクをもたらす可能性を示唆する。

私は、このような脳腸相関における初期のプログラミングエラーを逆転する治療法が、将来必ずや考案されると確信している。それまでは、「投薬と行動療法を併用して精神症状に対処する」「腸内微生物の多様性を確立するためにプロバイオティクスや植物繊維の豊富な食物の摂取を奨励する」「結腸における水分の分泌を促す薬草由来の下剤を投与する」など、ホリスティックな治療アプローチが有効だろう。またそのようなアプローチをとれば、患者の苦痛や奇怪に聞こえる訴えを言下に否定したりはしなくなるだろう。ダリアに関していえば、このアプローチは、胃腸症状を徐々に改善したばかりでなく、不安や抑うつなどの精神症状も緩和した。

私は、一見すると原因がはっきりしない複雑な症状を抱える患者を何年も診てきたが、そこで学んだもっとも重要な教訓の一つは、「いかに奇怪に聞こえようが、いかに現行の科学の知見に合わなかろうが、先入見を持たずに彼らの話に耳を傾けるべきである」というものだ。ダリアのような患者を診断する方法は、医学部では学べない。そのために、経験を積んだ胃腸病専門医でさえ、ダリアの思い込みを彼女特有の精神面の異常として片づけようとしたのだろう。しかし私の考えでは、真の原因は、マイクロバイオータと脳のコミュニケーションの発達における異変にある。また、彼女の浣腸に対する思い込みの一部は、結腸に蓄積された有毒な老廃物が、身体的にも心理的にもあらゆる病気の発症に寄与しており、その治療には結腸の洗浄が必須だとする古来の信念に基づく。腸内腐敗、あるいは自家中毒とも呼ばれるこの信念はパピルスと同じくらい古く、その治療は世界中で古来の治療伝統の一部をなしてきた。

腸に対する嫌疑

古代のエジプトやメソポタミアでは、腐った食物が腸内で生み出した毒素が循環系を介して体内を移動しつつ熱を生み、病気になると考えられていた。紀元前一四世紀に書かれた古代エジプトの医学文書エーベルス・パピルスには、そのような病気を治療するにあたり、浣腸を用いて「排泄物を追い出す」ことで、二〇種類を超える胃腸症状に対処する方法が記されている。古代エジプト人の主張によれば、神トートから、病気を回避するために腸を洗浄する方法や、自家中毒について学んだのだそうだ。だからファラオは、「直腸の番人」という、王の浣腸を監督する役職を設けたのである。長い人類の歴史のなかでも、これほど厳しい仕事は他にはあまりないだろう。

紅海の対岸に位置する古代メソポタミアやシュメールも人類最古の文明に属するが、そこでも病気を追い払うのに浣腸が用いられていた。また、古代バビロニアやアッシリアでも事情は同じで、早くも紀元前六〇〇年頃の粘土板には浣腸の使用に関する記述が見られる。インドに視点を移すと、外科手術の父スシュルタは、サンスクリット語で書かれた医学文書で、注射器、ブジー（医療用の細い管）、肛門鏡の使用方法について述べている。この伝統はアーユルヴェーダ医学に受け継がれた。アーユルヴェーダ医学の五つの解毒、洗浄治療のうちでもっとも重要なものは、消化管下部の洗浄をする浣腸だった。また、アーユルヴェーダ医学の実践家は、関節炎、腰痛、便秘、ＩＢＳ、神経障害、肥満などの疾病を治療するために、*niruha basti* と呼ばれるある種の浣腸を用いた。東アジアに目を転じると、中国や朝鮮の治療家（ヒーラー）は、不潔な腸の危険性を憂慮していた。彼らは、高コレステロール、慢性疲労症候群、線維筋痛症、アレルギー、がんなどの無数の疾病を引き起こすと考えられていた、危険な「体内の湿気」に対処するために、浣腸や腸洗浄を行なった。

西洋医学の創始者たちは、自家中毒が身体に及ぼす影響に関しては他の医学と異なる見解を抱いていたが、それが非常に有害だと見なす点では一致していた。ヒポクラテスの誓いで知られる古代ギリシアの医師ヒポクラテスは、熱病や他の身体疾患の治療に浣腸を用いたことを記録している。また彼は、「すべての病は腸からはじまる」という深遠なる言葉を残したとされる。古代ギリシア人は、体内の腐った食物が毒素を生んで疾病を引き起こすという古代エジプト人の考えを取り入れ、健康を維持するためには四つの体液のバランスを保たねばならないと考えた（血液、粘液、黄胆汁、黒胆汁を人間の基本体液とする四体液説）。この考えは、中世を通じて世に浸透していた。

なぜ人類は、かくも長きにわたって消化管の内部に潜在する危険性に執着していたのか？　私が診察した、民族、教育レベル、社会・経済的な地位が異なるさまざまな患者にも、この考えを強く信じている人が大勢いた。彼らは、不明確で科学的な根拠に乏しい消化管の何らかのプロセスが、消化機能や全般的な健康に悪影響を及ぼしているのだと確信していた。嫌疑をかけられたプロセスには、たとえば腸のカンジダ・イースト感染、各種食物成分に対するアレルギーや過敏、腸の漏れやすさ、そして最近ではマイクロバイオータのバランスの悪さなどがある。患者の多くは、嫌疑をかけられた障害に対処するために、厳格な食餌療法、栄養サプリメント、場合によっては抗生物質の服用など、ときに高価で面倒な努力を要する実践を続けている。それでも消化関連の問題が収束せず私の診療室にやって来ているという事実を斟酌（しんしゃく）すると、これらの治療法にはほんとうに効果があるのか、あるいは少なくとも患者の不安を取り除けているのか、という疑問が湧いてくる。

人類はこれまで、自らのコントロールが及ばない健康障害の脅威に対する恐れや不安を緩和するために、あらゆる種類の非科学的な説明や儀式を生み出してきた。（まさに矛盾そのものだが）腸を清潔に保つためのジュースクレンズダイエット〔固形物を摂らず、水分補給だけで数日間を過ごす〕など、特殊な食事法による浄化の儀式は、とりわけ人口に膾炙（かいしゃ）している。今日この種の不安は、人気著者が書いた一般向けの本で次から次へとつむぎ出されるストーリー――食べ物にはつねに危険な成分が含まれていることを警告するような筋書き――によって、煽られている感がある。その一方で私たちは、腸内微生物と、それが生成する物質に対する恐れには、それなりの妥当性があることを科学的な成果を通じて知っている。世のなかには暴力犯罪者、詐欺師、ハッカーなどの無法者がいるように、微生物にもルールを守らない種が存在する。寄生虫やウイルスなどで、私たちの体内に短期滞在する微生物の一部は、自らの予定表［アジェンダ］（通常は繁殖）を遵守する過程で、私たちの健康を無視したり損なったりする。このような微生物は、脳という高度なコンピューターシステムに強引に割り込んできて、利己的な目的のために情動操作プログラムを利用するのだ。

　この種の微生物がいかに高度な戦略を駆使しているかを示す例として、一五年ほど前にサンフランシスコで開催された、精神医学者の会合で聞いた興味深い話を紹介しよう。この会合で私は、慢性ストレスが脳に及ぼす悪影響に関する研究で知られるロバート・サポルスキーによる、トキソプラズマ・ゴンディと呼ばれる有害で賢い微生物に関する講演を聴いた。そのなかで彼は、マニュエル・バードイらオックスフォード大学の研究グループが二〇〇〇年に発表した論文を話題にした。それによれば、トキソプラズマは、以下に述べるようなきわめて狡猾で利己的なアジェンダに従って、自己の生存と繁殖の機会を確保しているのだそうだ。

　トキソプラズマは、繁殖に関しては感染したネコの消化管内でのみ可能なのだが、有害な侵入者から脳を保護するファイアーウォールとして機能する血液脳関門を出し抜くことによって、人間を含むあらゆる哺乳類の脳に侵入できる。ところで、感染したネコは、排便によってこの微生物を体内から除去する。だから婦人科医は、ネコやネコのトイレを野外に出し、ネコが糞を埋めている場所で庭いじりをしないよう妊婦に忠告するのだ。トキソプラズマにとっての理想的な展開とは次のようなものになる。ネコが排出した寄生虫を齧歯類が摂取する。すると寄生虫は、齧歯類の身体内部、とりわけ脳に丸い嚢胞を形成する。次に、今度はネコが、感染した齧歯類を食べる。こうしてネコの体内に取り込まれた嚢胞は、消化管内で繁殖する。ネコは新たに孵化した寄生虫を排出して、次のサイクルがはじまる。

ここで意外な筋書き(プロット)の転換が生じ、トキソプラズマの瞠目すべき賢さがあらわになる。感染したラットの宿す病原菌が、ネコの体内に戻ることは通常はほぼあり得ない。なぜなら、齧歯類は本能的にネコを避けるからだ。しかしトキソプラズマに感染したラットは、ネコに対する本能的な恐れを失うばかりか、ネコの尿のにおいがする領域に好んで進入しようとしはじめるのである。

これは次のような過程を通して生じる。トキソプラズマの小さな嚢胞は、巡航ミサイルの精度で付帯的損害(コラテラルダメージ)を最小限に抑えつつ、ラットの脳の特定の領域に突入する。目標は、恐れや逃走反応を引き起こす情動操作システムだ。情動と運動を司るこのシステムは、近くにネコがいることが検知されると、ただちに逃走反応を引き起こす。ところがトキソプラズマは、ネコに対するラットの恐れを解除してしまう。ゆえにトキソプラズマに感染したラットは、ネコ以外の捕食者に対しては通常の防御反応を示し、記憶、不安、恐れ、社会的行動に関するテストに正常に反応するのに、相手がネコとなると、恐れを示さないどころか、性的な関心を司る脳の神経回路の活動が高まり、そのためネコのにおいをかぎつけるとそれに惹きつけられる。つまりトキソプラズマは、ラットの脳のオペレーティング・システム（OS）を狡猾に乗っ取り、ネコのにおいに対する性的な関心を喚起することによって、ラットの持つ生得的な恐れの反応を圧倒するのだ。

この戦略の背後にある、進化によって獲得された知性は注目に値する。製薬会社は、トキソプラズマがいとも簡単に達成している課題の遂行を可能にする医薬品を開発するために、これまでに数十億ドルを投入してきた。しかもこの投資のほとんどは、無駄に終わっている。たとえば、これまで開発されてきた不安障害による恐れの反応を緩和する化合物、ストレス反応に関与する分子CRFの活動を遮断する化合物、不感症の女性の性欲を高める化合物は、いずれも効果が不十分で、しかも強い副作用を生む可能性がある。

宿主の行動を操作する、驚くほど巧妙な方法を発達させた微生物は、他にも数多く存在する。狂犬病ウイルスは、怒りや攻撃性に関与する神経回路に侵入することで、イヌ、キツネ、コウモリなどの宿主を攻撃的にする。それによって、感染個体が他の動物個体（や人間）を頻繁に攻撃し、咬むようになるので、唾液に含まれるウイルスは、咬まれた個体に傷口を通して移る機会が増える。トキソプラズマや狂犬病ウイルスは、宿主の神経系に関する高度に特化した知識を有する点で卓抜だが、細菌、原生動物、ウイルスなどの他の多くの病原微生物も、宿主の行動を操作する驚くほど巧妙な手段を発達させてきた。

トキソプラズマや狂犬病ウイルスが脳を操作するように、ハッカーがコンピューターシステムに侵入してきたら、その行為は、システムにも、会社の内部事情にも精通したハッカーの仕業だと見なされるだろう。トキソプラズマや狂犬病ウイルスは、哺乳類の脳腸相関の裏も表も知り尽くす方向に進化してきたのであり、哺乳類が備える情動操作システムに関する該博な知識を備えている。そしてその知識を用いて、自己の目的を達成するために情動操作システムを操るのだ。

しかし、私たちの脳に影響を及ぼす微生物は、寄生虫やウイルスだけではない。研究者たちはここ一〇年間で、私たちの腸内で平穏に暮らす微生物のいくつかの種が、寄生虫やウイルスに勝るとも劣らない能力を備えていることを発見してきた。ただしこれらの微生物は、私たちを攻撃することはない。とはいえ、脳腸相関に深甚な影響を及ぼせるのは確かだ。

腸と脳のコミュニケーションを媒介する微生物

数年前までは、腸と脳の相互作用を研究する科学者の多くは、「脳−腸−脳」の双方向コミュニケーションを可能にする基本構成要素のすべてを特定できたと考えていた。

ここまで、腸が消化作用や環境を監視するさまざまな方法を、具体的にいえば、熱、冷たさ、痛み、張力、酸性度、含有栄養素などに関する情報がいかに検知されるのかについて見てきた。私たちの腸の表面は、身体内でもっとも大規模かつ高度な感覚系と見なせるほど、多様な情報を検知できる。そこから発せられた内臓刺激は、ホルモン、免疫系のシグナル分子、そして迷走神経をはじめとする感覚神経の活動を通じて、小さな脳や大きな脳に伝えられる。この新たな知見は、消化器系がたいてい意識の働きなしに完璧に機能する理由や、汚染された食べ物に反応する理由、あるいはおいしい料理を食べたあとで満足感を覚える理由を説明する。

また私たちは、小さな脳、すなわち腸管神経系が一種の地方自治体として機能し、緊急時には連邦政府たる脳と密接に連絡を取り合いながら、事態に対処することを知った。さらには、私たちが情動を感じるときには、脳内の特殊な情動操作システムによって、腸という舞台で上演される芝居の筋書きが練られ、腸の収縮、血流、そのとき生じた情動に見合う消化液の分泌などからなる、特徴的な活動パターンが引き起こされることを学んだ。

臨床医は、腸と脳のコミュニケーションの攪乱が、ＩＢＳなどの機能的腸障害の発症に顕著な影響を及ぼすという新たな知識を手にすることで満足した。しかし私は早くから、同僚の精神科医や胃腸病学者の一般的な見方とは異なり、このコミュニケーションシステムの異変が、不安、抑うつ、自閉症などの、消化とは無関係な障害にも関与しているのではないかと考えていた。

科学の世界ではよくあることだが、当初のわれわれの自信は時期尚早だったことがやがて判明する。われわれは、腸と脳のあいだの双方向コミュニケーションをめぐって多くの事実を発見したものの、マイクロバイオータを必須の構成メンバーとして含む精巧な消化管－脳回路を介して、身体が内臓反応や内臓感覚を組織化していることが次第に明らかになってきた。逆にいえば、それまではマイクロバイオータの必須の役割をまったく考慮せずに結果を予測したり、結論を引き出したりしていたのである。

情動によって引き起こされる内臓反応は、ねじれや痙攣に限らず、無数の内臓刺激を引き起こす。内臓刺激は脳に送り返され、そこでそれをもとに内臓感覚が生じたり調節されたりし、また、その経験が情動的な記憶として蓄えられる。さらには、世界中の科学者が驚いたことに、内臓反応と内臓刺激の相互作用の統合に腸内微生物が大事な役目を果たしていることが、最近になってわかってきた。

現在では、この目に見えない生命のかたまりが、ホルモン、神経伝達物質、あるいは代謝物質と呼ばれる無数の小さな化合物からなる種々のシグナルを介して、常時脳と連絡を取り合っていることが理解されるようになった。このような代謝物質は、微生物の特異な食習慣によって生成される。つまり微生物が、消化されなかった食物の残滓（ざんし）や、肝臓から消化管に分泌された胆汁酸、あるいは腸を覆う粘液を食べることによって生み出されるのだ。事実マイクロバイオータは、高度な生物化学言語――今後は「微生物語(microbe-speak)」と呼ぶことにする――を用いて脳と長い対話を行なっている。

ではなぜ、腸内微生物や脳は、かくも高度なコミュニケーションシステムを必要としているのか? 微生物はいかにして発達したのか? この問いに答えるには、地球が微生物に満ちた海洋に覆われていた、太古の時代に目を向ける必要がある。

微生物語の夜明け

およそ四〇億年前、地球上の生命は単細胞の微生物、古細菌として誕生した。誕生してから三〇億年ほどは、微生物以外の生命は存在しなかった。またその数は、銀河系の星の数より多かった。さまざまな形態や色をした、独自の行動様式を備える無数の微生物種が、集団を形成しつつ、静かで広大な海洋に漂っていたのである。

自然選択に基づく試行錯誤が長期にわたって繰り返されることによって、微生物はコミュニケーションを図る能力を完成させていく。それを達成するにあたり、微生物は、シグナル分子と、そのコードを解読するメカニズムを備えたレセプター分子を作り出す能力を獲得する。こうしてある微生物が生成したシグナル分子は、近くにいる別の微生物によって解読されるようになり、シグナルを受け取った微生物は、一時的にせよ恒久的にせよ、行動を変えるようになった。ジェシー・ロスとデレク・ルロイスが見出したように、シグナル分子の多くは、私たちの腸が腸管神経系や脳とのコミュニケーションに用いているホルモンや神経伝達物質によく似ている。これらの分子はいずれも、今日の私たちが備えるさまざまな身体組織がシグナル伝達に用いている種々の生物学的方言と同様、比較的単純な古来の言語と見なすことができる。

およそ五億年前、最初の原始的な多細胞動物が海のなかで進化し、その消化管内に宿る海洋微生物が出現しはじめる。その種の小さな海洋動物の一つヒドラは、現在でも淡水域に見られ、浮かぶ消化管というにふさわしい。管の長さは数ミリメートルしかなく、一方の末端である口から、微生物の宿る消化器系が全長にわたって走り、他方の末端をなす粘着性の円盤によって岩や水中の植物に自身を固定する。

海洋動物と微生物は徐々に共生関係を発達させ、微生物は宿主の動物にとって重要な遺伝情報を受け渡す手段を発見する。宿主の動物はこの情報を用いることによって、微生物が数十億年かけて試行錯誤して製造方法を学んできた種々の分子を利用できるようになる。かくしてそれらの分子の一部が、神経伝達物質、ホルモン、消化管ペプチド、サイトカイン、そして今日人体が用いているその他のシグナル分子になったのである。

原始的な海洋動物が、数百万年をかけて複雑な生物に進化するにつれ、今日の私たちの消化管を取り巻く腸管神経系とそれほど変わらない単純な神経系が、原始的な消化管を取り巻く神経ネットワークという形態で発達していく。また、このような生物が備える神経ネットワークは、微生物から受け取った遺伝的指令を用いてシグナル分子を生成するようになり、それを使ってニューロン同士のメッセージの受け渡しや、筋肉細胞に収縮を指令するシグナルの発信が可能になった。この化学物質は、人類の持つ神経伝達物質の前駆をなす。

驚いたことに、この単純な神経ネットワークとシグナル分子は、数百万年前に生息していた原始的な動物が、人間の消化管と同様にプログラム化された方法で、取り込まれた食物に反応することを可能にした。つまり食道から胃を経由して腸の上部へと食物を送り、腸の不要な内容物を排泄するよう導く、一連の反射から構成される定型化した動作で反応することを可能にしたのだ。また、毒素を取り込んでしまったときには、食中毒を起こした人が嘔吐や下痢をするように、消化管の両端から排出できるようになった。初期の海洋動物は、消化管の反射を引き起こす化学物質を分泌する細胞を備えていた。化学物質を分泌する細胞は、体内のセロトニンの大部分や、空腹感や満腹感を生む消化管ホルモンを分泌する腸内の特殊な細胞、内分泌細胞の祖先なのかもしれない。

海洋動物と微生物の共生は、両者に多大な利益をもたらした。海洋動物は特定の食物を消化し、自分の力では合成することのできないビタミンを補給する能力を獲得し、さらには毒素を排出したり、環境中に存在するその他の危険を回避したりすることが可能になった。海洋動物の消化器系に棲みついた微生物は、非常に都合の良い閉鎖空間を得てそこで繁栄を謳歌し、無償の移動手段を利用できるようになった。このような微生物は、私たちの腸内に宿るマイクロバイオータの初期バージョンと見なすことができる。

腸内微生物と宿主の関係は、両者にとって途轍もなく有益だったので、アリ、シロアリ、ハチからウシ、ゾウ、ヒトに至る、現存するほぼあらゆる多細胞動物が維持している。両者が協力し合って行なう基本的な消化活動が数億年間存続してきたという事実は、私たちの消化管や腸管神経系にプログラム化されて組み込まれている、進化の知恵の偉大さを証明する。またその事実から、私たちの腸と脳と微生物のあいだに、かくも複雑な関係がある理由がわかる。

＊＊＊

複雑な動物が進化すると、原始的な神経系は、消化器系外の精巧なネットワークとして発達しはじめる。このネットワークは腸管神経系と密接な関係にあるとはいえ分離しており、シグナル交換のメカニズムのほとんどを備えていた。新たに進化した精巧な神経ネットワークは、やがて中枢神経系へと発展し、頭蓋骨の内部に司令部を置くようになる。

中枢神経系は、元来はもっぱら腸管神経系が処理していた、状況に応じて他の動物に近づく、危険な動物を回避するなどといった外界に対する行動の管理を、徐々に受け持つようになっていった。やがて行動管理機能は情動を司る脳領域に移管され、腸管神経系は、基本的な消化機能だけを担当するようになる。この分業は、私たちの脳腸相関でも維持されている。

少数の微生物が、単純な海洋動物の原始的な消化管と最初に接触して以来、数億年が経過した。この進化の長い歴史は、腸管神経系やマイクロバイオームを含めた私たちの腸が、情動や健康になぜかくも強力な影響を及ぼしているのかを説明する。

太古の契約

ここで少々、マイクロバイオータの驚異について考えてみよう。マイクロバイオータを構成する一〇〇〇種類ほどの微生物を集めると、細胞総数は脳や脊髄の一〇〇〇倍、身体全体の一〇倍にも達する。マイクロバイオータの総重量は肝臓とほぼ同じで、脳や心臓より重い。それゆえ、マイクロバイオータを、複雑さにおいて脳にも匹敵する新たな器官と見なす研究者もいる。

大多数の腸内微生物は無害なばかりか、実のところ私たちの健康に資する。科学者はこのような関係を共生、片利共生などと呼ぶ。共生者は宿主から栄養素を受け取り、その代わり宿主の腸のバランスを保つ手伝いをし、侵入者に対する防御手段を提供する。とはいえ腸内にも、病原性共生生物と呼ばれる、特定の条件下で私たちに牙を向ける有害な微生物も少数ながら存在する。具体的にいうと、病原性共生生物は腸壁を攻撃する大砲として作用する分子の道具を持ち、炎症や潰瘍を引き起こす。このような微生物の裏切りは、食習慣の変化、抗生物質、強いストレスなどによって引き起こされることがあり、特定の細菌が異常に増えたり、その毒性が強まったりすることによって、共生生物が病原性共生生物に変わってしまうのである。

しかし、人間の腸内に宿る微生物が、攻撃的になることはめったにない。通常は、消化、成長、繁殖などの自分の仕事に精を出し、私たちと調和しながら生きている。また、マイクロバイオータに対して、私たちの免疫系が矛先を向けることもない。仮に攻撃し合うことになれば、どちらにとってもそこから得られる利益よりコストのほうが高くつく。だから、互いにサービスを提供し合うようになったのだ。それはまさに、関係者全員に恩恵が得られるよう、平和の維持と交易の推進を取り決めた太古の契約なのである。

数百万年前に単純な形態で発達した微生物と宿主の共生は、私たちの体内で今日も続いている。微生物は、私たちの腸内で生きていけるという特権を手にしている。何しろ、つねに食物が供給され、穏やかな体温のもとで自由に移動できるのだから。また、ホルモン、消化管ペプチド、神経インパルスなどの化学物質のシグナルによる情報が行き交う体内のインターネットに接続できて、それを参照することで、私たちの情動の状態、ストレスレベル、眠っているのか目覚めているのか、私たちがいかなる環境のもとにいるのかなどを把握できる。そしてこのような個人情報を知ることで、自己の生活条件の最適化のみならず、消化管内の環境との調和の維持のために、代謝物質の生成を調節することができる。

その代わり微生物は、必須ビタミンを提供したり、肝臓で生成される胆汁酸と呼ばれる消化化合物を代謝したり、あるいは私たちの身体には未知の化学物質（外因性化学物質）を解毒したりしてくれる。さらに重要なことに、これらの微生物は、私たちの消化器系が自力では分解、吸収できない食物繊維や複合糖類を消化し、微生物のこの働きなしには便となって排出される以外にない、相当量のカロリーを提供してくれる。やせることより、狩猟や採集で十分な食物を確保することに人々が関心を抱いていた先史時代には、腸内微生物が食物から抽出する余剰カロリーは、人々の生存に役立っていた。しかし、食物があふれ肥満が蔓延する今日では、腸内微生物が提供する余剰カロリーは、むしろ負債と化している。

この太古の契約の遵守によって、微生物と宿主の平和で互恵的な共存が数百万年続いてきた。これは驚くべきことであり、私たち人類の歴史は、この調和に満ちた共存の記録の足元にも及ばない。

微生物語と体内インターネット

腸内微生物は、私たちの消化管、免疫系、腸管神経系、そして脳とつねに会話を続けている。どんな協力関係にも当てはまるが、健全なコミュニケーションが肝要である。最近の研究によれば、この会話が攪乱されると、炎症性腸疾患、抗生物質による下痢、肥満、およびそれによる有害な症状など、消化管疾患が引き起こされうる。また、うつ病、アルツハイマー病、自閉症などの重度の脳障害の発症を促す可能性も考えられる。

腸と脳のコミュニケーションは、特定の分子が炎症シグナルとして脳と連絡を取る方式、ホルモンのように血流を伝わる方式、神経シグナルの形態で脳に達する方式など、伝送方式が異なるいくつかの並列的な「伝送経路（チャンネル）」に沿って生じる。これから見るように、おのおののチャンネルに沿うコミュニケーションは孤立して生じるのではなく、チャンネル間でさまざまな混線が起こる。腸内微生物は脳の会話に、脳は腸内微生物の会話に聞き入る。また、腸内微生物が脳とのコミュニケーションに用いている生物学的なチャンネルを介した情報の流れは、きわめて動的である。

このシステムが扱える情報量は、腸の表面を覆う薄い粘液層の厚さと統合度、腸壁の浸透性（漏れやすさ）、血液脳関門の状態に強く依存する。通常この関門は比較的堅固で、腸内微生物から脳への情報の流れは制限される。しかし、ストレス、炎症、高脂肪食、ある種の食品添加物は、体内の関門を漏れやすくすることがある。

体内の微生物の働きを十分に理解するために、微生物が利用しているさまざまなコミュニケーションチャンネルを、インターネット接続に用いられる光ファイバーケーブルに似た情報の導管としてとらえてみよう。この導管を通して伝送される情報の量は可変である。微生物が、比較的小さな「テキストファイル」をアップロードする場合には、伝送される情報量は少ない。だが、微生物は情報が詰まった巨大な「動画ファイル」を次々にアップロードすることもある。

とはいえ、微生物と脳のコミュニケーションには、広帯域通信(ブロードバンド)サービスとは異なる側面がある。インターネットプロバイダーとの契約では、一秒間にアップロードもしくはダウンロードできる情報量に上限が課される。つまり、契約したサービスプランの価格で帯域幅(バンド)が決まる。それに対し、腸内微生物と脳のあいだのインターネット接続は非常に動的で、たとえていえば、通常はエコノミープランを利用していながらも、フランス料理のレストランで、フォアグラやバターをたっぷりと塗った舌平目(シタビラメ)のソテーを食べたときなど、何らかのストレスがかかる状況に置かれた途端、デラックスプランに切り替わるようになるのだ。

次に、微生物語のコミュニケーションチャンネルに目を転じ、腸内微生物から脳へのシグナル送信における免疫系の役割を考えてみよう。微生物−免疫系−脳の対話にはいくつかの方法があり、腸内微生物と免疫系の相互作用の変化による影響という研究テーマが、最近脚光を浴びるようになってきた。というのも、この複雑な対話の攪乱が、さまざまな脳障害に関係していることがわかってきたからだ。

いくつかある対話方法の一つには、腸の内壁のすぐ下に存在する、樹状細胞と呼ばれる特殊な免疫細胞が関与する。樹状細胞は、腸の内部に伸びる「触手」を持ち、それによって腸壁の近くにいる腸内微生物と直接コミュニケーションを図ることが可能だ。この免疫細胞が持つセンサーは、シグナル検知の最前線をなす。通常の状況下では、この細胞上に存在するレセプター（パターン認知レセプター、TOLL様レセプターなどとも呼ばれる）は、良性の微生物が発する種々のシグナルを検知し、万事順調で防御の必要がないことを免疫系に保証する。私たちの免疫系は、幼少期に、多様な腸内微生物との相互作用を通じて受け取る平和なシグナルを、正しく解釈できるよう学習する。それに対し、有害で危険な細菌が検知された場合には、生得的な免疫反応（腸壁における一連の炎症反応）のスイッチを入れ、病原菌を寄せつけないようにする。

最近の研究から、腸の表面を保護する粘液は、腸壁の特殊な細胞によって分泌され、腸壁の細胞に固着する薄い内部の層と、固着していない厚い外部の層という、二つの層に組織化されていることが判明している。この二つの透明な層は、両者を合わせても厚さは一五〇ミクロン（〇・一五ミリメートル、髪の毛の太さのおよそ一・五倍）にすぎず、目には見えない。内側の粘液層は濃密で、細菌はそこを通り抜けられない。こうして、細菌に対して上皮細胞の表面が保護されているのである。それに対して外側の層は、大多数の腸内微生物や、とりわけ空腹のときや、繊維質が不足しているときに、微生物の重要な栄養源になるムチンと呼ばれる複合糖類の分子の本拠地をなす。

微生物が腸壁を覆う粘液の保護層を通り抜けると、微生物の細胞壁を構成する分子は腸壁の下にある免疫細胞を活性化させ、その微生物の危険度に応じた免疫反応を引き起こす。その種の分子の一つであるリポ多糖（LPS）は、微生物と免疫系の対話においてきわめて重要な貢献をしている。グラム陰性菌と呼ばれる微生物の細胞壁を構成するLPSは、腸の漏れやすさを高めて、免疫系への微生物の移動を促進することができる。

一般に考えられているところとは異なり、免疫系の反応は、悪性の細菌やウイルスの腸感染がなくても引き起こされる。動物性脂肪の多い食べ物を好む人は、腸内のグラム陰性菌や、ファーミキューテス門、プロテオバクテリア門の比率が高まり、それゆえ免疫メカニズムが恒常的に活性化されやすい。炎症、ストレス、脂肪分の過剰摂取によって、腸管内腔に宿る何兆もの微生物から私たちを保護している二つの自然な関門が損なわれると、腸内微生物や、それが生成するシグナル分子が大挙して腸壁を横切り、腸を本拠地とする免疫系の強い活性化を引き起こす。この炎症プロセスは代謝の毒血症と呼ばれ、全身に拡大する恐れがある。

腸の免疫系は、いかなる形態で微生物を検知しようとも、サイトカインと呼ばれる分子を生成することでそれに反応する。炎症性腸疾患、急性胃腸炎などに見られるように、特定の条件下では、サイトカインは腸内で本格的な炎症を引き起こす。のみならず、ひとたび腸内でサイトカインが生成されると、そのシグナルは脳に達することがある。たとえばサイトカインは、腸と脳を結ぶ情報ハイウェイたる迷走神経の感覚神経〔迷走神経には求心路と遠心路があるが、そのうちの求心路を指す〕終末に備わるレセプターに結合して脳の枢要な領域に長距離メッセージを送り、エネルギーレベルの低下、疲労感や痛覚感受性の高まり、さらには抑うつさえ引き起こす。また、軽度の炎症を起こしても、満腹を示すシグナルに対する迷走神経終末の感受性が低下し、食物の過剰な摂取を控えさせるメカニズムが損なわれる。脂肪分を取りすぎている患者には、このメカニズムの阻害は問題になりやすい。

サイトカインは、ホルモンのように血流に入って脳に達し、血液脳関門を横切って、ミクログリア細胞と呼ばれる脳内の免疫細胞を活性化させるケースもある。脳内の細胞の大多数はサイトカインに反応するミクログリア細胞であるため、脳はこの経路を通じて、腸と微生物と免疫系で構成されるシグナルメカニズムの標的になるのだ。さらにいえば、腸から脳へと送られる、その種の長距離免疫シグナルは、アルツハイマー病などの神経変性疾患の発症に関与すると考えられている。

微生物は免疫系との複雑精巧なコミュニケーションに加え、免疫系を介する方法より劇的ではないとしても等しく重要な、代謝物質を介する方法を用いて脳と連絡を取る。腸内微生物は多様で、その数も多い。腸内には、ヒトの遺伝子一個につき三六〇個分の微生物の遺伝子が存在する。また腸内微生物は、人体には消化不能な物質の消化が可能で、その活動を通して数十万種類の代謝物質が産生される。しかもその多くは、私たちの消化器系によっては生成されない。微生物が産生した代謝物質の多くは血流に入り、そこで循環するあらゆる分子のほぼ四〇パーセントを占める。その多くは神経刺激性の物質と考えられており、神経系と交換し合うことができる。このような代謝物質には、大腸で吸収されて血流に入るものもある。なお腸が漏れやすいほど、それだけ大量の代謝物質が血流に入る。このように血液循環に乗った代謝物質は、ホルモン同様、脳を含むさまざまな身体組織に達する。

微生物の代謝物質が脳にシグナルを伝えるもう一つの重要な方法は、腸壁に存在する、セロトニンを含む腸クロム親和性細胞を介したものである。この細胞は、全粒穀物、アスパラガス、野菜などに由来する短鎖脂肪酸（酪酸など）や、胆汁酸代謝物質などの、微生物が生成する種々の代謝物質を検知するレセプターで覆われている。これらの代謝物質には、腸クロム親和性細胞のセロトニン分泌を高めるものもあり、その働きによって、迷走神経を伝わるシグナルとして脳に送られるセロトニン分子の数が増大する。また、睡眠、痛覚感受性、全般的な健康状態を変えるものもある。動物実験では、不安様行動や社会的行動の発達に影響を及ぼす場合があることが示されている。さらにいえば、果物や全粒穀物や野菜に富んだ健康な食事をしたあとで満足したり、脂ぎったポテトチップスやフライドチキンを食べ過ぎると気分が悪くなったりするのにも、数々の代謝物質が一役買っている。

体内における無数の会話

マイクロバイオータの役目で特に興味深いのは、この微生物のかたまりが、内臓反応と内臓刺激を分かつ境界（インターフェース）の位置を占めている事実である。内容物の有無、またそれがある場合には食物の種類に応じて、腸管神経系は消化管内の環境を変え、消化液の酸性度、流動性、分泌量や、消化管の機械的な収縮を調節することで消化を管理する。したがって腸内微生物は、消化液の酸性度や分泌量、利用可能な栄養素、食物が排泄されるまでの時間につねに適応しなければならない。同様に、ストレスや強い不安によって、脳の情動操作プログラムが消化管内で上演される芝居をつむぎ出すと、消化管の収縮、胃から大腸への内容物の転送速度、血流が変化する。またそれは、小腸や大腸における微生物の生存環境を劇的に変える。おそらくそれゆえ、ストレスを受けると、腸内微生物の構成が変化するのだろう。それに対し、抑うつを抱えて腸の活動が鈍ると、腸内微生物はそれを検知して、変化した状況に適応するべく必要な遺伝子を活性化させる。

その一方、消化器系、免疫系、神経系の組織は、消化管ペプチド、サイトカイン、神経伝達物質などのシグナル分子を用いて、頻繁に連絡を取り合っている。重要な指摘をしておくと、シグナル分子はすべて、「微生物語」という遠い親戚にあたる方言と進化の長い歴史を共有する、生物化学的言語の構成要素なのである。

科学者は、腸と脳のコミュニケーションにおいては腸内微生物が重要な任務を遂行しているという事実に対する当初の驚きを克服し、腸とマイクロバイオームと脳が、つねに密接に関係し合っていることを最近の調査で明らかにした。そして、この三者を一つの統合的なシステムの構成要素と見なし、各構成要素同士で対話したりフィードバックを送り合ったりしていると考えるようになった。本書では、このシステムを「脳-腸-マイクロバイオーム」相関と呼ぶことにする。

二〇世紀を通じて科学者たちは、微生物という私たちのパートナーを観察できなかった。というのも、そのほとんどは実験室で培養できなかったからだ。また、微生物の種を同定する自動化された遺伝子配列決定技術と、微生物に関する膨大なデータを処理するスーパーコンピューターが登場するまでは、腸内に宿る微生物の種類や、微生物が総体として持つ遺伝子、さらには微生物が生成する代謝物質を確定するための、徹底的な調査ができなかった。だから当時の科学者は、「脳-腸-マイクロバイオーム」相関を構成するさまざまなメンバーが、いかに連絡を取り合っているのかに関して、限られた知識しか持っていなかったのである。

現在では、腸内微生物は、ある一つの特権的な役割を担っているだけではないことが判明している。マイクロバイオームの著名な研究者でスタンフォード大学に所属するデイヴィッド・レルマンは、「ヒトマイクロバイオータは、人間の基本的な構成要素の一つである」と述べている。腸内微生物は、体内に取り込まれた食物の大部分の消化を助けてくれるという、私たちにとって不可欠な貢献をしているのに加え、食欲をコントロールする脳のシステムや情動操作システム、私たちの行動、さらには心にすら、まったく意外な影響を及ぼしていることがわかってきた。私たちの消化器系に宿る目に見えない生物たちは、感情、直感的判断、さらには脳の発達や老化に関しても、一家言あるのだ。

第2部

直感と内臓感覚

第5章

不健康な記憶

円満で保護の行き届いた家庭環境が、子どもの成長に良い影響を与えるであろうことは直感的に納得できる。世界のどこでも、自分の子どもに最適な生育環境を提供しようと親は苦心しているにちがいない。だが、精神分析の登場以来、いがみあいの耐えない家庭環境で抑圧されて育った子どもは、のちに精神疾患を引き起こしやすいことが知られるようになった。およそ四〇年前、心理学者のアリス・ミラーはベストセラー『才能ある子のドラマ――真の自己を求めて』（山下公子訳、新曜社、一九九六年）で、「あらゆる心の病は、幼少期に潜在意識のもとで受けた、未解決の身体的、あるいは心的トラウマに起因する」と述べた。私がミラーの著者を読んだのは医療の研鑽を積んでいた一九八〇年代前半だったが、そこに書かれていた幼少期の体験と成人後の健康の結びつきが、抑うつ、不安、薬物常用などの心や行動に関する障害の発生のみならず、患者が抱える、とりわけ慢性胃腸疾患などの健康問題にも当てはまることを理解したのは、それから二〇年以上あとのことだった。

最近は、患者の一八歳までの病歴を尋ねるのが、私の診察の重要な部分を占めている。これは非常に単純なものだ。特別な精神分析の技法を必要とするわけでもなく、時間もかからない。現在の症状についてこと細かく質問するより、幼少期の経験を尋ねるほうが、病因の重要な手がかりが得られることも多い。私はつねに、「子どものころは幸福でしたか？」という単純な質問をする。特筆すべきは、この質問をするだけで、一八歳までに経験したトラウマになっていそうなできごとについて、たいていてい正直な回答が得られることだ。患者は一般に、幼少期のつらい経験と現在の疾病のあいだに関係があるとは考えていない。また、長年にわたる診断を通じて学んできたことだが、患者の回答は、成人後に経験している胃の疾患の起源や性質について、多くのことを教えてくれる。

これまで私が診察してきた患者の半数以上は、幼少期に経験した家族の問題について語ってくれた。たとえば「両親のどちらかが病気だった」「両親が離婚し、親権をめぐる争いが長引いた」、あるいは極端なケースでは、「アルコール中毒や薬物依存症の近親者がいた」などである。また、子どものころ、親や赤の他人から、言葉や身体による暴力、さらには性的虐待を受けたことを打ち明けてくれた患者もいる。

数年前、ジェニファーという三五歳の女性が診察室を訪れ、「これまでずっと腹痛を抱えて生きてきましたが、最近になってさらにひどくなったのです」という相談を持ちかけてきた。どのような腹痛かを知るために、私は彼女に便通について尋ねてみた。回答によれば、一日中トイレに駆け込まなければならない日もあれば、数日間便秘になるときもあり、下痢の日には腹痛がひどくなるが、トイレに行くと痛みが一時的に収まるとのことだった。また面談を続けるうちに、彼女は一〇代前半のころから、パニック発作をともなう不安障害を抱え、周期的に抑うつを経験していることがわかった。

ジェニファーは、私の他にも二人の胃腸病専門医と精神科医を含む数人の医師に相談し、消化管の上部と下部の内視鏡検査、腹部のCTスキャンなど、いくつかの標準的な検査を受けていたが、何も異常は見つからなかった。彼女はこう述べる。「最近診てもらった二人の医師には、特に問題になる異常はないといわれました。まるで、私の思い過ごしにすぎないとでもいいたそうでした」

ジェニファーを診察した医師たちは、抗うつ薬のセレクサや胃酸抑制薬のプリロセックなど、脳腸相関が関与する原因不明の症状によく用いられる薬を処方した。だがそれとともに、「それ以上の医学的処置はない」「症状と折り合って暮らしていくすべを身につけねばならない」と彼女に告げていた。「医療に対する信頼をまったく失いました」と彼女はいう。

医師は一般に、幼少期の生活に関係する危険因子を調査するより、便通について細々(こまごま)と尋ねたり、血圧やコレステロールレベルをチェックしたりすることに診察時間を費やす。しかし、任意に選抜された五万四〇〇〇人近くのアメリカ人を対象に実施された最近の調査では、幼少期やティーンエイジャーのころに虐待を受けた経験がある人は、成人後に健康不良、心臓発作、脳卒中、喘息、糖尿病に見舞われやすいと報告されている。このような健康障害を成人後に引き起こす危険性は、一八歳までに経験した虐待の回数が多いほど高まる。幼少期の虐待経験（ACE）研究で実施された、大規模な健康調査機関の保有する健康記録の分析でも、アルコール中毒、うつ病、薬物依存症に陥る危険性が四〜一二倍高まり、自己報告による健康レベルが二〜四倍低下するという報告が出されている。研究で用いられたACE質問票は、性的虐待、暴力、情動的な虐待、さらには両親が関係する一般的な家庭問題など、子どものころに経験したトラウマ体験について問うもので、質問の多くは、家庭が崩壊し、保護者と子どもの関係が損なわれた状況に関する調査を目的としている。また他の研究では、貧困と健康不良のあいだのよく知られた関係が、社会・経済的な地位の低い家庭で暮らすことによる恒常的なストレスに第一に結びつけられることが示されている。

トラウマ体験、不安定な家庭環境、健康への悪影響という三者間の結びつきは直感的に理解しやすいが、この結びつきを引き起こしている生物学的なメカニズムが解明され、幼少期のプログラミングに対する有害な影響を逆転させる道が開けるようになったのは、ここ三〇年のことにすぎない。この解明に寄与する科学的知見は、非常に魅力的なばかりでなく、健康の維持に計り知れない意義を持つ。もっと多くの医師がこの結びつきに気づき、幼少期の生活事情について患者に尋ねるようになれば、重要な危険因子を発見し、場合によっては、より効果のある統合的な治療プランを提供できるはずだ。

私は、数年前に抗うつ薬セレクサを服用するようになった理由をジェニファーに尋ね、彼女の抱える抑うつと不安について話し合ったことがある。彼女は「胃の痛みとは何の関係もありません」と言い張ったが、私はこの微妙な問題をそれ以上詮索して、彼女の見方を無理に変えようとはしなかった。とはいえ、彼女の慢性的な消化管障害と心理的な障害双方の原因と私が見なしていた要因をそれとなく追求してみた。

「子どものころは幸福でしたか?」と尋ねると、奇跡が起こったかのように、幼少期のつらい思い出が彼女の口をついてぼろぼろと出てきた。ジェニファーがまだ母親の胎内に宿っていたとき、母方の祖母が乳がんになり、妊娠中の母親は落ち込んでいた。少女のころには、両親のあいだでけんかが絶えず、彼女が八歳のときに両親は離婚している。家族のなかで、抑うつや消化管の障害を抱えていたのは彼女だけではない。母親も祖母も、折に触れて抑うつ状態や不安障害に陥り、ジェニファーの言によれば、二人はいつも「胃の問題」で不平をこぼしていたそうだ。このようなジェニファーの履歴は、脳と消化管双方の障害の原因に関して手がかりを与えてくれた。それと同時に、治療に対する私の自信も深まった。

たいていの患者と同じく、ジェニファーは、身体や情動に関する一連の症状が相互に関連している可能性や、幼少期のストレスに満ちた暮らしに結びついている可能性を、まったく考えていなかった。まして、幼少期の経験が、腸と腸内微生物と脳の関係を不健康な方向にプログラミングしたなどとは、彼女には思いもよらなかった。だが、最新の科学の目覚しい進展を考慮すれば、この知見を医療に取り入れるべき時はとうに来ている。

ストレスによるプログラミング

二〇〇二年の春、アリゾナ州セドナで開催された小さな科学会議で、二人の医師が、ストレス障害に関して相反する見解を決然と開陳した。この会議は、幼少期のトラウマが慢性的な身体疾患や精神障害の発症に及ぼす影響を検討するために、エモリー大学の著名な精神科医チャールズ・ネメロフと私が主催したもので、赤い岩が点在する荒野の果てに位置するセドナの息を飲むような光景に惹かれてか、アメリカやカナダの第一線で活躍する研究者や臨床医たちが集まった。

会議の二日目に演壇に立ったのは、カナダの著名な精神科医で外科医のギスレイン・デブレードだった。彼は、幼少期に性的虐待を受けた患者の治療を専門とし、抑圧された苦痛や恥辱を表面化するために精神分析の手法を適用していた。その種の手法を導入しなければ、抑圧された情動が身体に埋もれたままになり、身体症状を引き起こすというのが、彼の主張だった。次に彼は、骨盤痛や、慢性便秘などの腸疾患を抱える患者に精神分析を施し、困難な過去の記憶に向き合わせたところ、症状が消失したという症例をいくつかあげた。

しかし、主要な精神障害を引き起こしている生物学的基盤の研究で知られるネメロフはそれに与せず、「われわれは、幼少期のトラウマに起因する心的、身体的な障害に対して、精神分析がそれほど有効ではないことを学んできた」と述べ、デブレードに挑戦した。室内の空気が緊張するなか、ネメロフはさらに、いくら精神分析を行なおうが、幼少期の虐待によって脳に刻まれた痕跡を逆転させることはできないと主張した。会議に招待した参加者のほとんどは、患者の治癒を促進するために、幼少期の性的虐待や神経症をめぐってフロイト流のあいまいな概念を持ち出す必要はもはやないと考えており、ネメロフの見解にうなずいていた。

科学は、私たちの思考様式を変えてきた。今日では、保護者による子どもの虐待を含め、幼少期のストレス経験が、子どもの脳に永続的な悪影響を及ぼすことを示す確固たる科学的な証拠が得られている。また、一般人を対象とする大規模な調査から、その種の脳の変化が、抑うつ、不安障害などのストレス障害や、ＩＢＳのような腹痛症候群の発症に寄与することが判明している。とはいえ、質問票に基づくデータや心理理論だけでは、患者の病気を治すことはできない。幼少期のプログラミングを逆転させる新たな治療法を考案するためには、ストレスに対する反応の基盤をなす脳の神経回路に、幼少期の体験がいかなる影響を及ぼすのかを理解する必要がある。この種の知見は、動物モデルを同様な状況下に置く実験によってのみ、得られるものだ。

一九八〇年代に、ラットやマウスやサルなどの動物が、人間と同様、ストレスから心理的な影響を受けることを精神科学の研究者たちが知ったとき、新たな展望が開けた。この一連の動物研究は、母子の相互作用がストレスの耐性とどう関係しているのかを調査することにその焦点を置いていた。というのも、言葉による虐待や、夫婦間のあつれきなどといった人間特有の行動の研究に比べ、実験室でモデル化しやすいからだ。

たとえば、齧歯類は人間同様、個体ごとに独自の気質を持つ。臆病な個体もいれば、社交的な個体もいる。ラットの母親には、遺伝子構成が同じでも、他の個体より子どもの養育に長けた個体がいる。そのようなラットの母親は、子どもを大切に育てる。背中を大きく弓なりにし、足を外側に広げながら子どもたちに寄り沿い、子どもが乳首を代わる代わる口に含めるようにし、からだをなめたり、毛繕いをしたりするのに多大な時間を費やす。それに対しずぼらな母親は、ただ寝そべっていたり、子どもたちの上にのしかかったりして、うまく子どもを育てられない。そもそものような体勢をとっていては、子どもたちの口に乳首をふくませることさえできない。

一九八〇年代後半に行なわれた画期的な実験で、マギル大学（モントリオール）の神経科学者マイケル・ミーニーは、ラットの母親と子どもの交換が、子どものその後の成長に及ぼす影響を調査している。彼の研究チームは、遺伝的に同一な何匹かのラットの母親を用いて、まず母子の行動をビデオに収めて分析し、それから子どもが成長するのを待ち、養育に長けた母親の子と、実験的にストレスをかけた母親の子の、その後の様子を比較したのだ。

その結果、次のことがわかった。大切に育てられた子どもは、ストレスにあまり動じないリラックスした成獣になり、アルコールやコカインなどに対する嗜癖行動をあまり示さなかった。また、より社交的かつ大胆で、未知の場所を探索することを好んだ。それに対し、ストレスを受けて養育をおろそかにする母親の子どもは孤独を好み、不安や抑うつに似た症状や嗜癖行動を示すことが多かった。サルでも同じような結果が得られている。行動に一貫性がなく突飛な振る舞いを見せ、ときに拒否的な態度を示すマカクザルの母親の子どもは、臆病で従順かつ社交性を欠き、健全に育てられた子どもに比べて抑うつ状態に陥りやすい。このような初期の発見は、子どものころの経験が、私たちの健康や、腸と脳の対話にいかなる影響を及ぼすのかという問いの解明をめぐって、パラダイムシフトをもたらした。

エモリー大学の神経科学者ポール・プロツキーとマイケル・ミーニーが行なった動物実験でも、養育に長けたラットの母親の子と、ずぼらな母親の子の特徴が調査されている。この実験では、子どもが成長してから、ラットの身体サイズに合わせて作られた小さな部屋に数分間拘束することでストレスをかけている。その結果、次のことがわかった。健全に育てられた子どもは、ラットのストレスホルモンである（人間のコルチゾールに相当する）コルチコステロンのレベルが低かった。また、身体のストレス反応が制御不能に陥らないよう抑制するホルモンの変化が、血中と脳内に見られた。さらに、母親がなめたり寄り添ったりした子どもは、成長ホルモンを含め、脳の発達に不可欠ないくつかのホルモンを分泌することがわかった。

このような研究の他にも、母親が受けたストレスのレベルと、成長した子どもの神経系が示すストレスに対する反応のあいだに、密接な関係があることを裏づける科学的な証拠が数多く得られている。

研究者たちは、ストレスがかかる種々の状況を作り出し、動物の母親の養育態度が変わるよう誘導する実験を考案することによって、ストレスに起因する母親の行動の変化を通じて、子どもの脳がストレスに敏感に反応する方向にプログラミングされ、成獣になってから、より不安を抱えやすくなることを発見してきた。ストレス要因や動物種に関係なく、得られた効果は類似していた。母親にかかるストレスが強ければ強いほど養育態度は悪化し、元来は養育に長けた母親でさえ、ずぼらになったのだ。ストレスを受けた母親は養育に十分な時間をかけず、なめたり寄り添ったりすることがあまりなく、子どもを踏みつけることもあった。それどころか、子どもを殺して食べる母親さえいた。

一連の研究は、母親の受けたストレスが子どもの行動に一貫して悪影響を及ぼすことを実証したが、子どもの行動の変化の基盤をなす生物学的メカニズムの解明において、さらに注目すべき成果が得られている。悪影響を受けたマウスの脳を研究することで、脳内に構造や分子の劇的な変化が生じている事実が明らかになったのだ。母親の行動の相違によって脳全体にわたる神経回路の構成や結合が異なった様態で発達し、またそれに関与するいくつかの神経伝達物質システムも変化していた。十分な養育を受けなかった個体は、ストレス分子CRFの分泌量が多く、神経伝達物質ガンマアミノ酪酸（GABA）とそのレセプターを含めたシグナル神経回路など、ストレス反応をコントロールするシステムの効率が低下していた。このような変化のために、バリウム〔ジアゼパムの商標名〕のような強力な抗不安薬でさえ、ほとんど効かなくなる。

幼少期に経験した逆境について報告する患者と毎日面談を重ねてきたこともあって（いくつかの研究によれば、健常者の四〇パーセント、IBS患者の六〇パーセントがその種の報告をしている）、これまで二〇年間私が行なってきた研究は、腸と脳の相互作用の変化と、幼少期における逆境経験の結びつきを、より明確に理解することに焦点を置いてきた。

幼少期のストレスと過敏な腸

ラットの子どもの脳が養育のちがいによっていかに変化するのかを報告する、最初の研究成果が刊行されてまもないころ、私は、アメリカ各地から生物学的精神医学の研究者を集めて行なわれた、米国神経精神薬理学会の主催する会議に招待され、ストレスのメカニズムについて論じる小規模なシンポジウムに参加した。そこで私は、エモリー大学のポール・プロツキーと初めて出会った。母親ラットが受けたストレスが、子どもの生物学的特徴や行動にもたらす変化について論じる彼の講演を聴いていたとき、慢性胃腸疾患を抱える私の患者にも彼の発見が当てはまるのではないか、そしてその知見を治療にうまく活かせるのではないかという思いが、頭をよぎった。

会議後すぐ、私は、共同研究の可能性を探るためにエモリー大学のあるアトランタに飛んだ。その夜のアトランタは雨が降っていて暑かった。レストランで夕食をとり、プロツキーの自宅で一杯やりながら、彼と私は、彼の業績が、ストレスに起因する腸疾患とどう関係するのかのみならず、心身の科学一般にとっていかなる意味があるのかについて長時間話し合った。私は、患者が経験している腸疾患、さらには苦痛やその他の心理的な症状について話した。それを聞いた彼は、「それは私のことだ。すべて身に覚えがある」と冗談めかしていった。私は、「患者の症状は、幼少期における脳腸相関のプログラミングが引き起こしたのだろうか?」と声に出していい、その瞬間、この理論を深めるべく彼の研究室にしばらく滞在することを決意した。

それを検証する実験を考案する際、私はジェニファーのようなＩＢＳ患者を念頭に置いていた。そのころには、幼少期に逆境を経験すると、成人後に不安障害、パニック発作、うつ病に陥りやすくなることがすでに知られていた。しかし、ＩＢＳの症状と過去に受けた性的虐待を結びつける二、三の報告を除けば、その種のできごとが胃腸の痛みを引き起こし、便通を変えるのかどうかについて知る者は一人としておらず、腸内微生物がこのプロセスに関与している可能性は、誰もまったく考えていなかった。

プロツキーがしたように、一日に三時間ほど母親から引き離すことによって、生後数週間ストレスを与えられたラットの子どもは、のちにさまざまなＩＢＳに似た症状を呈する。ＩＢＳ患者では、正常な消化管活動によって痛みや痙攣や胃のはっきりとした膨満が引き起こされる場合があるが、一連の症状はすべて、おもに腸の過敏性や過剰な反応に起因する。大多数の患者が不安の高まりを経験し、かなりの患者が不安障害やうつ病を抱えている。われわれが行なった実験では、子どものころに十分な養育を受けられなかったラットは、不安や抑うつに類する徴候を呈した。頻繁に不安を覚え、腸は過敏で、ストレスを受けると、ラットの下痢と呼べる小ぶりの便を排出したのだ。重要な発表や面接の前にトイレに駆け込んだことがある人なら、この感覚がいかなるものかがわかるだろう。だが、ＩＢＳ患者（やわれわれが実験で用いたラット）は、その種のストレス症状に常時苛まれているのである。

注目すべきことに、幼少期のストレスによって増大することが知られている脳内のマスタースイッチ、ＣＲＦの作用を遮断する化学物質は、ストレス行動、腸の過敏性、ストレスに起因する下痢などの症状を駆逐する。しかし残念ながら、将来その種の薬で、ＩＢＳを含めたストレス障害が治療できるようになったとしても、脳腸相関に関わるＣＲＦシグナルシステムを標的とする安全で効果的な薬の開発を目指す努力は、現在のところ実を結んでいない。私の研究室に所属する研究者を含め、関係する科学者たちの多くは、開発がうまくいっていない理由を突き止めようと格闘している。人間が対象になると、事態は想像以上に複雑なのか？　基礎研究者は、新薬による治療に関して、齧歯類を用いた実験の結果に基づいて性急に結論を出したがるが、人間の脳は齧歯類の脳よりはるかに大きいばかりでなく、前頭前皮質や前部島皮質など、齧歯類には未発達の、あるいは存在すらしない神経回路を備える。私は早くから、動物実験で得られた画期的な発見を人間の疾病の正確な理解に役立てるためには、幼少期に逆境を経験した被験者の脳の直接的な調査が不可欠ではないかと考えていた。

　われわれはこの目標を念頭に置きつつ、生身の人間の脳を、脳画像技術の力を借りて直接観察した。こうしてわれわれは、言葉や情動や腕力による虐待、放置、親の重病や死、両親の離婚やその他の家庭問題を一八歳になるまでに経験した、一〇〇人の成人健常者の脳画像を取得した。それを参照することによって、意外にも、不安、抑うつ、消化管障害などの症状をまったく呈していない健常者にさえ、脳の構造に加え、周囲の危険や身体刺激の意味を評価する役割を果たす脳のネットワークの神経活動に、変化が見られることがわかった。このいわゆるサリエンス・システムは、状況を評価して良い結果や悪い結果を予測する際にも、さらには直感的な判断を下す際にも重要な働きを担う。この発見は、いくつかの観点において注目に値する。われわれは、脳が、幼少期に経験した逆境に反応して再配線され、その変化が一生持続しうることを初めて示した。しかも、変化はまったく健康な被験者に見出されているので、必ずしも特定の健康問題をともなうわけではないことがわかった。確かにそのような人は、心配や不安を抱えがちであったり、危険を回避しようとする傾向が強かったりするのかもしれないが、ジェニファーのように消化管障害を発症したりはしない。サリエンス・システムの変化は、ストレスに敏感に反応する、IBSなどの障害を発症する危険性を高めるのだろうか？　われわれの研究が示すところでは、IBS患者には、食物の摂取に応じて消化管から送られてくる正常なシグナルや、心理的なストレスに対する過剰反応を導く主要因の一つである、脳のネットワークの変化が見られる。

親から子に伝わるストレス

セドナの会議で登壇した講演者の一人は、ニューヨークのマウントサイナイ医科大学に在籍する著名な神経科学者レイチェル・イェフダだった。講演の内容は、ホロコーストの生存者が生んだ子どもが成人すると、自分自身はトラウマを経験せずに育ったにもかかわらず、うつ病、不安障害、心的外傷後ストレス障害（ＰＴＳＤ）などの精神障害を発症させる高いリスクを抱えていることを示す、画期的な発見に関するものであった。この発見以後、それに類するストレスや逆境体験の「世代間の受け渡し」を報告する、いくつかの研究が発表されるようになった。たとえば、同時多発テロが発生した際、世界貿易センターから命からがら逃げられた人々の子どもや、第二次世界大戦中のオランダで飢餓を生き延びた人々の子どもを対象とする研究などである。言語に絶するトラウマを経験した両親によって、保護された安全な環境のもとで育てられた子どもが、通常はトラウマを直接体験した人々にしか見られない行動の変化を発現する高いリスクを抱えているのはなぜだろうか？

　ミーニーのラットを用いた実験では、ストレスを受けて養育をまともにしなくなった母親の子どもが母親になったとき、自分の子どもに対して母親と何ら変わらないひどい態度で接した。彼のこの研究は、効果が数世代にわたって続くことを報告している。つまり、母親の経験したストレス、および母親の行動から子どもが受けた影響は、何らかのメカニズムを介して子孫に受け渡されるのだ。

　いかにしてか？　ミーニーと、マギル大学の分子生物学者モーシェ・シフは、この謎を解こうと、数年にわたって慎重に研究を進めた。そしてその苦労は実を結び、生物学を革新する成果が得られた。彼らは、ラットの母親と子どもの特定のやり取り（背中をそらして授乳する、子どもをなめるなど）によって、子どもの遺伝子が化学的に調節される場合があることを発見したのである。具体的にいえば、ぞんざいに育てられたラットの子どもの細胞内では、酵素の働きによって、メチル基と呼ばれる化学的な標識（タグ）がＤＮＡに付加されていた。このような遺伝情報の伝達様式は、エピジェネティクスと呼ばれる。ギリシア語に語源を持つ「エピ（epi）」は、「〜の上に」を意味する（タグはＤＮＡ上に付加される）。これは、通常の遺伝子を介する遺伝様式とは異なる。というのも、遺伝子はタグをつけられても、元来の遺伝情報を運び、同じタンパク質を生成するからだ。とはいえ、タグをつけられるとそれが困難になる。

　少し別の角度からその根底にある生物学を見てみよう。ヒトゲノム（人間が持つ遺伝子の総体）は生命の書物であり、脳や肝臓や心臓の細胞はそれぞれ、この書物の異なる章を読み取る。タグはいわばブックマークであり、脳の細胞にはある文を、肝臓や心臓の細胞には別の文を読ませるよう強調する。

ぞんざいな養育は、一握りのブックマークと強調する箇所を変える。タグをつけられた遺伝子には脳のシグナルを変えるものもあり、成人した子ども自身も、養育の不得手な母親になることがある。それによってさらに、その子どもの遺伝子にもタグが付加され、この悪循環はそれ以後も続く。近年の成果では、この種の後成的（エピジェネティック）な遺伝子の編集が、脳の発達様式を決定する細胞やメカニズムばかりでなく、子孫に遺伝情報を伝える生殖細胞や配偶子にも影響を及ぼすことがわかっている。エピジェネティクスの発見は、ストレスに起因する疾病の発症に、生まれと育ちがおのおのどの程度寄与しているのかを問う論議に終止符を打った。エピジェネティクスは、現代の生物学者たちが遺伝に関して信じていたことのすべてを覆したのだ。

　ジェニファーの母親と祖母も、抑うつ、不安、腹痛など、彼女のものと似た症状だったことを思い出してほしい。多くの医師はこの事実を、障害の遺伝子が家系内で「受け渡されている」証拠と見なすだろう。しかし、ワシントン州のシアトル大学に所属するローナ・レヴィが、ＩＢＳ症状の発現における遺伝の影響を解明するために、およそ一万二〇〇〇組の双子を対象に行なった研究では、その種の単純な説明に疑問を呈する結果が得られている。特に驚くべきことではないが、二卵性双生児と比べて一卵性双生児は、双子のどちらもＩＢＳの症状を抱えているケースが多かった。この発見は、ＩＢＳの発症に遺伝子が大きな影響を及ぼしていることを示す。しかしレヴィは、他方の双子がＩＢＳを抱えていることより、ＩＢＳと診断された両親を持つことのほうが、ＩＢＳの予測因子として強力であることも発見している。この発見は、遺伝子以外の何らかのメカニズムが、世代間の臨床障害の受け渡しに非常に重要な役割を果たしていることを示唆する。（社会的な学習など）他の説明も可能ではあるが、ＩＢＳのようなストレス障害の家族歴にエピジェネティックなメカニズムが強く関与している可能性は高い。

エピジェネティクスは、「獲得形質は遺伝的に受け渡されない」とする定説に疑問を呈したばかりでなく、精神医学のドグマも覆した。精神科医は一世紀間、無意識には、幼少期に刻み込まれたトラウマ、潜在的な欲望、母子のあいだの未解消の力学（ダイナミクス）に由来する、燃えるような感情が埋もれていると想定していた。精神分析理論では、未解決の問題によって、子どもが成人してから、心理的な問題や、ＩＢＳのようなストレス障害が引き起こされると見なされていた。

現在では、このようなフロイト流の概念の多くは誤りだと判明している。最新の科学は、ぞんざいな養育を含む幼少期の逆境体験から、ストレスに対して過剰に反応するよう脳が配線される場合があり、また、このプログラミングが世代間で受け渡されることによって、種々の脳障害に対する脆弱性が永続しうるという見方を、強く支持する。

あなたの子どもは、脳腸相関にストレスを受けているか？

小学生の娘が始終不安を覚えていたり、ティーンエイジャーの息子が試験のストレスからくる不安を鎮めるためにアルコールやマリファナに手を出したり、幼い子どもがＩＢＳを抱えていたりした場合、あなたは子どもの養育に失敗したということになるのか？　答えはすべて「ノー」なので安心してほしい。女性は授乳や身体の接触を通じて新生児を育てる。この一連の行為は、子ラットの健康な脳の発達を促す、「背中をそらして授乳する」「なめる」「毛づくろいをする」などの、母親ラットの行動に類似する。

しかし人間の脳は、ラットの脳よりはるかに複雑である。ストレスを抱えたシングルマザーが苦労を重ねて生計を立てるなかで育った子どもでも、あるいは最悪の逆境を耐え忍ばなければならなかった子どもでも、その後成功し、幸福な人生を歩んでいる人の例は枚挙にいとまがない。幼少期に受けたストレスによる負の効果から私たちを守る要因は、遺伝的なものから幼少期における発達の緩衝効果のようなものまで、無数にある。専業主夫、祖父母、兄や姉、乳母は、保護が行き届いた、安定した家庭環境を育み、子どもによる逆境の克服を支援する。また、ストレスシステムの発達が環境による影響を受ける期間は、人間では二〇年間続くことを覚えておこう。

このような緩衝効果がなかったとしても、私たち人間はラットのような動物とはちがって、幼少期に受けたストレスやトラウマ体験によって組まれたプログラミングを、部分的に逆転させる手段を持つ。たとえば、認知行動療法、催眠、瞑想などの心のセラピーはすべて、周囲の状況や身体刺激を評価するあり方を変える。これらのセラピーには、単なる心理療法ではなく、情動やストレスを生成する脳内の神経回路に対する皮質のコントロールを向上させる効果がある。近年、その種のセラピーはおもに前頭前皮質を強化することによって、注意、情動の喚起、顕著性の評価に関与する脳のネットワークの構造や機能を変えることが知られている。

ストレス下のマイクロバイオーム

ここまでは、幼少期の経験が脳の神経回路をプログラミングするという事実に焦点を絞ってきた。環境の影響を受けやすい人においては、人生の最初の二〇年間における生育環境の攪乱によって、脳や行動の発達が変わってしまうことに疑問の余地はない。この変化は、外界との最初のネガティブな関わりを反映する、神経系の初期プログラミングとして理解することができる。危険な環境に生まれ落ちた場合には、過剰に反応するストレスシステムは、一定の恩恵をもたらすことを忘れるべきではない。だが、進化の意図されざる「副産物」たるIBSに一生苦しむことに、いったいどんな利点があるのか？　また、かくしてプログラミングされた脳腸相関は、腸に宿る兆単位の微生物にいかなる影響を及ぼすのだろうか？

私たちは、幼少期に経験した逆境、腸と脳の対話の変化、この対話におけるマイクロバイオームの役割という三者間の関係に対する理解を大幅に発展させてきた。そして幼少期のストレスが、腸や脳ばかりか、マイクロバイオームにも深甚な影響を及ぼすことが明らかになった。

いくつかの研究によれば、思春期のマカクザルが初めて母親のもとを去るときには、ヒトのティーンエイジャーが初めて親元を離れて大学に通いはじめたときと同じように、分離不安や下痢を発現することがある。下痢を起こすのは、ストレスで腸が強く収縮し、食物がすばやく先においやられるからだ。それに加え、ストレスは腸内への消化液の分泌を促進する。ストレスが引き起こす腸機能の変化は、腸内微生物の居住環境に劇的な効果を及ぼす。それに反応して、糞便性細菌の数は激減し、良性細菌の一種の乳酸菌がもっとも減少する。赤痢菌や大腸菌などの病原菌が勢力を増し、腸感染につながる。さらにこの侵入者たちは、ストレスホルモンのノルエピネフリンによって、より執拗で攻撃的になる。ただしサルを用いた実験では、ストレスの影響は一時的だった。若いサルが母親のもとを去って一週間が過ぎ、新たな環境に順応しはじめたころには、腸内の乳酸菌の数はもとのレベルに戻った。マイクロバイオータへの影響が一時的なら、ストレスは大した問題ではないのだろうか？腸内微生物の構成の一時的な変化は、脳に悪影響をもたらすのか？

オンタリオ州ハミルトンにあるマックマスター大学のプレミスル・バーシックが率いるグループは最近の研究で、ぞんざいな養育が、脳のストレス神経回路の変化とともに、ストレスに対する腸の反応の鋭敏化をもたらすという、われわれが同じ動物モデルを用いて見出した結果を再確認している。とはいえ、ぞんざいな養育を受けた個体は、不安障害や抑うつに似た行動を示すなど、他の変化も呈する。バーシックのグループは、その種の行動変化の発症にマイクロバイオータが果たしている特別な役割を、初めて明らかにしたのである。マイクロバイオータやそれが生成する代謝物質の変化が関係するのは、母親のぞんざいな養育による「心理的な」影響のみであり、ストレス感受性の増大に関連するのは腸の反応性の変化である。この目覚ましい発見が人間を対象に確認されれば、その知見は、ストレスによる精神障害の発症におけるマイクロバイオータの役割の十全な理解のみならず、ジェニファーのように幼少期に逆境を経験した、ストレス障害を抱える患者の治療にも役立つだろう。食餌療法、プロバイオティクス、プレバイオティクス〔腸内で消化されにくく、健康に有益な食物成分〕を用いてマイクロバイオータを調節し、腸内微生物の構成の変化が脳にもたらした影響を逆転させる方法は、統合的な治療計画に適用できる重要なツールになるはずだ。

子宮内のストレス

妊婦の受けるストレスは、子どもの未来の健康を脅かすと昔からいわれてきた。強いストレスを受けた母親から生まれた子どもの成長は遅く、病気に感染しやすい。また、誕生時の体重は通常より軽い。しかし、母親が受けたストレスが子どもの行動や脳の発達に悪影響を及ぼす事実関係については、ごく最近までほとんど何も知られていなかった。

母親の受けたストレスが腸内微生物の構成の変化に及ぼす影響に関しては、二系統の科学的な証拠がある。まずサルを使った研究によって、母親が受けたストレスが、マイクロバイオータの構成を変えることが示された。ウィスコンシン大学マディソン校の神経科学者クリス・コーは、妊娠したアカゲザルに、六週間にわたり毎日（平日のみ）一〇分間、断続する警報音を聞かせた。これは、妊婦が分娩までの数日間、大都市の騒音を聞かされるのと同程度のストレスをアカゲザルの母親に与える。驚いたことに、ストレスを受けたサルの母親の新生児が宿す、乳酸菌やビフィズス菌などの良性の腸内細菌の数は、静かな環境に置かれた母親の新生児の腸内細菌に比べて少なかった。

当初は、母親が受けたストレスがいかにして新生児のマイクロバイオータの構成を変えるのかが不明だった。というのも、胎児の段階では、腸内にほとんど微生物が宿っていないからだ。しかし現在では、ストレスから母親の膣内マイクロバイオータの構成が変化し、それが新生児の腸内微生物の構成に多大な影響を及ぼすことがわかっている。ペンシルベニア大学の神経科学者トレイシー・ベイルらは、キツネのにおいを漂わせるなど、一連の不快な状況にさらすことで、妊娠したマウスにストレスをかけた。ベイルの研究室は以前、オスの子どもを用いた実験で、同じストレスによって、情動やストレスを統制する脳のネットワークの発達に大きな変化が引き起こされることを発見していた。

彼らは、動物の腸内マイクロバイオータに対するストレスの影響に関してすでに知られていたことに加え、ストレスを受けた母親の膣内マイクロバイオームが大きな変化を被っているのを発見した(特に乳酸菌が減っていた)。ストレスに起因する膣内乳酸菌の減少は、膣内の酸性度を変え、膣感染を引き起こす可能性が高まることが長く知られていた。しかし、母親の膣内マイクロバイオームに対するストレスの影響が、なぜ動物の子どもの脳の発達や行動にかくも重大な影響を及ぼすのだろうか？

新生児の腸内マイクロバイオータは、最初に母親の膣内微生物が種を蒔(ま)くので、ストレスを受けたマウスの母親は、腸内に通常より少ない乳酸菌を宿す子を生む。これは、ストレスを受けたサルの母親が生んだ子の、腸内に宿る乳酸菌の数が少ないのと同じだ。このストレス効果は、新生児の腸内マイクロバイオームと脳の神経回路の複雑な構造(アーキテクチャー)が、恒久的にプログラミングされるきわめて重要な時期に起こるので、とりわけ深刻な問題である。

だが、マウスの母親が受けるストレスは、子どもの腸内微生物だけでなく、脳にも影響を及ぼす。ベイルのチームは、生まれたばかりのマウスのマイクロバイオータが生成した分子を分析し、子の脳がむさぼるように費すエネルギーを供給する分子に変化が生じていることを、さらには、脳の急速な成長を促し、特定の脳領域間の神経結合の形成を支援するアミノ酸が不足していることを発見した。

では、妊婦や母親にとって、このような動物実験にいかなる意味があるのか？ 不安障害、うつ病、統合失調症、自閉症などの成人の脳障害、およびおそらくはＩＢＳも、現在では神経発達障害と考えられている。つまり、幼少期から、あるいは多くのケースでは胎児のころから、それに関する基本的な脳の変化が生じるのである。これまで見てきたように、ストレスは神経の発達に影響を及ぼす主要因の一つであり、幼少期に経験した逆境が脳腸相関を変える、少なくとも二つの主要な経路がある。一つはストレス反応システムと脳腸相関のエピジェネティックな変化であり、もう一つはストレスが引き起こすマイクロバイオータとその産生物の変化、さらにはそれによる脳への影響である。これは次のことを意味する。この二つの破壊的な疾病の進行過程に、持続する治療効果を及ぼしたいのなら、介入は早期から行なわなければならない。全面的に症状が進行した成人後に診察を受けると、ほとんどの治療は対症療法的で一時的なものに留まり、持続する治療効果を得ることが困難になる。しかしジェニファーの症例に見るように、最近の科学研究で得られた新たな知見から、成人の患者にも、より効果的な治療オプションを提供できる可能性が開けてきた。

健康なスタートに必要な微生物

研究活動に入る数年前、私は、人類と共生する微生物に関する自分の考えを今日でも支配している、驚くべきできごとに遭遇した。大学の冬休み期間中、ブラジルとベネズエラの熱帯雨林の奥深くを流れるオリノコ川の上流地域に住む、ヤノマミ族の生活の撮影を企画するドキュメンタリー映画制作者に同行する機会に恵まれた。ある日、月夜の下、ヤノマミ族のホストの家のすぐそばに釣ったハンモックで寝ていた私は、眠れずにジャングルの音に耳を澄ませていた。やがて近くで物音がするのを耳にして立ち上がり、周囲の森に向かって数歩足を踏み出すと、地面に置いたバナナの葉をまたいで一人で静かに子どもを生もうとしている、一五歳になる原住民の娘の姿が目に入った。彼女は、子どもを生んだあと、先の鋭いものでへその緒を切っていた。

そこでは、誰の援助も医療の介入もなく、自然に子どもが生まれていたのだ。あまりにも静かな分娩だったので、村人は誰一人として新たな生命の誕生に気づいていないようだった。これは、医療訓練中に私も行なったことのある、現代の病院での分娩とははなはだしく異なる。そこには無菌の環境もなければ、消毒薬を用いて母親の膣から微生物を「洗浄」する産婦人科医もいない。その代わり、ヤノマミ族の新生児は、母親の膣内マイクロバイオームのみならず、彼女の（消毒も洗浄もしていない）手、さらには土壌やバナナの葉の表面についたあらゆる微生物にさらされていたのだ。それでもその後数週間、両親にあやされるこの新生児は、まったく健康な様子だった。

もちろん、欧米での分娩方法はそれとは著しく異なる。今日欧米で実践されている分娩方法の起源はかなり古い。二〇世紀に入るころ、フランスの小児科医アンリ・ティシエは、「胎児は無菌の環境で育つ。微生物との最初の接触は、分娩中に膣内の微生物にさらされることによって起こる」と主張した。この見方は一世紀にわたり定説として受け入れられていたが、現在ではその根拠を疑うべき証拠がある。

最近の研究によれば、ごく普通の健康な妊娠であっても、臍帯血（さいたいけつ）、羊水、胎便、胎盤に、母親の腸内細菌（ほとんどは良性の細菌だが）が検出される。分娩の時期が迫ると、膣内マイクロバイオータは大幅に変化する。微生物種の多様性は低下し、通常は小腸に見られる乳酸菌が優勢になるのだ。分娩時、自然な様態で生まれる新生児は、この優勢になった乳酸菌を含む母親のマイクロバイオータにさらされる。これは、乳児の腸にコロニーを形成する微生物の重要な源泉になる。このようにして、母親が持つ腟内微生物の独自のセットが、子どもの腸内微生物における独自のパターンの基盤を形成し、それが生涯にわたって維持されるのである。また母親が宿す微生物は、代謝メカニズムの重要な構成要素、すなわち母乳に含まれる乳糖や特殊な炭水化物を消化する能力を、新生児に与える。

科学者たちは現在、新生児の腸が健康なスタートを切るには腟内微生物が必要なことに鑑みて、帝王切開が、のちに新生児の脳の健康を損なうか否かを研究している。腟内微生物によるマイクロバイオームのプログラミングを「バイパス」することが、脳の発達にいかなる長期的な影響を及ぼすのかが不明にもかかわらず、ブラジルやイタリアなどの国々では、帝王切開で生まされる新生児が、自然分娩で生まれる新生児より多いというのは驚きだ。これまでのところ、帝王切開で生まれた子どもの腸には、母親の腟内微生物ばかりでなく、母親の肌、助産師、医師、看護師、さらには産科病棟に収容されている他の新生児からも微生物が移されること、また、ビフィズス菌のような重要な微生物が腸内にコロニーを形成するにあたり、自然分娩より帝王切開による分娩のほうが時間がかかることが判明している。さらにいえば、帝王切開で生まれた子どもは、危険な微生物クロストリジウム・ディフィシルが腸内にはびこりやすく、年齢を重ねてから肥満しやすい。帝王切開が原因で腸と脳のコミュニケーションが変化して、自閉症を含む脳障害が発症しやすくなると考えられており、現在それを確認する研究が行なわれている。つけ加えておくと、M・ブレイザーが率いるグループが行なった、マウスを用いた画期的な研究によって、幼少期に抗生物質の投与のためにマイクロバイオータが攪乱されると、長期的な影響が現われ、成人後に高脂肪食のせいで肥満する可能性が高まることが判明している。

生存のための適応

種の生存は進化の教義の一つであり、自然はあらゆる生物にこの教義を手渡してきた。ゆえに私たちや、人類の祖先の動物が、数百万年にわたって生き残ってきたのだ。本章では、幼少期に受けたストレスが、人間や動物の脳や行動に影響を及ぼすメカニズムを説明し、ストレス環境や、ストレスを受けた母親が、いかに子どもの脳に長期間持続する変化を引き起こすのかを理解することに焦点を絞ってきた。このような変化は、さまざまな生物学的な経路やメカニズムを介して、危険に満ちた外界に反応するストレスシステムをプログラミングする。母親は子どもとの交換を通じて、子どもの内臓感覚が、成長後に直面しなければならない危険な環境に対する準備を整えられるよう、脳のサリエンス・システムに変更を加える。また、出産時に膣内微生物の構成を変えることによって、子どものマイクロバイオームの構成を調節する。さらに、ストレス反応に関与するおもな遺伝子にメチル基を付加することで、数世代にわたって維持される後成的な修飾を加える。

進化はなぜ、不健康や不幸をもたらすシステムを構築したのか？　賢明なる自然が、ある目的のために数々の戦略を考案し、同じような戦略が人間を含む多くの動物に認められるのなら、そこには正当な理由があるはずだ。

この点に関して、科学者たちの見解は一致している。たとえば母親が危険を察知すると、彼女がとる戦略が「闘争／逃走反応」として子どもに植えつけられ、子どもの行動は慎重になり、攻撃性は減退し、冒険心は低下する。つまり母親は、自分にそのつもりはなくても、自らが危険なものとして認知した世界に対する準備を、子どものためにしつらえるのである。

このシステムは、私たちの祖先が経験していたように、襲ってくるライオンから逃げたり、けんかで相手を殴り倒したりするときには役に立つ。科学的証拠はないが、現在でもこのシステムは、不運にも戦争、飢饉、自然災害に遭遇した人々や、暴力犯罪が多発する地域で育った人々に、立ち直る力や、劣悪な環境にも首尾よく対処するための適応力を与えてくれる。

しかし、比較的安全な文明社会で育った私たちは、遠い祖先から受け渡されてきた生得的な生物学的プログラミングに高い代価を支払わねばならない。これまで見てきたように、闘争／逃走システムが過剰に反応する症状を抱え、身体を循環するストレスホルモンのレベルが恒常的に高いと、不安障害、パニック障害、うつ病などの重度の精神疾患を発症しやすくなる。また、肥満、メタボリックシンドローム、心臓発作、脳卒中など、ストレスに反応しやすい、たちの悪い身体疾患を引き起こしやすくなる。さらには、その種のプログラミングに結びついた脳腸相関の鋭敏性は、ＩＢＳや慢性腹痛などの慢性的な腸疾患を引き起こすことがある。

妊婦が出産の数日前まで通勤し、仕事の締め切りに追われていたり、家計の心配をしていたりしていても構わないのか、あるいはそもそも働いていてもよいのかなど、まだよくわかっていないことは多々ある。また、周産期における抗菌剤の服用、帝王切開、母親の不健康な食習慣やストレスなどの、腟内マイクロバイオームを変える実践や事象が、子どもの健康をどの程度危険にさらすのかも、さらにいえば、子どもが幼少期に、環境から甚大な影響を受けるようになったことが、ここ半世紀間における肥満や自閉症などの爆発的な増加に一役買っているのかどうかもわかっていない。とはいえ、妊娠中に受けたある種のストレスや、子どもの成長期の家庭内のいざこざが、脳の発達に有害であり、「脳－腸－マイクロバイオーム」相関の構造を半永久的に変えるリスクをはらむことは明らかだ。私が確信するところでは、回避可能なストレス、帝王切開、不必要な抗生物質の投与、周産期の母親の不健康な食習慣による、子どものマイクロバイオームの正常なプログラミングの阻害は、脳腸相関の障害の種を蒔く。そして、子どもの脳腸相関の変化は、成長後でなければわからないケースもあり、それでは症状を逆転させるには遅すぎる。私たちはまず、脳と腸のつながりと、その根底にある生物学的なメカニズムを、しっかり理解する必要がある。不健康な影響を最低限に抑える戦略の導入は、それ以上に困難である。しかし妊婦は、健康な食習慣を保ち、妊娠期間中に簡単なストレス解消法を実践し、不必要な抗生物質の服用を避けることくらいならできるはずだ。

脳腸相関の障害に対処する新たなセラピー

子どもがまだ子宮内にいる時点から、母親が経験するストレスのレベルによって、ストレス、腸疾患、不安障害、うつ病に対する子どもの脆弱性が変わることを見てきた。この初期プログラミングは、母親の振る舞いによってのみ変わるのではない。子どもの健康への大きな脅威になるいかなるできごとも、一連の障害に対する脆弱性を高める可能性がある。

ジェニファーの抱える健康問題の起源は、この知見に基づいて理解することができる。彼女がまだ母親の胎内にいたころ、母方の祖母が乳がんになり、それを知った母親が悲嘆にくれて激しい不安にかられたことを思い出してほしい。安定した養育環境が必要な幼少期には両親のけんかが絶えず、ジェニファーが八歳のときに両親は離婚している。幼少期に受けたストレスについて報告するＩＢＳ患者は多いが、ジェニファーもつねにストレスを感じていた。それによって、成人後に不安障害、抑うつ、ＩＢＳを発症する可能性が高まったと考えられる。母親と祖母がジェニファーと類似のストレス障害を抱えていたという事実は、遺伝やエピジェネティクスのメカニズムを介して、ストレス障害に対する彼女自身の脆弱性が高まっていたことを示唆する。

最近私は、不安障害やＩＢＳなどのストレスに起因する慢性的な症状を抱える、ジェニファーのような患者を診察する際には、本章で取り上げた、脳腸相関についての最新の知識に基づいて、「胃腸の症状も、不安障害やうつ病も、その症状の進行には、ほぼまちがいなく幼少期の経験が関係しています」と助言している。そして、症状の生物学的な要因を説明し、他の医師がいうように症状が「気持ちの問題にすぎない」のではないことを理解してもらうようにしている。ジェニファーは、いくぶん意気消沈して、私に次のように訊いてきた。「でも、幼少期にすべてが配線されてしまっているのなら、しかも家族歴から考えて私がこういう症状を抱える可能性が高いのなら、一生この状況と折り合って生きていかねばならないのでしょうか？」この問いかけに対して私は、「確かに、あなたの脳腸相関はすでに配線されています。しかし、人間の脳には前頭前皮質と呼ばれるすばらしい領域がありあます。この領域は、変わってしまった脳神経回路の働きをくつがえし、新たな行動を学ぶ能力を与えてくれます」と応答した。

この件に関していうと、認知行動療法の短期コース、催眠療法、マインドフルネス・ストレス軽減法など、新たな行動を学習する際に役立つセラピーがいくつかある。これらのセラピーは、コンピューター用語にたとえると、プログラムのバグを修正するという意の「パッチ」という言葉にも似ている。IBSのような脳腸相関の症状を緩和するばかりでなく、それに結びついた不安障害や抑うつの治療にも役立つ場合が多い。うまいことに、このようなアプローチは脳の配線を変え、情動を司る脳のネットワークの過剰反応に対して、より効果的なコントロールが可能になるよう前頭前皮質を支援する。さらには、サリエンス・システムを再設定し、眼前の状況がはらむ危険性を評価する能力を改善できる。心のセラピーは、とりわけマウスモデルを使った実験で、幼少期のストレスに対する有益な効果が認められた抗うつ薬など、必ずしも評判のよくない向精神薬の補助を多少なりとも必要とする場合がある。私が患者に最初に提示する治療プランには、必ずといってよいほど、治療の初期段階で大脳辺縁系の炎を鎮火する効果を有する、エラビルやその種の三環系抗うつ薬をごく少量ながら含めることにしている。同時にこの手の薬は、最小限の副作用で腹痛を抑えられる。また、気分や心理状態に影響を及ぼすこともない。さらには、患者によっては選択的セロトニン再取り込み阻害薬（SSRI）などの最新の抗うつ薬を標準用量投与して、不安や抑うつ症状を緩和し、気分を安定させることもある。これらの薬は単独でも、およそ三〇パーセントの患者に有効だが、投薬以外の治療を併用することによって、より高い効果が得られる。

私はまた、脳腸相関の変化におけるマイクロバイオータの役割に関する新たな科学的知見に基づいて、プコバイオティクスの摂取量を増やすようジェニファーに助言した。発酵食品、ヨーグルト、プロバイオティクス錠剤の摂取によって体内に取り込まれる乳酸菌やビフィズス菌などの有益な微生物は、腸内微生物で構成される生態系の多様性を高める。また私は、発酵食品に含まれる自然なプロバイオティクスに加え、臨床試験によって有効性が実証された、数種類のプロバイオティクスの摂取を推奨している。

やがてジェニファーは、私が推奨する認知行動療法の短期コース、さらにはセルフリラクゼーションや自己催眠の指示を含む統合セラピーを実践することに同意した。また、発酵食品やプロバイオティクスの豊富な食物をとるよう食習慣を切り替え、抗うつ薬については長く服用してきたセレクサに加え、少量のエラビルを服用するようになった。私は彼女に、症状を改善するには投薬とそれ以外の治療方法をしばらく併用する必要があるが、このプランを実践し続ければ、一年以内に投薬量を減らせる可能性が高いことを強調した。

ジェニファーの症状は完全に消えたわけではない。しかし数か月後、私の診察室を訪れたとき、彼女は、日常生活の質と全般的な健康状態が五〇パーセント改善したと報告してくれた。また、腹痛を覚える回数が減って、正常な便通を長期間保てるようになり、不安はほとんど感じなくなったとのことだった。彼女は帰り際に私の手を握って、目に涙を浮かべながら「もっと早くからこの関係について誰かが教えてくれていたら、と思わざるを得ません。特に、幼少期の過酷な経験が、不安や抑うつやIBSを発症する種を蒔いていたことを」といった。そう語りながら私の診察室を出ていった患者は、彼女一人ではない。

ジェニファーのような患者は、ある意味で若いころのストレス環境に完全に適応し、腸や脳、あるいは腸内微生物でさえ、危険に対処するためにさまざまな様態でプログラミングされてきたのである。

この事実がもっと多くの医師に知られれば、彼らは、ＩＢＳや、その他のストレス障害を抱える患者をもてあますのではなく手助けできるはずだ。また患者のほうでも、適切な治療をすばやく見つけて、心の平安を取り戻せるだろう。

いずれにせよ、誰もが幼少期のプログラミングの影響を受ける。母親は子どもを、胎児の段階にあってさえ生存に役立つよう、生物学的、本能的にプログラミングする。誕生後は、複雑な世のなかをわたっていけるよう、家族が最善の舵取りをしてくれる。そしてそのすべてが、私たちの情動の基本的構成に恒久的な痕跡を残し、環境への反応、判断、場合によっては人格（パーソナリティ）に深く影響を刻み込むのである。この自然のプログラミングについてよく理解し、機能不全のソフトウェアにパッチをあてる方法を学ぶことによって、現代ではまったく有効性を失った過剰反応の発露を回避できるはずだ。

第6章

情動の新たな理解

情動（emotions）は、幼少期から私たちの思考を色づけ、判断に影響を及ぼす。また、危険が迫ったときに戦ったり逃げたりするよう導いてくれる。そして、恋人探しに駆り立て、子どもたちとの触れ合いを促す。さらには嗜好を生み、健康を左右し、ペットを飼わせ、情熱の火を焚きつける。このように、情動的感情〔emotional feeling 一般的には、情動作用に対する意識的な気づきの意〕は、人間性の基盤に欠かせないものだ。

哲学者や心理学者による数世紀にわたる研究、あるいは最近では神経科学者の研究を通じて、情動の起源を心や脳や身体に求める、高度な理論が提起されるようになった。しかしここ数年間で、ほとんど誰も考えていなかった要因に情動が影響を受けることを示唆する科学的証拠が得られるようになった。その革新的な発見によれば、腸と脳と心の複雑な相互作用には、マイクロバイオータが重要な役割を果たす。この種の瞠目すべき発見は、内臓反応や内臓感覚、およびその双方が気分、心、思考に与える影響という面で、目に見えない生物が果たす役割をめぐって、画期的な見方を生み出したのである。

腸内微生物が脳を変える？

数年前、六六歳の女性ルーシーを最初に診察したとき、彼女の症状は特に例外的には見えなかった。軽い便秘や腹部の不快感に何年も悩まされ、すでにＩＢＳを診断されていた。このルーシーの話で特筆に値するのは、不安の症状だ。私の診察室を訪ねてきたときには、二年にわたって数週間ごとに激しいパニック発作を起こしていた。彼女の話によれば、強い恐怖感、動悸、息切れ、破滅感などが突然生じ、通常は二〇分以内で収まるとのことだった。また、ひどい発作が起こっていないときにも、全般的な不安のレベルが徐々に高まっていった。胃腸症状のために私の診察を受けに来た患者の多くが、パニック発作の経験を報告しているが、ルーシーのケースでは、症状の最初の発現をめぐる状況が他の患者とは著しく異なっていた。

そのおよそ二年前、ルーシーは慢性的に再発する鼻づまりや頭痛に悩まされるようになり、鼻炎と診断されていた。種々の病原菌（と腸内微生物）を殺す、薬効範囲の広い抗生物質シプロフロキサシンを二週間服用したところ、他に異常はなかったが、便通が頻繁になり、便は緩くなった。それに対処するために数週間プロバイオティクスを服用したところ、もとの状態に戻ったそうだ。

それからおよそ六か月後、鼻づまりと頭痛の症状が舞い戻ってきた。主治医は別の抗生物質を処方し、ルーシーは三週間服用し続けた。だが、再び腹部の不快感を覚えはじめる。ここまでの経過は、とりたてて驚くべきものではない。抗生物質を服用すると、たいてい一時的に便通に変化が生じるものだ。というのも、抗生物質は、腸の最適な働きに必須の腸内微生物の多様性を一時的に損なうからである。患者の報告や臨床試験の結果から、副作用として、長引く胃腸の不快感や、ときにＩＢＳのような症状などが現われることが判明している。とはいえ大多数の患者にとっては、こういった胃腸の問題は一時的なものにすぎない。もともとマイクロバイオータの多様性が低かった患者が、一連の副作用を引き起こしやすいのである。

私は抗生物質の服用を中止していた彼女に、ヨーグルト、ザワークラウト〔ドイツ料理のキャベツの漬物〕、キムチなどの発酵食品を食べるよう、また、プロバイオティクスのサプリメントの摂取量を増やすよう指示した。マイクロバイオータの多様性を高め、もとの腸内微生物の状態を回復することがその目的である。それと同時に、セルフリラクゼーション、腹式呼吸、マインドフルネスなどの、不安を緩和するためのアプローチを実践するよう強く奨励した。さらに、パニック発作が起こったときのために、舌の下で溶かすバリウムのような薬クロノピンを処方した。この複合治療によって、彼女の便通は徐々に正常な状態に戻り、六か月が経過するころには、パニック発作の頻度は低下していた。最後に彼女に会ったときには、一度軽い発作を起こしただけだったので、クロノピンの服用は中止したと聞いた。

ルーシーの経験したパニック発作と不安は、胃腸症状が現われはじめてから数週間で増大し、症状が改善すると頻度は低下した。薬効範囲の広い抗生物質を二度にわたって服用したことで、一時的にマイクロバイオータの構成と機能が変化したのだろう。その変化によってIBSのような症状が引き起こされ、投薬を中止した途端に消えた。だとすると、抗生物質の影響で腸内微生物の構成が変わったために、不安の症状が発現したということなのだろうか？

マイクロバイオータは人体のザナックス工場か？

私がルーシーを診察した二〇一一年の時点では、マイクロバイオータと情動の結びつきを裏づける科学的証拠は、少数の臨床報告を除くとほとんどなかった。しかしその年の後半になると、カナダの先進的な研究グループが行った動物実験から、腸内微生物そのものが情動行動を変える神経伝達物質を生成していることを示唆する、興味深い結果が得られた。

マックマスター大学のプレミスル・バーシックの率いるグループは、一週間にわたって健康なマウスに三種類の薬効範囲の広い抗生物質を与え、投与前、投与中、投与後のマイクロバイオータの構成とマウスの行動を観察した。予想どおり、抗生物質の投与によって腸内微生物の構成が大幅に変わり、あるグループの微生物（特に数種の乳酸菌）は増え、他の微生物は減った。しかしバーシックは、抗生物質を与えられたマウスが冒険的な行動を取りはじめたことに驚いた。たとえば、マウスが通常好む暗く安全な場所より、檻のなかでも開けた明るい場所で多くの時間を過ごすようになったのだ。マウスは口をきかないので、このような行動は、その個体が不安をあまり感じていない（専門用語でいうと「不安様行動」を呈していない）ことを示す指標として実験で用いられている。

抗生物質の投与が終了して二週間が経過すると、マウスの行動とマイクロバイオータの構成はともに、もとに戻った。この事実は、観察された情動行動の変化と、抗生物質が引き起こしたマイクロバイオータの構成の変化が、関連していることを示唆する。しかし、脳はどのように、抗生物質が引き起こした腸内の変化に関する情報を取得しているのか？　腸内微生物と脳のシグナル交換の媒体として考えられるのは、明らかに、両者のあいだの主要なコミュニケーションハイウェイをなす迷走神経だ。事実、迷走神経を切断されたマウスには、抗生物質によって腸内微生物の構成が変わっても不安の減退が見られなかった。この発見は、正常なマウスでは、腸内微生物が不安を抑制する物質の恒常的な流れを生み、迷走神経を介してその効果が脳に伝わることを示唆する。

では、腸内微生物が生成している、不安を緩和する効果を持つ物質とはいったい何か？　既存の研究では、ある種の微生物は、神経伝達物質ガンマアミノ酪酸を生成することが示されていた。GABAとも呼ばれるこの物質は、神経系内で最多数を占めるシグナル分子の一つで、大脳辺縁系の情動を司る領域の働きを抑制する。バリウム、ザナックス、クロノピンなどの抗不安薬の多くは、GABAの効果を模倣することで、このシグナルシステムに働きかける。

腸内微生物とGABAと脳の機能の結びつきについては、すでに三〇年ほど前に、病状が進んだ肝硬変を抱える患者を対象に観察されていた。肝硬変患者の心の状態や注意力は一般に損なわれており、彼らにGABAシグナルシステムを遮断する薬を与えると、認知機能や活力のレベルは迅速に改善する。意外なことに、薬効範囲の広い抗生物質を投与されても、脳の機能は改善された。当時の研究者は、肝硬変が脳内のGABAの活動を増大させる理由を説明できなかった。しかし今日では、腸内微生物の構成の変化によって腸内でより多く生成されるようになったGABAが、脳の特定のGABAレセプターに結合して、認知機能や情動を司るシステムを抑制することが知られている。バーシックのマウスを用いた実験と同様、薬効範囲の広い抗生物質は腸内微生物の構成を変えたのだが、肝硬変患者のケースでは、抗生物質はGABAを生成する微生物の数を減らし、脳内のGABAのレベルを低下させることによって、脳の機能を改善したのである〔GABAは、認知機能や情動を司るシステム、つまり脳の機能を抑制することに留意されたい〕。

以上の実験は、私たちの腸に宿る微生物が、抗不安分子を産生し、生成された物質が特定の状況下で脳に影響を及ぼしうることを示す。また、抗生物質を投与された大多数の患者は、情動面ではいかなる副作用も経験していない。この知見をうまく活用し、プロバイオティクスという形態でGABAを産生する微生物を用いて、不安障害を治療できないものだろうか？　乳酸菌とビフィズス菌という、十分に研究されている良性腸内細菌の特定の株は、GABAの合成メカニズムを持つことが判明している。この二種類の細菌には、市販のプロバイオティクスのほとんどに有効成分として含まれている株があり、また、両グループともたいていの発酵食品に豊富に含まれるので、食物に両グループの細菌を余分に添加すれば、気分をリラックスさせることができるのではないか？　発酵食品やプロバイオティクスの摂取という単純な食餌療法で、不安を感じやすい人の不安レベルを低下させることが可能ではないか？　件数は少ないものの、マウスを用いた実験では、それが可能なことが示されている。ある研究では、健康なマウスの成獣にプロバイオティクスのラクトバチルス・ラムノサスを与えたところ、不安様行動が減少した。また別の研究では、とりわけ慢性的な大腸炎を抱えたマウスに、不安様行動の減少が見られた。さらにいえば、その種の「精神生物学的な」効果が、人間の患者にも認められることを示す臨床報告がいくつかある。

人間の脳に対するプロバイオティクスの効果を評価する唯一の信頼に足る方法は、人間を対象に比較対照実験を行なうことである。比較対照実験では、被験者は、実際に治療を受ける（この場合、プロバイオティクスを摂取する）実験群か、プラシーボ（外観、味覚に関してはプロバイオティクスと同じだが、何の効果もない物質）を与えられる対照群のいずれかにランダムに割り当てられる。また、実験の信頼性を向上させるために、実験が終了するまで、どの被験者がどちらのグループに割り当てられているのかが、実験者にも被験者にもわからないようにして実験が進められる。このようなランダム化二重盲検比較試験は、あらゆる治療法の効果を評価する際の至適基準（ゴールドスタンダード）になっている。

二〇一三年、キルステン・ティリッシュはわれわれの研究センターで、このゴールドスタンダードに従って、三六人の女性を三つのグループに割り当てた。第一グループに割り当てられた被験者は、四週間にわたって一日に二度、ビフィドバクテリウム・ラクティスと呼ばれるプロバイオティクスの特定の株に加え、ミルクをヨーグルトに変えるために使われている三種類の細菌（ストレプトコッカス・サーモフィルス、ラクトバシラス・ブルガリクス、ラクトバシラス・ラクティス）を摂取した。第二グループの被験者には、味覚、舌触り、外見ではプロバイオティクス入りのヨーグルトと区別がつかないが、プロバイオティクスを含まない非発酵乳製品が与えられた。第三グループの被験者には、ヨーグルトも乳製品も与えられなかった。

われわれは、実験の開始前と終了後に、全般的な健康状態、気分、不安レベル、便通について被験者に尋ねた。それからティリッシュは、被験者をMRIスキャナーに寝かせて他者の表情から情動を読み取る能力を評価する課題を遂行させ、そのあいだに脳画像を撮影した。

課題は、被験者に怒った顔、おびえた顔、悲しみに満ちた顔を見せ、ボタンを押すことで同じ情動を示す二枚の画像を特定させるというものだった。国、民族、言語の相違に関係なく、世界のどこで暮らす人であろうが、わずか数分の一秒でその種の評価を下せる。この事実は、その種の評価が、動物の持つ情動的な反射反応に関係する、生得的な情動反応であることを示唆する。つまり、課題の遂行にあたって、情動的感情の生成に必要な複雑な脳のネットワークは関与しておらず、被験者自身が悲しみや怒りを課題遂行中に感じることはない。

実験の結果、次のことがわかった。プロバイオティクスを含まない乳製品を摂取した被験者に比べ、四週間プロバイオティクスを与えられた被験者は、情動を認知する課題を遂行している最中に、いくつかの脳領域間の結合の度合いが低下した。この結果は、マウスを使った実験で得られた驚くべき結果が人間にも当てはまることを、初めて示した。とりわけ、マイクロバイオータを操作することによって、少なくとも基本的な情動反射のレベルでは、情動に関連する課題の遂行中に人間の脳の機能を測定可能なほど変えられることを示したのだ。

だが、ヨーグルトに含まれているプロバイオティクス細菌は、いかにして被験者の脳とコミュニケーションをとっているのだろうか？　当初われわれは、プロバイオティクスの定期的な摂取によって、腸内微生物の構成が変わり、それが脳に影響を及ぼしたと考えていた。しかし、被験者の便に含まれる微生物の構成を分析したところ、摂取した細菌それ自体が検出された以外には、腸内微生物の種類や数に変化は見られなかった。つまり、ヨーグルトの摂取によっては、マイクロバイオータを構成するプレーヤーに変化は生じなかったのである。とはいえわれわれは既存の研究から、同じプロバイオティクスの投与が、腸内微生物が生成する代謝物質を変えうることを知っていた。したがって、プロバイオティクスに刺激を受けて生成された代謝物質の一部が、血流を介して、もしくは迷走神経を伝わるシグナルの形態で脳に達し、そこで情動反応を変えていたとしても不思議はないはずだ。のみならず、この微生物と脳のコミュニケーションに、セロトニンを含有する腸細胞が関与していることも考えられる。それに関していえば、ある種の腸内微生物は、腸細胞にセロトニンの生成を促して腸内のセロトニンレベルを変え、情動、痛覚感受性、全般的な健康を調節する脳腸間のシグナルの量に大きな影響を及ぼすことが、最近の研究で示されている。この発見が確証されれば、脳腸相関をめぐる障害の治療に向けて持つ意義はきわめて大きい。つまり、発酵食品、乳製品、フルーツジュースに含まれる、必須神経伝達物質セロトニンのレベルを調節するプロバイオティクスを摂取することによって、気分から痛覚感受性や睡眠に至る、生存に必須な機能の実行に重要な役割を果たす、体内のコントロールシステムを微調整できるのだ。

研究では、心身に障害を抱えていない健康な被験者を慎重に選んだため、われわれが評価した特定のプロバイオティクスが引き起こした変化が、被験者の不安レベルを変えられるのかどうかは推測するしかない。しかし、被験者が怒った顔、おびえた顔、悲しんだ顔を見たとき、情動を司る脳のネットワークの反応の低下が観察されたことからして、ネガティブな文脈に対する情動反応を抑えるプロバイオティクスの存在がわかる。

私はこの発見に驚いた。わずか数年前までは、スーパーマーケットで誰でも買えるヨーグルトの定期的な摂取が、脳に影響を及ぼすと考えていた人はほとんどいなかった。われわれ研究チームにとって、この結果は、健康なときや病気にかかっているときの脳の働きを観察するための方法や、心を健康に保つためのまったく新たな手段を考案する可能性を開いてくれた。

科学者たちが脳の健康に対する栄養の役割を調査し、マイクロバイオータがいかにそれに関与しているのかを解明しはじめたのは、ここ数年のことにすぎない。急速に発展するこの分野で得られつつある新たな知見は、どの食物が私たちの心や情動の健康に資するのかを評価する基準を、大幅に変えるだろう。そしていずれは、不安障害やうつ病の治療法に反映されるはずだ。そう私は確信している。

うつとマイクロバイオータ

うつ状態を経験したことがある人なら、その際に深い悲しみ、落胆、絶望を感じたことを思い出せるだろう。友人や家族に状況を説明する際には、たいがいこのような症状が引き合いに出される。いうまでもなく苦痛に満ちた経験である。しかし、それ以外の症状も思い出せるのではないか？　神経質になって、いらいらしなかっただろうか？　ものごとに集中できなくなり、眠れなくなったのではないか？　これは、不安障害を抱える患者が呈する症状でもある。うつ病と診断される患者のおよそ半数は不安の症状を抱え、常時不安を感じている人の多くはうつ病の症状を抱えている。また、うつ病の治療は、同時に不安症状を緩和するものが多く、とりわけ選択的セロトニン再取り込み阻害薬（ＳＳＲＩ）と呼ばれる医薬品にはそれが当てはまる。このように、抑うつと不安は近い関係にあるといえるだろう。

プロバイオティクスの摂取を含めたマウスのマイクロバイオータの操作が不安様行動を緩和するのなら、抑うつにも効果があるのではないだろうか？　アイルランドのコークにあるユニバーシティ・カレッジの精神医学者ジョン・Ｆ・クライアンは、この仮説を支持するいくつかの論文を発表し、宿主の気分を変える腸内微生物を指して、「憂鬱な微生物（メランコリック・マイクローブ）」という、受けの良さそうな造語を発表している。

　彼が率いるチームはある研究で、プロバイオティクス細菌の、ビフィドバクテリウム・インファンティスをラットに与えた。「インファンティス」と呼ばれているのは、この細菌が、母親が子どもに受け渡す最初の細菌株の一つだからだ〔infantは幼児、未成熟の意〕。それから彼らはラットを泳がせた。ちなみにラットは泳ぎを嫌い、無理に泳がされるとストレスシステムが活性化し、炎症分子の一つサイトカインの血中濃度が高まる（人間でも同じ反応が起こる）。ラットにプロバイオティクスを与えると、「ふさぎ込んだ」態度は変わらなかったが、血中および脳内の変化は減退したようだった。また別の研究では、ビフィズス菌の特定の株が、実験的にマウスに引き起こした抑うつ状態や不安様行動を、市販されている抗うつ薬レクサプロと同程度に緩和することが報告されている。

　では、プロバイオティクスは人間のうつ病の治療にも有効なのだろうか？　予備的実験の結果によれば、人によっては有効のようだ。フランスの研究者が行なったランダム化盲検比較試験では、五五人の健康な男女に、乳酸菌とビフィズス菌を含むプロバイオティクスを一か月間毎日摂取させた。その結果、プロバイオティクスを摂取した被験者は、プラシーボを与えられた対照群の被験者と比べ、心理的な苦痛や不安のレベルにわずかな改善が見られた。イギリスの研究者による一二四人の健常者に各種乳酸菌を与える実験では、実験開始前にうつの度合いが高かった被験者ほど、気分が大幅に改善した。

　どの研究も出発点としては興味深いが、プロバイオティクスがほんとうに落ち込んだ気分を晴らし、不安を鎮め、心の健康を増進するのかどうかを検証するためには、大規模かつ緻密な臨床試験を行なう必要がある。その結果が出るまでは、腸とマイクロバイオータと脳の対話に良い影響を与えるべく、腸内微生物に与える食物にもっと気を遣うべきだろう。次章で詳細に検討するが、私たちが何を食べるかは、腸の健康に多大な影響を及ぼす。食事は、腸と脳の相互作用を調節して改善するための、簡単かつ楽しみながらできる、安上がりな方法なのである。

ストレスの役割

不安障害、うつ病、IBSなどの脳や脳腸相関をめぐる障害を抱える患者のほとんどは、とりわけストレスに敏感だ。ストレスを受けると、胃腸症状が悪化する患者も多い。現在では、腸内微生物が脳のストレス神経回路の反応性に強く関与することや、ノルアドレナリンなどのストレスシステムの仲介によって腸内微生物の振る舞いが大きく変わり、攻撃性を増して危険になることが知られている。

情動への腸内微生物の影響を示す最初の手がかりは、いわゆる無菌マウスを用いた実験で得られた。腸内微生物と脳に関する当時の研究の多くは、このアプローチに依拠してきた。通常の状況下で育てられ、食物、空気、飼育者、自身の排泄物に由来する微生物にさらされている個体とは異なり、無菌動物は完全に無菌の環境で生まれ、育てられる。無菌マウスは帝王切開で取り出され、ただちに無菌空間に隔離される。そこには殺菌された空気、食物、水が供給される。そして実験者は、無菌環境のもとで育ったマウスの生物学的特徴や行動を調査し、通常の環境下で育った遺伝的に同一の個体と比較する。この二つのグループのあいだに見られる行動や生物化学的特徴の相違は、マイクロバイオータの構成に依拠すると見なせる。

被験個体が成獣になると、（ラットのコルチゾールとも呼べる）ストレスホルモンのコルチコステロンを多量に生成することによって、ストレス刺激に過剰に反応する様子が観察された。幼獣の時点で被験個体の腸に有益なマイクロバイオータを移植するとストレスに対する過剰反応は緩和したが、成獣になってからではそのような効果は得られなかった。つまり、ラットがまだ幼ければ、腸内微生物は、脳のストレス反応の発達に影響を及ぼせるのだ。

一腹のマウスを誕生時に二つのグループに分け、一方のグループを無菌環境で育てると、両グループのマウスには驚くほど多くの面でちがいが出てくる。無菌マウスは痛みにそれほど反応せず、仲間と積極的に交流しようとしない。加えて、腸と脳の生物化学的、分子的なメカニズムが、正常なマウスとは異なる。たとえば、スウェーデンのカロリンスカ研究所に在籍するスヴェン・ペテルソンの研究グループは、無菌マウスが、通常の環境下で育てられたマウスに比べて不安様行動をあまり示さないことを、さらには運動制御や不安様行動に関与する脳領域における、シグナル伝達関連の遺伝子の発現に変化が生じていることを発見した。ところが、無菌マウスが幼いころにマイクロバイオータにさらされると、このような生物化学的な異常は出現しなかった。ペテルソンらの結論によれば、マイクロバイオータが移植されると、何らかのあり方で情動行動に関与する脳の生物化学的シグナル伝達メカニズムが始動するのである。

さまざまなストレスによって、一時的に腸内微生物の構成が変わることは知られていた。特にストレスを受けた個体の便には、乳酸菌の減少が見られる。しかし、別の分野の研究で得られたデータによれば、ストレスの影響は、腸内微生物の構成の一時的な変化以外にも見られる。ストレス下で分泌される化学物質ノルエピネフリンが、心拍を速め、血圧を上昇させることは以前から知られていた。しかし、このストレスを仲介する物質が腸内でも分泌され、そこで腸内微生物とじかに連絡していることがわかったのはつい最近にすぎない。いくつかの研究から、ノルエピネフリンには、重度の腸炎、胃潰瘍、さらには敗血症さえ引き起こす病原菌の成長を促進することが見出されている。それに加えてこの分子は、遺伝子を活性化して病原菌を攻撃的にし、その菌が腸内で生き残れる可能性を高める働きもする。さらにいえば、ストレスがかかると、腸内を浮遊するノルエピネフリンをより強力な形態に変え、他の微生物に対するこのホルモンの効果を強める腸内微生物も存在する。要するに、過度のストレスを受けているときに腸内感染を起こすと、大事に至るというわけだ。

ストレスと腸内感染の関係を示す臨床的な一例として、私が診察した五五歳の女性ストーン夫人の症例を紹介しよう。当時のストーン夫人は、ストレスに満ちた長期にわたる離婚訴訟の末、二五年の結婚生活にピリオドを打ったばかりだった。会社役員としての仕事は困難を極め、週に八〇時間働き、あちこちに出張していた。消化管障害の病歴はないものの、生涯のかなりの期間を通じて周期的に不安を感じ、慢性の腰痛や頭痛に悩まされてきたようだ。過度のストレスにさらされていることは、本人も自覚していた。

彼女は重荷をおろすためにしばらく休暇をとって、ロサンゼルスから飛行機に乗り、メキシコのリゾート地カボ・サン・ルーカスに出かけた。最初の二日間、すべては彼女の想い描いていたとおりで何の問題もなく、ホテルのプールでリラックスして過ごした。バハ・カリフォルニア半島の風光明媚

このような危険因子を抱える人は、旅行者下痢症のもっともありふれた原因である腸管毒素原性大腸菌のような病原菌への感染によって、PI－IBSを発症しやすい。これは非常に理にかなう。というのも、慢性ストレスは、大腸菌を含めた多くの病原菌を腸内で育んで、より攻撃的にし、腸の自律神経系にストレスシグナルを発信させるからである。それによって、結腸の壁を覆う粘液の層は薄くなり、腸は漏れやすくなる。また、微生物は、張り巡らされた防御網をかいくぐって腸の免疫系に近づきやすくなる。かくして、腸の免疫系が長期にわたって活性化され、症状が長引くのだ。

ご存知のとおり、すべてのストレスが有害なわけではない。慢性的、周期的に生じるストレスに比べ、急性のストレスとそれにともなう発奮は、試験を受けたりスピーチをしたりといった困難な課題の成績を向上させる。また、感染に対する防御力を強化することで、腸の健康に資する。これは、次のような仕組みに基づく。急性のストレスは、脳のストレスシグナルに対する反応を引き起こすことで胃酸の分泌量を増やす。その結果、食物に便乗して侵入してくる微生物が、腸に達する以前に殺される可能性が高まる。また、急性のストレスは、腸液の分泌量や、病原菌を含む内容物の排出量を増やすよう腸に働きかける。さらには、ディフェンシンと呼ばれる抗微生物ペプチドの分泌を促進する。こういった反応はすべて、危険な侵入者から消化管を保護し、炎症が生じる期間を短縮することを目的とする。

しかし、腸や腸内微生物を保護する効果があるとはいえ、急性のストレスであっても、過剰になれば一転して有害なものと化す。慢性ストレスは、消化管炎症を起こすリスクを高め、感染が取り除かれたあとでも症状を長引かせやすい。また、ＩＢＳや周期性嘔吐症候群のようなストレス障害を抱える人には、慢性ストレスは症状を重くする主要因の一つになる。

私たちは、腸とマイクロバイオームと脳の相互作用に対する慢性ストレスの有害な効果について、多くのことを知った。だが、ストレス以外の情動、とりわけポジティブな情動は、腸内微生物にどのような影響を及ぼすのか？　いい換えると、幸福感や健康感は有益な内臓反応を引き起こすのだろうか？

ポジティブな情動

ここまで、幸福なときにはエンドルフィン、配偶者や子どもに親愛を感じているときにはオキシトシン、何かを望んでいるときにはドーパミン、などというように、おのおのの情動と、その基盤をなす脳のOS（オペレーティング・システム）が、情動の種類に応じた化学的シグナルによって働きかけられることを見てきた。それぞれの化学物質に対応する脳のOSのスイッチが入ると、収縮、分泌、血流の特徴的なパターンをともなう内臓反応が引き起こされる。

私の考えでは、ポジティブな情動に結びついた内臓反応には、腸内微生物に向けた独自の化学的なメッセージの発信と結びつくものもあるはずだ。セロトニン、ドーパミン、エンドルフィンが腸内に分泌されることはすでによく知られているが、これらは腸から微生物へのポジティブなシグナルの候補をなす。脳が腸内微生物に向けて発する情動関連のシグナルは、私たちの健康に資する方向に、あるいは腸炎から私たちを守る方向に微生物の行動を変えるかもしれない。また、幸福感や愛情に結びついたシグナルは、腸内微生物の多様性を高め、腸の健康を促進し、腸感染などの疾病から私たちを守ってくれるのかもしれない。

情動が腸内微生物にもたらすその他の影響

私たちはまだ、魅惑的な話の序章しか知らない段階にいる。腸内微生物が、食物に含まれる情報を、脳を含めたさまざまな身体器官や組織に影響を及ぼすシグナル分子に変換する方法については、ようやく解明されはじめたばかりだ。数千種類にのぼる血中の代謝物質のうち、およそ四〇パーセントが腸内微生物に由来することはすでに述べた。さらにいえば、特定のポジティブ、もしくはネガティブな情動に対する内臓反応は、腸内微生物が食物を原料に生成する代謝物質の構成を劇的に変える場合がある。つまり、腸内微生物が身体の各部位に向けて送るシグナル分子を大々的に編集し直すのだ。私の予想では、これまで長らく科学者たちが無視してきた腸内に宿る兆単位の微生物が、情動から影響を受けるばかりでなく、逆に腸ばかりか思考や感情に対しても、強力な影響力を行使する能力を備えていることが判明するだろう。

腸内微生物が人間の行動を変える？

腸内微生物が情動に影響を及ぼすのなら、そして、情動や内臓感覚がどう振る舞うべきかをめぐる判断を導いているのなら、「腸内微生物は私たちの行動を左右する」という結論が論理的に導き出される。では、腸内微生物が私たちの行動を変えられるのなら、腸内微生物の構成の異変は、異常な行動につながるのだろうか？　そしてそれが真なら、異常な腸内微生物を健康な微生物に置き換えれば、腸の問題のみならず行動の問題も矯正できるのか？

ジョナサンと彼の母親は、それが可能だと考えた。二人が私の診察室を訪れたとき、彼は二五歳だったが、すでに自閉症スペクトラム障害（ＡＳＤ）、強迫性障害、不安障害と診断されていた。ＡＳＤを抱える多くの人と同様、ジョナサンはつねに腹部の膨満感や痛み、便秘など、さまざまな胃腸症状に悩まされていた。

腹部膨満は、薬効範囲の広い抗生物質を数種類服用しはじめてからさらに悪化した。これは、マイクロバイオータの変化が胃腸症状の激化に何かしらの役割を果たしているであろうことを示す。彼はすでに、グルテンフリーや乳製品フリーなどいくつかの食餌療法を試してみたが、いずれも効果は長続きしなかった。また当然ながら、偏食も良くなかった。においや舌ざわりを嫌って果物や野菜をほとんど食べず、もっぱらパンケーキ、ワッフル、ジャガイモ、ヌードル、ピザ、菓子などの精製された炭水化物、プロテインバー、肉類を食べていたのだ。

ジョナサンはインターネットで検索し、一般的な健康問題や、マイクロバイオームに関する情報を渉猟した。そして、有害な細菌や寄生虫が及ぼす消化器系への影響について書かれた記事を読み、自分の症状が、腸内の寄生虫の悪行に関連していると確信する。また彼は最近、恐怖症や強迫性障害の治療のために認知行動療法を受けはじめ、嫌いな食物を無理にでも食べるセラピーを受けていたが、これが逆に、彼に多大な不安とストレスを与えていた。私は、このストレスのために胃腸症状が悪化したのではないかと考えた。

私はアメリカン・ガット・プロジェクトを通して、ジョナサンの便に含まれるマイクロバイオータの詳細な分析を依頼した。アメリカン・ガット・プロジェクトとは、数千人の一般人から便のサンプルを集め、食習慣やライフスタイルがマイクロバイオータの形成に及ぼす影響を詳しく調査することを目的とした、クラウドファンディング〔不特定多数の人がインターネットなどを介して、他の人々や組織に資金や協力を提供する〕によるプロジェクトである。最近の一連の研究によって、ASDを抱える人においては、それ以外の人と比べ、ファーミキューテス門と呼ばれる細菌グループの比率の増大や、バクテロイデス門と呼ばれるグループの減少など、腸内微生物の構成が変化しているケースが多いことが報告されており、IBS患者にも同様な傾向が見られる。ジョナサンにもその傾向があった。また、平均的なアメリカ人に比べ、プロテオバクテリア門や放線菌門と呼ばれる細菌が減少している。とはいえ、彼は偏食し、不安やストレスに苦しみ、IBSのような症状を抱えていることから、腸内微生物の構成が変化した原因が、ASDなのかIBSなのか、それとも偏食なのかは、今となっては知りようがない。

私はジョナサンと母親から、心と胃腸の障害を緩和するために、マイクロバイオームの構成を変えるのであれば、プロバイオティクスを摂取すべきか、糞便微生物移植を受けたほうがいいのかと訊かれたことがあった。二人がこの質問をしたのは、関連する動物実験のニュースが自閉症者のコミュニティ内で燎原の火のごとく広がり、その実験的なセラピーに対する期待が高まっていたからだ。

ASDと診断された人の四〇パーセントは、便通の変化や、腹部の痛みや不快感などの胃腸症状に苦しんでいる。また彼らの多くは、IBSの診断基準にも合致する。加えてASDの人は、「脳－腸－マイクロバイオーム」相関に他の異常を抱え、一般に脳腸シグナル分子のセロトニンの血中濃度が高い（この分子の九〇パーセント以上は腸に蓄えられていること、また、セロトニンを含む腸細胞は、迷走神経や脳と緊密に連絡していることを思い出されたい）。さらにいえば、ASDを抱える人のマイクロバイオータ、および血中の代謝物質の構成は変化している。

カリフォルニア州パサデナにあるカリフォルニア工科大学（カルテック）に所属するサーキス・マズマニアンとエレイン・シャオは、大反響を呼んだきわめて重要な動物実験を行なった。妊娠したマウスに、ウイルス感染を模倣するかたちで免疫系を活性化させる物質を注射したのだ。この母親から生まれた子どもは、不安様行動、ステレオタイプ化された繰り返し行動、不適切な社会的行動など、ASDの症例に見られる一連の異常な行動を呈した。そのため、このいわゆる母親の免疫活性化モデルは、自閉症の妥当な動物モデルとして扱われている。

実験の結果、カルテックの研究者たちは、マウスの子どもの腸とマイクロバイオータが変化しているのを発見した。腸内微生物の構成のバランスが崩れ、腸が漏れやすくなり、腸を本拠地とする免疫系の活動が高まっていたのである。また彼らは、ASDを抱える人の子どもの尿に検出されていたものと密接に関連する代謝物質が、腸内微生物によって産生されているのを見出した。免疫系の活性化が見られない母親マウスの健康な子どもにこの代謝物質を与えたところ、この子どもは、免疫系の活性化を起こした母親の子と同じ行動異常を示した。さらに興味深いことに、行動異常を呈するマウスの便を正常に振る舞っていた無菌マウスに移植すると、後者も異常な行動を見せるようになった。この結果は、行動異常を呈するマウスの便の移植によって、特定の代謝物質が生成されるようになり、それが脳に達して健康なマウスの行動を変えたことを強く示唆する。自閉症スペクトラム障害を抱える人にとって非常に重要な意義を持つ結果としては、異常な行動を見せるマウスにバクテロイデス・フラジリスと呼ばれる人間の腸内細菌を与えたところ、（すべてではないとしても）自閉症に特徴的ないくつかの行動が消えたことを明記しておきたい。

この巧妙な実験は、科学者のみならず、自閉症の子どもを持つ親や、自閉症の新たな治療法の開発を試みる企業のあいだでも注目を集めた。ジョナサンと母親も、この研究のことを聞きつけて、プロバイオティクスや糞便微生物移植に関する質問を私にしてきたのだ。

私はこの質問に対し、ＡＳＤを抱える人を対象に現在行なわれている研究の結果が数年以内に出るはずなので、その暁には確実な答えが得られるだろうと答えた。ＡＳＤの人が、たとえ一部でもその種の治療を受けて症状の改善を見るのであれば、その成果は途方もなく画期的だ。しかし、研究の結果がまだ出ていなくても、症状の緩和に関してジョナサンに助言できることは二、三あった。彼が抱える胃腸の症状には、いくつかの要因が寄与していることを思い出してほしい。まず彼は、味覚より舌ざわりを優先して食べ物を選択していた。そのせいで、植物性食物の多くを忌避する非常に偏った食習慣を身につけていた。第二に、彼は精製食品をふんだんに食べていた。第三に、不安レベルとストレス感受性の高さによって、胃腸の収縮と分泌の様態が変化し、腸の漏れやすさが増大していた。

私がジョナサンに提案した治療プランは、腸と脳の両者を対象にするものだった。栄養士をつけ、果物や野菜やさまざまな発酵食品（発酵乳製品、プロバイオティクス入りのソフトドリンク、キムチ、ザワークラウト、各種チーズなど）を含む、バランスのとれた食物をとるよう食習慣を徐々に変えさせていった。ちなみにいずれの食品も、乳酸菌やビフィズス菌のさまざまな種を含む。また私は、便秘の治療のために、ダイオウの根やアロエベラなどの薬草をベースにした、少量の下剤を試してみることを提案した。さらには、腹式呼吸などのセルフリラクゼーション運動の実践方法を教え、また、恐怖症や不安の高まりに対処するために、すでに導入していた認知行動療法の継続を強く奨励した。

二か月後に再度診察を受けにきたとき、ジョナサンの胃腸症状はかなり良くなっていた。偏食も徐々に解消され、便通も正常な状態に戻っていた。彼はもはや、腸内の寄生虫に拘泥しなくなった。その代わり、食習慣がマイクロバイオータの振る舞いにどのような影響を及ぼすかの、そして、食べ物とマイクロバイオータの相互作用が胃腸症状を緩和する仕組みの理解に、強い関心を持つようになっていた。

新たな情動理論の構築に向けて

腸内微生物、内臓感覚、およびそれらが脳に及ぼす影響の複雑さについて知られるようになるはるか以前の一九世紀に、二人の著名な学者が、史上初めて包括的な情動理論を提起した。一八八〇年代中頃に、アメリカの哲学者であり心理学者、そして医師でもあったウィリアム・ジェイムズと、デンマークの医師カール・ランゲが、「情動は身体刺激の認知的な評価を通じて生じる」という理論を提起したのである。身体刺激とは、動悸、腹鳴、結腸の痙攣性の収縮、頻呼吸など、身体器官の激しい活動に由来する内受容情報を指す。ジェイムズ＝ランゲ説と呼ばれるこの情動理論は、心理学者のあいだではよく知られている。ただし今日では、情動が身体刺激のみから生じると考える人はまずいない。

一九二七年、ハーバード大学の高名な生理学者ウォルター・キャノンは、豊富な実験データに基づいてジェイムズ＝ランゲ説を否定し、扁桃体や海馬などの特定の脳領域が、環境からの刺激に反応して行なう活動によって情動的な経験が生み出されるとする、脳を基盤に据える理論を提唱した。現在でこそ、扁桃体や海馬が情動の生成に必須の役割を果たす領域であることが知られているが、キャノンの時代には、今日の科学者なら使える強力な脳画像技術などなかった。そのため彼には、化学物質や神経を介した脳へのフィードバックについても、内受容システムにおける腸と腸内微生物の顕著な役割についても知る余地がなかった。

そののちに、アントニオ・ダマシオやバド・クレイグら現代の神経科学者が、感覚系構成要素（コンポーネント）と実行系コンポーネントからなる脳と身体の循環回路（ループ）を基盤とする、解剖学的データに基づく理論を提起するに至った。それによって、執拗に居座り続けていた古い理論が、ようやく情動の生成や調節に関する統合的な概念に、その座をゆずったのである。

クレイグは、身体から脳に内受容情報を伝達する経路の解剖学的構造を徹底的に研究し、その成果に基づいて、あらゆる情動は、（内臓感覚を含む）感覚系コンポーネントと（内臓反応を含む）実行系コンポーネントという密接に関連する二つの構成要素からなる、とする説を提起した。感覚系コンポーネントとは、消化管をはじめとするさまざまな身体器官から送られてくる無数の神経シグナルに基いて、島（とう）皮質内で形成される内受容性の身体イメージを指す。このイメージは、つねに行動に、具体的にいえば、帯状皮質と呼ばれる脳の部位から身体に送り返される運動反応に、結びついている。それによって、身体と脳のあいだを循環するループが設定されるのだ。クレイグの理論によれば、あらゆる情動の目的は、生体全体のバランスを維持することにある。

神経科学者のアントニオ・ダマシオは三冊の著書を通じて、『デカルトの誤り——情動、理性、人間の脳』で導入したソマティックマーカー仮説を緻密に発展させていった。ダマシオの理論に従えば、私たち人間には、脳から身体へ、そして身体から脳へ送られるシグナルの伝達経路からなる、いわゆる身体ループが備わる。情動状態に対する身体の反応を告知するこの情報は、筋緊張、動悸、浅い呼吸などの身体状態の、無意識的な記憶として蓄積される。ダマシオは、このプロセスに関与する消化管の顕著な役割に関してはほとんど何も述べていないが、彼の画期的な業績は、情動や情動的感情に関する私たちの理解を根本的に変えた。

次章で詳しく説明するが、脳の「隠れた島」、すなわち島皮質は、このソマティックマーカー情報を回収している。要するに、私たちの脳は、鮮明な情動が引き起こされたときに、私たちを反応に駆り立てた動機を含め、どのように感じたかを表わすビデオクリップを回収することが可能なのだ。また、記憶として保管されているビデオクリップを用いて、わざわざ長い脳腸ループを経由せずに、嫌悪、幸福、渇望などの情動を喚起する能力も持つ。このように、おとなが情動を経験する際には、脳は、身体で実際に起こっている事象を記述する感覚刺激を受け取る必要はなく、ただ情動ビデオが納められている書庫にアクセスして得られた合図に反応するだけで、感情を生成することができるのだ。この書庫に収納されているビデオは、たとえば怒りの感情に結びついた腸の収縮などといったように、幼少期や思春期に真の内臓感覚として記録されたものかもしれない。その情報は内臓刺激として脳に報告され、吐き気、健康感、飽食、飢餓などの内臓感覚として書庫に蓄えられ、生涯を通じて即座にアクセス可能だ。

　マイクロバイオータについての知識や、腸－マイクロバイオータ－脳の三者の相互作用に対する理解の目覚ましい進展のおかげで、現代の情動理論が拡張され、第三の必須のコンポーネントとしてマイクロバイオータが組み込まれるようになったのは、ここ一〇年のことにすぎない。新たな理論によれば、脳を基盤とする情動の神経回路は、大部分は遺伝的に決定されており、誕生時にはすでに存在している。また幼少期に、エピジェネティックなメカニズムによって変更を受ける。とはいえ、情動や内臓反応の完全な発達には長期にわたる学習プロセスが必要とされ、そのプロセスで腸とマイクロバイオームと脳が構成するシステムが鍛錬され、微調整される。人格の発達、ライフスタイル、食習慣はすべて、私たちの情動生成装置を微調整し、高度な個人情報を蓄積する、巨大なデータベースを脳に形成している。

　現在では、このプロセスにおいてマイクロバイオータが必須の役割を果たし、その人独自の情動パターンを生むことが判明している。腸内微生物は、おもに代謝物質によって私たちの情動に働きかける。腸内にはおよそ八〇〇万にのぼる微生物の遺伝子が存在する。この数は、ヒトゲノムを構成する遺伝子の四〇〇倍に相当する。さらに驚いたことに、人間同士は遺伝子の九〇パーセント以上を共有するが、腸内微生物の遺伝子の構成は人それぞれで劇的に異なり、任意の二人のあいだで五パーセントを共有するにすぎない。このようにマイクロバイオームは、腸と脳からなる情動生成装置に、複雑性と可能性の新たな次元をつけ加える。

　マイクロバイオータは、情動の経験において中心的な働きをするので、ストレス、食事、抗生物質、

図5

「腸―腸内微生物―脳」相関と外界の密接な関係

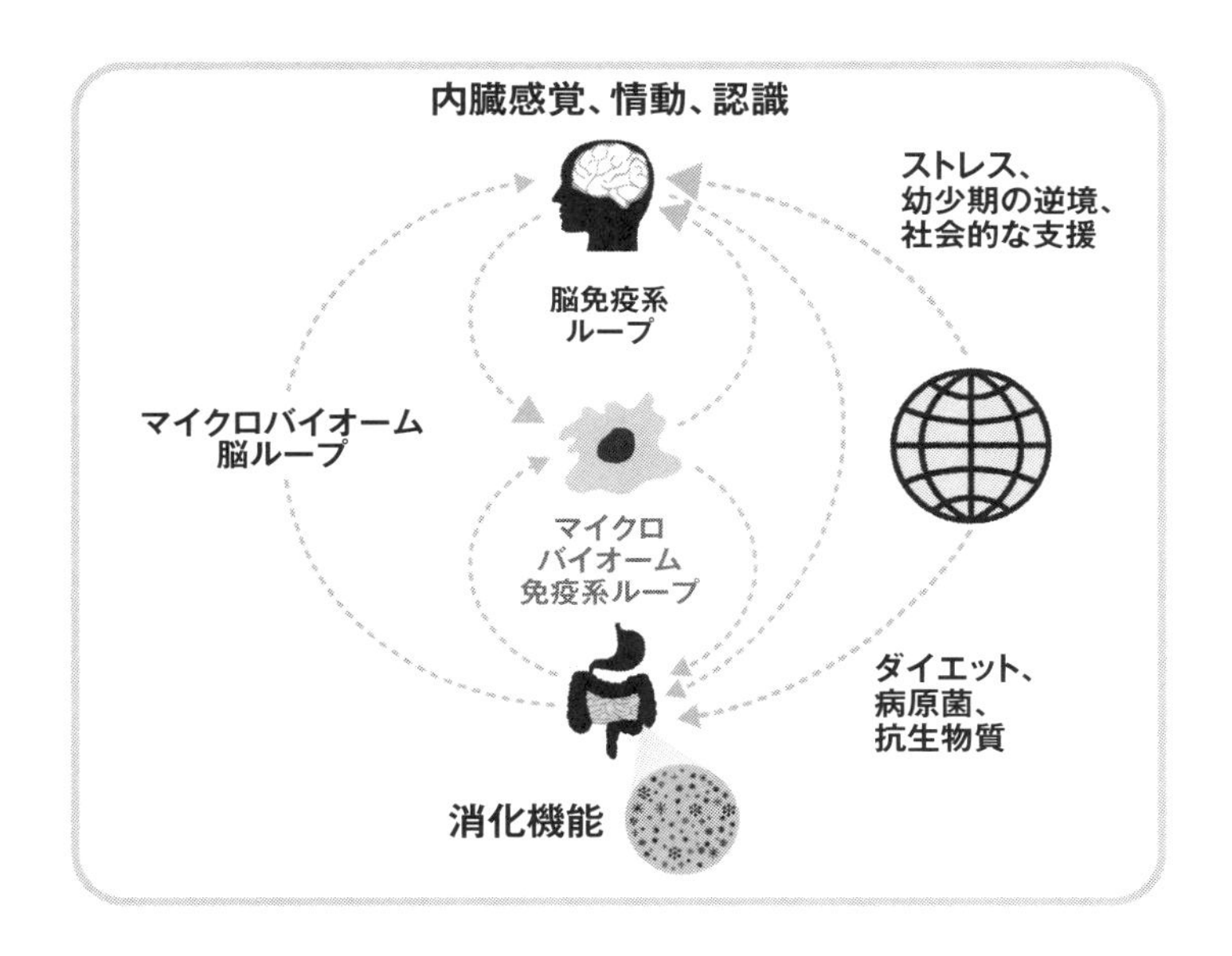

脳腸相関は、身体の調節ループ（免疫系、内分泌系）のみならず、外界とも密接に結びついている。脳はさまざまな心理・社会的影響に反応し、腸とマイクロバイオームは、体内に取り込まれた食物、薬、感染性生物に反応する。そして、システム全体がスーパーコンピューターのように機能し、最適な消化機能や脳機能を維持するために、身体の内外から入力されてくる厖大な量の情報を統合する。

プロバイオティクスなど、その代謝活動を変えるものは何であれ、基本的に情動生成回路の発達や反応に影響を及ぼしうる。たとえば、文化によって情動の表現が異なるのは、食事や腸内微生物の機能にちがいがあるからだろうか？　本章で取り上げた新たな情動理論が正しければ、それに対する答えは「イエス」だ。この結びつきを実証するには今後のさらなる研究を要するが、次のことは確実にいえる。情動の基盤が、腸や身体からまったく切り離された個室の脳によって生成されている可能性はあり得ないわけではないが、そのような脳は、限られた情動しか経験できないだろう。私の確信では、腸やマイクロバイオームの活動は、情動的感情の強度、持続性、個性の決定に重要な貢献を果たしている。

第7章
直感的な判断

私たちが日常生活で下す判断の多くは慎重な熟慮の産物であり、論理に基づく。しかしその一方、分析や理性的な考察を経ずになされる選択もある。その種の選択は、何を食べるか、何を着るか、どの映画を観に行くかなど、意識的な気づきをともなわずになされる場合も多い。

二〇〇二年にノーベル経済学賞を共同受賞した心理学者ダニエル・カーネマンは、ベストセラー『ファスト&スロー――あなたの意思はどのように決まるか?』で、「直感的な判断は、私たちの行なう多くの選択や判断の背後にあるもの」だと述べた。ここでは、理性的な思考という衣装をまとうのではなく、直感、すなわち内臓感覚に基づいて、自分にとって何が最善かを判断できるという考えが、人間性に対する見方の中心をなしている。

事実私の人生でも、その種の非理性的な判断が重要な働きをした。一七歳のころ、私は学校から帰ると家の仕事を手伝っていた。バイエルンアルプスのふもとにあった、両親の経営する菓子店で働いていたのだ。スキーやハイキングが楽しめて、数時間もあれば車でイタリアに行ける、のんびりした土地で私は育った。曽祖父が一八八七年に創業したこの菓子店は、代々家族の手で経営されてきた。ティーンエイジャーのころ、私は折に触れて菓子やケーキを焼き、チョコレートを異国情緒あふれる形状や大きさに練り上げるのを得意としていた。そこで私は、特定の香りを（意識せずに）さまざまな季節や祝日に結びつけることを学び、それが食物と腸と脳の複雑な対話を研究する未来の経歴にもつながったととらえている。

大学進学を考えはじめたとき、私は菓子屋の五代目になるべきか、科学や医学の道を進むべきかを決めかねていた。一方では、経営基盤のしっかりとした儲かるビジネスを継ぎ、家族や友人に囲まれて暮らし、地元のコミュニティと密接な関係を保ちながら、美しい風景が広がる土地で自由な時間を過ごすのはとても魅力的だった。もちろん父も、私が家族の誇り高き伝統を受け継ぐことを期待していた。しかしその一方、私はまったく別の方向に惹かれていた。伝統や決まりきった仕事には魅力を感じず、心理学、哲学、科学の本を夢中で読み、とりわけ心の科学的基盤に興味があった。しかし、長所短所を列挙するだけではどちらの道をとるべきかを決めあぐね、生まれて初めて自分の内臓感覚に耳を傾けることとなった。

父にとっては残念な選択だったが、私は最終的に菓子店を継がず、ミュンヘンの大学に通うことに決めた。数年後に医学部を卒業すると、再び内臓感覚に導かれて、私はさらに故郷から遠ざかり、ドイツで大学教授になるという堅実な道からも逸れた。誰もがうらやむミュンヘンの大学病院における研修医の地位を断り、アメリカはロサンゼルスにある潰瘍研究教育センター（ＣＵＲＥ）の研究室に所属することになったのだ。当時ＣＵＲＥは、腸と脳の対話に関心を持つ研究者を世界中から集めていた。研究室で最初の数日を過ごすと、私は、畜殺場でブタの腸を集め、種々の分子を分離してテストするという新たな仕事が、故郷のチョコレート工場にはあった魅力に欠けることに気づいた。

しかし私は、自分の研究の意義が腸に限られるわけではないことに徐々に思い当たり、新たな仕事に興味を持つようになった。ブタの腸から分離したものと同じシグナル分子が脳にも見つかり、また、種々の植物、動物、外来種のカエル、そして細菌がコミュニケーションを取り合うための手段としてこの分子を用いていることがわかったのである。この事実は、科学の世界では「インターキングダム・シグナリング（界間シグナル伝達）」と呼ばれる。とはいえ当時の私は、腸と脳のコミュニケーションが以後の人生の主要な関心事になるとは思ってもいなかった。

かくして、内臓感覚が私の人生の選択に強い影響を及ぼしたのだが、実のところそれほど大げさな話ではない。当時の私は、あれやこれやの進路を追及するための機会がふんだんに与えられていて、そのうちのどの進路を選んだとしても、おそらく同様に満足したことだろう。しかし場合によっては、内臓感覚に基づく判断が生死を分かつこともある。

一九八三年九月二六日、モスクワ郊外にある掩蔽壕（えんぺいごう）に詰めていたソビエト防衛空軍の若き将校スタニスラフ・ペトロフは、ソビエトの衛星から、アメリカが自国に向けて放った五発の弾道ミサイルが飛来中であるという警報を受け取った。警告音が鳴り響き、画面には「発射」の文字が躍っていたにもかかわらず、彼はそれが誤報であり、事実ではないという決定的な判断を下す。もし彼がそのような状況を想定して設定された「合理的な」手続きに従っていたら（他の将校ならそうしていたはずだ）、報復攻撃がさらなる報復攻撃を呼び、まちがいなく数百万人の死者が出ていたところだった。

当初ペトロフは、「五発のミサイルに意味があるとは思えなかった」などと、自分が下した判断についていくつかの合理的な説明を与えていた。「ほんとうにアメリカが総攻撃を仕掛けてきたのなら、数百発のミサイルが発射されたはずだ」「発射検知システムはまだ新しく、全面的には信頼できない」「地上レーダーはアメリカの攻撃を確認していない」と考えたという。

しかし、本音を告白してもそれほど差し障りがなくなった二〇一三年に行なわれたインタビューでは、ペトロフは、警報が誤りだという確信がないまま、「奇妙な内臓感覚に導かれて」判断したと述べている。

ペトロフのみならず世界各国の人々が、政治的判断、個人的判断、職業上の判断、誰と結婚するか、どの大学に進学するか、どんな家を購入するかなど、種類をまったく問わず、同様にして内臓感覚に基づく決断を下した経験について語っている。大統領は、国民の運命を左右する戦争か平和かの決断を下す際、まずスタッフの意見を聞き、俎上にあがったいくつかのオプションを慎重に検討したあとで、最終的には内臓感覚に基づいて決断を下す。おおよそこのように、重要事項を決定するとき、人は内臓に耳を傾けているのだ。

内臓感覚と直感は、同じコインの表と裏であり、直感は既製の洞察をすばやく手にする能力と見なせる。私たちは、理性的思考や推論を経ずにただちにものごとを見抜き、理解することができる。ときに、何かがおかしいと直感する。見知らぬ人と馬が合うと感じることがある。カリスマ的な政治家のテレビ演説を聞いて、その嘘を確信する。他方の内臓感覚は、自分でアクセスできる独自の広大で深い知恵の体系であり、私たちはその感覚を、家族、高額で雇っているアドバイザー、自称専門家、メディアなどの助言より、強く信頼している。

では、内臓感覚とは正確には何なのか？　その生物学的な基盤は何か？　腸が発するシグナルは内臓感覚の生成にどのような役割を果たしているのか？　いい換えると、内臓刺激はいつ情動的感情になるのか？

一つの回答は、バド・クレイグが行なった画期的な研究に見出せる。ちなみにクレイグは、脳が身体に、そして身体が脳に耳を傾けることを可能にする神経回路に関して理解を深めた神経解剖学者だ。最新の著書『私たちはいかに感じるか——神経生物学的自己との内受容的な邂逅（*How Do You Feel? An Interoceptive Moment with Your Neurobiological Self*）』で提起されている彼の考えは、腸、腸内微生物、脳の相互作用について探究する私にも多大な影響を与えた。

内臓刺激の形態で常時送られてくる厖大な情報をもとに、脳が主観的な内臓感覚を構築する複雑な神経生物学的なプロセスは、たとえば目覚めた瞬間、豪勢な料理を食べたあと、長時間のすきっ腹（ぱら）のあとなどに、私たちが感じる主観的な経験の基盤をなす。（マイクロバイオータのおしゃべりを含め）腸から送られてくる内受容情報の恒常的な流れが、内臓感覚の形成に必須の貢献を果たし、私たちの情動に影響を及ぼすことを示す科学的証拠は、日々集まってきている。

（内臓感覚を含め）感覚とは、脳のいわゆるサリエンス・システムを利用する感覚シグナルを指す。一二三頁でも説明したが、サリエンスとは、環境内で際立つ重要な事物や事象が注意によってとらえられ、維持されるレベルをいう。本書を読んでいる最中にハチが周囲を飛んでいたら、本の内容よりハチに注意を向ける必要があるだろう。さもなければ、ハチに刺されるかもしれない。戸外に響きわたる雷鳴も、本書からあなたの注意を逸らすはずだ。それに対し、音量を絞ったＢＧＭや、戸外のそよ風には気づきさえしないだろう。脳のサリエンス・システムとは、このように、自分の身体に由来するものだろうが、外界に由来するものだろうが、入力されたシグナルが注意のプロセスに入り、意識にのぼるに値するか否かを評価する仕組みである。

吐き気、嘔吐、下痢などの、内臓刺激に関連するサリエンス・レベルの高いできごとには、通常は不快感、場合によっては痛みなどの情動的感情がともなう。このような情動的感情は注意を向けるに値するものであり、何らかの行動を起こす必要のある重要なできごとが起こっていることを、私たちに報せてくれる。しかし情動的感情は、満足、満腹、完全にリラックスしているときの胃の心地良い刺激など、良好な内臓刺激に結びつく場合もある。脳が何かを際立っていると評価する際に適用される閾値（スレショルド）は、遺伝子、幼少期の経験の質、気分（不安であればあるほど、スレショルドは下がる）、身体刺激に対する注意深さ、それまでの人生を通じて獲得されてきた情動体験の厖大な記憶など、さまざまな要因に左右される。しかし、消化器系に端を発するシグナルに関していえば、サリエンス・システムはたいてい、意識的な気づきの埒外（らちがい）で機能する。つまり、消化器系が恒常的に発している無数の感覚シグナルは、脳のサリエンス・システムで処理されるが、そのほとんどは本人の注意を引くことがなく、潜在意識のもとで沸き立つにすぎない。

では、サリエンス・システムは、内臓感覚として意識上に取り上げるべきシグナルを、いかに決定しているのか？　このプロセスに必須の脳領域は、サリエンス・ネットワークの中枢たる島（とう）皮質である。島皮質と呼ばれているのは、この組織が側頭皮質の下に「隠れた島」として存在しているからだ。神経科学者バド・クレイグの画期的なコンセプトと豊富な科学的データに基づいて構築された理論によれば、この脳の「隠れた島」を構成する各領域は、内受容情報を記録、処理、評価し、また、内受

図6

脳はいかに
内臓刺激から内臓感覚を構築するのか

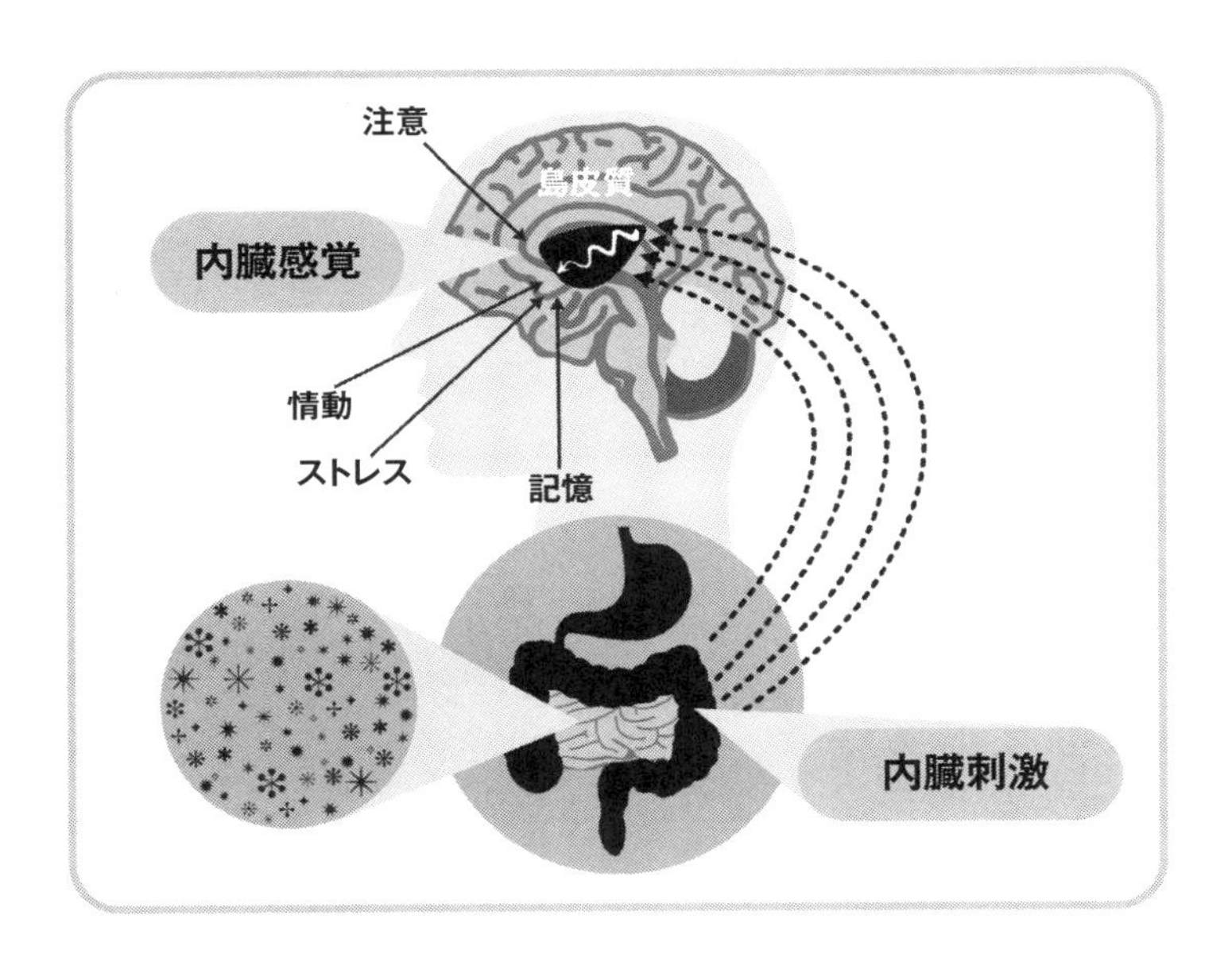

腸とマイクロバイオームから送られてくるシグナル（化学的なもの、免疫系を介するもの、機械的なものなど）は、腸壁に存在する無数のレセプターにコード化されており、神経系（とりわけ迷走神経）や血流を介して脳に送られる。生データともいえるこの情報は、島皮質の後部で受け取られて処理され、他の多くの脳システムに統合される。内臓感覚として気づかれるのは、その情報のうちのわずかな部分のみである。腸に端を発するとはいえ、内臓感覚は、記憶、注意、感情（アフェクト）など、他のさまざまな要素と統合されて形成される。

容情報に反応する役割をそれぞれ果たしている。この途方もない課題を脳が遂行する方法に関する現時点での理解によれば、まず身体イメージの表象が、脳の基底部に位置する、脳幹と呼ばれる神経核のネットワークにコード化される。そこから、その情報の多くは、後部島皮質に達する。この時点におけるイメージの知覚は、身体を構成するあらゆる細胞の状態を反映する、目ではほとんど判別できないモノクロ画像を見ているようなものだ。

実のところ、この粗雑なイメージは、私たちの美的センスに訴えるためのものでもなければ、あれこれ論評するためのものでもない。そこに含まれる情報は、それを発した身体の領域（このケースでは消化管）に向け、脳が定型的で安定したフィードバックを送るために用いられる。その際、データは国家安全保障局と同様なあり方で扱われる。つまり、サリエンス・スレショルドが破られ、情報を精査するよう警告されない限り、保障局に蓄積されている情報には誰もアクセスしない。

次に島皮質のイメージは洗練、編集され、色がつけられる。これは映画を撮影したあと、宣伝用に主演俳優の顔写真を編集する作業に似ている。このプロセス、すなわちクレイグの言葉を借りると、身体に由来する内受容イメージの、より洗練されたイメージへの「再表象（re-representation）」は、プロの写真家の作業にもたとえられる。脳はフォトショップ〔Adobe社の画像データ加工ソフト〕を使う写真家のごとく、感情、認知、注意というツール、ならびに過去の経験を蓄積する記憶データベースを用いて、イメージの質や解像度を高める。編集作業が進むにつれ、脳の注意ネットワークが強く関与するようになり、私たちはイメージに気づき、何かをしようとする動機を抱く。つまり喚起された感情に対処しようと、何らかの行動を導く衝動が生じるのだ。そしてその時点で、脳に送られた内臓刺激や消化管で生じた事象に応じて、私たちは何かを食べる、排便する、休む、駆け出す、体力を節約する、必死に努力するなどといった行動を起こそうとする欲求を感じる。このプロセスの流れが前部島皮質に達すると、身体イメージは、私たちが自己の感覚と結びつけている、身体全体の状態を表わす意識的な情動的感情が持つすべての特徴をまとうようになる。私たちはこのようにして、満足、吐き気、のどの渇き、飢え、満腹感、リラックスした気分、気分の悪さを覚える。神経生物学的観点からいえば、これが真の内臓感覚だ。島皮質はこのプロセスにおいて働きを担ってはいるが、この並外れた課題を単独でなし遂げているわけではなく、脳幹のいくつかの神経核や皮質のさまざまな領域を含め、内受容ネットワークに属する他の脳領域と密接な連携を取りながら遂行している。

だが、脳はそれまでの生涯をかけて蓄積してきた無数の内臓感覚を使って、いったい何をしているのだろうか？　進化が、かくも複雑なデータ収集処理システムを生み出しながら、蓄えた情報をただ廃棄しているだけだとはとても考えられない。内臓感覚の書庫は、四六時中集められている、厖大な量の自己に関する際立った情報からなる。現時点での科学的な見方に基づけば、この情報は、企業や政府機関が保有するデータ収集システムにもたとえられる「爆発的に増大するデータベース」に格納される。脳内で収集されたデータは、きわめて個人的な経験や衝動、あるいはそれらに対する情動反応に関するものであり、誕生時から、あるいは胎児のころから収集されているかもしれない。ほとんどの人はそれに注意を払ったり、その意義を考えてみたりはしないが、これから見るように、このプロセスは内臓感覚に基づく判断に大きく寄与している。

蓄積された情報は、生涯を通じて経験してきた、無数のポジティブ／ネガティブな情動状態を反映する。たとえば情動的な記憶は、私がインドの山奥マナリで体験した激しい腹痛や腹部の不快感のように、自らが下した判断の結果に結びついている場合がある。つまり、このデータベースには、面接の直前に感じた胃の落ち着きのなさ、怒り心頭に発したときやひどく失望したときに腹部に覚えた、締めつけられるような感覚などのデータが保管されている。また、豪勢な食事をしたあとの満足感、強い愛情、みなぎる精力などの、ポジティブな経験に結びついたデータも含まれる。

個人差

内受容と情動認知の関係を調査する実験に参加したとしよう。あなたは脳スキャナーに横たわり、ヘッドフォンを装着し、心拍数を計測する装置につながれたパッドに左手の中指を置く。右手は二つのボタンがついたパッドの上に置く。スキャナーが脳の活動を拾うあいだ、ヘッドフォンを通して一〇連発のビープ音が何度か流される。あなたは、一〇連発のビープ音が流れ終わるごとに、それが自分の心拍と同期していると思った場合は一方のボタンを、していないと思った場合は他方のボタンを押すよう指示される。ビープ音は、実際に心拍に同期していることもあれば、していないこともある。あなたは、同期しているか否かを判別できるだろうか？

数年前、九人の女性と八人の男性を対象にこの実験が行なわれたとき、四人の被験者は、ビープ音と自分の心拍が同期しているか否かに関して絶対的な確信を持っていた。彼らは毎回、同期している場合としていない場合の相違を正確に感じ取ることができた。別の二人は、心拍音痴とでもいうべきか、同期しているかしていないかを、ランダムにしか答えられなかった。残りの被験者は、この二つのグループの中間の結果を示した。

脳画像では、被験者全員に関して、いくつかの脳領域、特に島皮質の右前部に顕著な活動が見られた。その程度は、心拍数を適切に検知できた被験者ほど大きかった。さらに重要なのは、被験者たちが、共感力を測定するための、標準化された質問票を用いた検査で高成績を収めたことだ。つまり、自分の心拍を正確に検知できる人は、さまざまな情動や内臓感覚を、それだけ全面的に経験することができたのだ。いい換えると、内臓に対する気づきの度合いが高ければ高いほど、情動に対する感受性も強い。この実験は心臓からの刺激に焦点を絞っているが、他の内臓刺激にはそれが当てはまらないと考えるべき根拠はどこにもない。

初期の情動の発達

内臓感覚と道徳的直感は、こともあろうに食物に関わる興味深い起源を持つ。飢えは、生存に結びついた原初的な情動であり、善悪に対する感覚を含め、私たちがのちの人生で経験するあらゆる内臓感覚の基盤をなす。

個人的なエピソードを紹介しよう。妻と私は先日、われわれの親友と彼らの成人した娘を招待して、週末にパーティーを開いた。その娘は、生後七か月の赤ん坊ライラを連れてきていた。ライラはたいがい満足そうにしていたが、おなかがすいたり、疲れたり、眠くなったりすると、顔からほほえみや上機嫌な表情が消えた。生後七か月の時点での脳腸相関は、とりわけ脳やサリエンス・ネットワークという面で発達の途上にある。また、腸内微生物は三歳になるまで完全には根づいていない。それでもライラは、未発達のサリエンス・ネットワークが空腹に結びついた内臓刺激をとらえて、ミルクを欲しがる力強い泣き声をあげていた。そしてミルクを与えられると、もとの不快な内臓感覚は、満腹に結びついた新たな内臓刺激が引き起こした、満足感や喜びに変わったのだ。

このエピソードの肝は次の点にある。空腹に結びつく内臓感覚は、環境内の良いもの、悪いものを示すシグナルからなり、誕生時から発達がはじまる。空腹を表現し、食物に対する抑えきれない欲求を引き起こすこの内臓感覚は、新生児が持つ最初のネガティブな原情動なのかもしれない。同様に、プレバイオティクスとプロバイオティクスが多量に含まれた母乳を飲んだあとで覚える満腹感は、もっとも早い時期に経験する心地良さの感覚だといえよう。その他のポジティブな内臓感覚には、母親のやさしい愛撫（内受容の一部）、暖かさ、心地良い音などがある。

内臓から脳に送られるシグナル、すなわち内臓刺激は、幼少期の経験において大きな役割を果たす。またやがて、良いものと悪いものを区別する能力にも関与するようになる。胃は内容物がなくなると、グレリンと呼ばれるホルモンを分泌し、差し迫った空腹感を生む。この刺激は強い衝動と結びついて、他の不快な内臓感覚の基盤をなす。

満腹後の暖かさや、腹式呼吸を実践したり菓子工場でチョコレートの香りをかいだりしたときに胃のあたりに感じる心地良さなど、内臓感覚はポジティブな刺激に結びつく場合もある。

幼少期における満腹や空腹、あるいは快や不快の周期的な経験は、のちに内臓感覚に現われる、良いこと、悪いことに関する倫理的判断の基礎を築くのかもしれない。いい換えると、自分の欲求がどの程度満たされたか、あるいは満たされなかったかが、幼少期に内臓に登記されるのだ。空腹のままゆりかごに一時間ほどほったらかしにされて泣き続けた乳児は、すぐにミルクを与えられてあやされた乳児とは、異なったあり方で世界を知覚するだろう。このように幼少期に経験した内臓感覚は、世界の様相や、そこで生き残るためにするべきことを示すモデルとして機能するのだ。

ジークムント・フロイトも、原初的な欲求に対する実践的な理解を発展させるにあたり、同種の直感を抱いていた。この偉大な精神分析学者は、心や性格の発達を消化管の「入口と出口」の領域に対する固着に結びつけて考えた。彼が提唱した、心の発達の「口唇期」「肛門期」の概念はよく知られている。しかし彼は、消化管全体、およびそこに宿る微生物が送ってくる感覚情報に基づいて、脳が形成する感情の重要な役目を見落としていた。というより、それに関してはようやく最近になって理解されはじめたにすぎない。

＊＊＊

では、幼少期における「良いこと」「悪いこと」の感覚の形成に、腸内微生物の巨大な集合がいかに寄与しているのか？　身体は、身体を構成する細胞の総数を超える兆単位の微生物を宿していることを思い出そう。微生物は、皮膚、歯のあいだ、唾液、胃、腸など、身体の至るところに宿っている。とりわけ内臓感覚の供給源というにもっともふさわしい腸には、一〇〇〇種を超える微生物が宿り、さまざまなレベルで脳に話しかけている。

生後三年間に見られる腸内微生物の生態系の発達を調査する動物実験によって、最近得られた科学的証拠に基づけば、腸内微生物は、世界のどの地域でも、乳児の情動の発達や状態に影響を及ぼしている可能性が十分に考えられる。

いかにしてか？　その一端は、抗不安薬のバリウムに似た成分を含む母乳に関係する。乳児の腸内微生物は、母乳に含まれる複合炭水化物の最適な代謝を行なえるよう適応している。この課題にもっともうまく適応している微生物の一つは、（バリウムの標的でもある脳のレセプターに働きかける）GABAの代謝物質を生成する、乳酸菌の特定の株である。微生物は、内因性のバリウムを産生することによって乳児の脳内の情動生成システムを鎮静化し、激しい空腹感を和らげるための支援ができる。

また母乳は、乳児の宿す発達途上のマイクロバイオームに必須なばかりでなく、乳児の健康感にも寄与する複合糖類を成分として含む。ラットの新生児に砂糖水を与えると、腸や口内の甘味レセプターが、脳に送る刺激を生み出す。すると痛覚感受性を低下させる内因性オピオイド分子が分泌される。おそらくラットは、それによって満足感を覚えるのであろう。人間の乳児にも、同じことが当てはまるはずだ。

人間の脳の独自性

人類を特別な存在たらしめている要因は何かという議論は、何度も繰り返されてきた。「直立歩行する」「他の指と対置可能な親指を持つ」「脳が巨大だ」「言語を操る」「頂点捕食者である」などだ。しかし、内臓感覚や直感的な判断に関する議論に的を絞ると、私たちの脳には二つの注目すべき特徴がある。

前部島皮質とそれに密接に結合する前頭前皮質（サリエンス・ネットワーク、および内臓感覚が形成、蓄積、回収される領域の中枢をなす）の大きさと複雑さは、人間と他の動物とをもっとも顕著に区別する。前部島皮質の相対的な大きさという点で人間にもっとも近い動物は、ゴリラの特定の種をはじめとする類人猿、それに続いてクジラ、イルカ、ゾウであり、いずれの動物の脳にも、情動、社会、認知に関する機能があることが広く知られている。だから、アニマルプラネット（動物と人間、環境をテーマにした専門チャンネル）の番組でよく取り上げられるのだ。

しかし、人間の脳にはもう一つあまり知られていない特徴がある。島皮質の右前部とその関連構造にくるまれた、特殊な細胞の存在だ。この細胞は、大型類人猿、クジラ、イルカ、ゾウ以外の動物には見つかっていない。一九二五年に初めてこの組織を観察した科学者の名をとって、フォン・エコノモ・ニューロン（ＶＥＮｓ）と呼ばれる、この密接に結合した太く大きなニューロンは、迅速な直感的判断を可能にする構造と見なされている。

ここでは、即断を可能にするこのニューロンをわかりやすく「直感細胞」と呼ぶことにしよう。直感細胞は、誕生の数週間前に脳内に少数出現する。研究によれば、人間は誕生時におよそ二万八〇〇〇個、四歳になるころには一八万四〇〇〇個、成人後は一九万三〇〇〇個ほどの直感細胞を持つ。ちなみに類人猿の成獣は、一般に七〇〇〇個程度である。

直感細胞は右脳に多く分布し、右前部の島皮質には、左島皮質に比べて三〇パーセントほど多く存在する。どうやら直感細胞は、サリエンス・ネットワークから他の脳領域へと迅速に情報を伝えるべく設計されているらしく、社会的な絆の形成、不明瞭な状況下での報酬への期待、危険の探知などに関与する脳の化学物質に結合するレセプター、さらにはセロトニンなどの腸を本拠地とするシグナル分子と結合するレセプターを備えている。このネットワークに関わる物質はすべて、直感の成分ともいえよう。ブラックジャックで賭けをしているときに、ツキが変わりつつあると感じたら、直感細胞が活動しているのだ。

フォン・エコノモ・ニューロン研究の第一人者、カルテックのジョン・オールマンの主張によれば、人は誰かに会うとき、その人物が何を考え、感じているのかを対象に心的モデルを構築する。初対面の人に出会った際には、内臓感覚、ステレオタイプ、閾下(いきか)の知覚などで構成されるデータベースを参照しつつ、その人物に対する直感的イメージを即座に形成し、それから数秒、数時間、数年をかけて、徐々に合理的判断を築いていくのである。現在では、即断するときには前部島皮質や前帯状回が活性化することが知られている。これらの脳領域は、痛み、恐れ、吐き気、あるいは何らかの社会的情動を経験している最中にも活性化する。何かがおかしいと思ったときにも直感細胞は発火し、変化した状況に応じて直感的な判断を再調整するよう導く。ユーモアは不確実な状況を解消し、緊張をほぐし、信頼を生み、社会的な絆の形成を促進する。

直感細胞を動員する高速コミュニケーションシステムは、複雑な社会組織のもとで暮らすようになった哺乳類に、内臓感覚に基づく判断を行なう能力を付与した。これは、急速に変化する社会的状況に即座に反応し、適応できるようになる進化だと考えられている。このように、直感細胞、すなわちフォン・ニコノモ・ニューロンは、社会行動、直感、共感に関与していると考えられるため、その異常が、社会関係を構築する能力や共感能力の低下を含め、自閉症スペクトラム障害の生理学的要因の一部をなしているとする説もある。直接的な科学的裏づけは現在のところないが、脳のフォン・エコノモ・ニューロンシステムの発達が、誕生後数年間のマイクロバイオータの構成と機能の変化、ならびにそれが脳に送るシグナルの変化に関係している可能性は、十分に考えられる。腸と脳のコミュニケーションの異変が、特定の形態の自閉症に関与していることが長く知られており、自閉症のマウスモデルを使った最近の研究では、腸内微生物と脳のあいだで送られるシグナルの異変が、自閉症のような行動の主要因をなす可能性が示唆されている。

動物には内臓感覚があるか

私たち人間は、きまりの悪さ、罪悪感、恥、自尊心などの社会的情動の存在を自明なものとし、動物、特にペットにもその考えを投影する。愛犬家は、自分の飼っている犬が、恥、嫉妬、怒り、愛情などの情動を、人間と同じように経験していると必ずやいい張るだろう。

しかし、脳の解剖学的特徴を精査すれば、動物にはこれらの情動を経験する能力が備わっていないことがわかる。彼らの脳は、そうは配線されていない。前部島皮質、および前部島皮質とその他の皮質領域、とりわけ前頭前皮質の相互作用が人間に授けている情動に対する気づきの能力は、人間にしか認められない。イヌも島皮質を持つが、その前部の構造や機能は原始的なものにすぎない。イヌにおいては、腸に由来するものを含め、体内で生成された刺激は、前部島皮質ではなく脳の基底部や皮質下の情動中枢で統合される。イヌや他のペットは明らかに情動的に振る舞うが、情動に対する気づきを得ているわけではない。この事実を受け入れるのは困難かもしれないが、いくらペットが示す情動表現が人間的に見えたとしても、ペットは人間と同じ経験をしているわけではない。

自分独自のグーグルを構築する

情動的なできごとの記憶が、私たちの脳に、小さなYouTubeの動画として蓄えられているとしよう。この動画には、任意の瞬間のビジュアルデータばかりでなく、それに結びついた情動、身体、注意、動機などに関する情報も含まれる。私たちは、できごとが起こった日時や、そのときの細々とした状況についてはほとんど覚えていない。無数のビデオクリップ、すなわち「ソマティックマーカー」が脳内のミニサーバーに蓄えられ、動機づけられた状態にリンク（注釈づけ（アノテート））されている。つまり、ネガティブなマーカーは不快感や回避の動機づけに、ポジティブなマーカーは満足感やそれを求める動機づけに結びついている。

私たちが内臓感覚に基づいて判断するとき、脳はグーグル検索のごとく、情動的なできごとを記録した無数の動画が保管されている動画ライブラリーにアクセスする。いい換えると、どんな判断を下す場合でも、起こりうるすべての良い結果と悪い結果を意識的に評価するなどという、時間のかかるプロセスは必要とされない。何らかの行動が求められる場合、脳は、過去に類似の状況が起こった際に形成された情動的な記憶に依拠しながら、どの反応がいかなる感覚を生むのかを予測する。この確率的な予測プロセスは、不安、痛み、気分の悪さ、悲しみなどの不快感を結果として生むような反応を回避して、心地良さ、幸福感、気遣われているという感覚などの記憶と結びついた反応をするよう導いてくれる。このメカニズムによって、私たちは迅速に判断できるばかりでなく、再度同じことを経験する心理的な負担を強いられることなく、過去の教訓から恩恵を得られる。苦痛に満ちた不快な経験を常時繰り返さなければならないのなら、正気を保つことなどできないだろう。

女性の直感

医師としての私の経験からいえば、女性の多くは、男性に比べ、自分の内臓感覚に耳を澄ませ、直感的な判断を下すことに長けているように思われる。情動処理の性差や、慢性疼痛の蔓延に対する関心によって、痛みや情動的な刺激に対する脳の反応における性差の特定を目的とする一連の研究が、アメリカ国立保健研究所の資金援助を受けるようになった。

さまざまな政治的、実践的理由のせいで、女性と男性のあいだの生物学的差異を調査する研究の多くは無視されてきた。というのも、女性の脳は、痛みや情動的な刺激、あるいは医療に対して男性の脳と同じように反応すると無条件に前提されてきたからだ。しかし私たちのグループ、および他のグループの研究では、女性は男性に比べ、腹痛のような身体刺激や、悲しみ、恐れなどの情動的感情に対する、脳のサリエンス・システムや情動喚起システムの感受性が高いことが示されている。このような性差が存在することの説明の一つとして、女性は月経、妊娠、出産などをめぐる生理的な苦痛や不快感の記憶を蓄積しているからだとする説がある。この説によれば、苦痛が引き起こされそうな状況に置かれると、参照対象となるソマティックマーカーのライブラリーが男性のものより大きいために、女性の脳のサリエンス・システムは、その種の記憶をより多く受け取るのである。

内臓感覚に基づく判断はつねに正しい?

私たちが内臓感覚として知っているものが真なら、もしくは少なくとも真と見なすのが妥当なら、「最善の判断は、内臓感覚に基づくものである」といえるのだろうか?

その答えは、「イエス」でもあり「ノー」でもある。内臓感覚は、私たちが考えている以上に、自分自身の経験や学習で獲得した知識から情報を引き出している。しかしその反面、トラウマ経験、気分障害、宣伝広告などの、外部からのさまざまな影響によっていとも簡単に攪乱される。

たとえばテレビでは、あなたの内臓感覚を標的に、ハンバーガーやら薬やら健康食品やらを売り込むコマーシャルが四六時中流されている。巧妙に設計されたコマーシャルは、何らかの報酬を暗黙裡にに約束するイメージを提示することで、視聴者の注意を引きつける。そのようなイメージは、内臓感覚や自己の経験に基づく情報を格納するライブラリーに自然に蓄えられる。

一例を示そう。「選び上手なママが選ぶジフ」というピーナッツバターの宣伝文句があったとする。子どもの健康を考えて選び上手であろうとすることは、たいていの親が持つ内臓感覚であり、それ自体にケチをつけるいわれはない。だが広告会社は、視聴者の忙しさにつけ込むことで、その種の基本的な内臓感覚を乗っ取ろうとする。みごとに乗せられた視聴者は、与えられた情報を強化し、単純化することもあろう。「子どもに食べさせるものを上手に選ぶ」という内臓感覚に基づく欲求は、脳内で「選び上手なママが選ぶジフ」という宣伝文句と結びついて、「ジフを選べ」と命ずる指令と化す。そしてそれが、内臓感覚そのものと取りちがえられるのだ。したがってここで問われるべきは、「内臓感覚は信頼に足るのか？」ではなく、「どうすれば真の内臓感覚を正しく同定できるようになるのか？」である。内臓感覚に基づく瞬間的な直感を形成する神経回路は、複雑な社会で生きることを可能にする方向へと進化してきた。今日の課題は、何が自分にとってほんとうに有意義なのかを、内臓感覚を介して正しく理解することにある。

内臓感覚に基づいて予測や判断を行なう私たちの能力は進化の副産物であり、脅威に満ちた危険な世界では、悪いことが起こりそうだと考える傾向が強いほうが、生存においては優位性が得られる。しかし、生命を脅かす身体的な危険が、日常生活における心理的ストレスで置き換えられた今日の先進諸国では、そのようなシステムは適応不全を引き起こす。その結果今日では、内臓感覚に基づくネガティブな判断のために、不満や健康問題が引き起こされているのである。

フランクのケースはそのいい例だ。彼は顧客とのランチミーティングに、いやいやながら出席しなければならなかった。初めて行くレストランで何が起こるかを考えると不安が高じ、それに結びついた胃腸症状が現われてミーティングどころではなくなることが、彼にはわかっていたからだ。この現象は「破局化」と呼ばれる。要するに最悪の事態（このケースでは重度の胃腸症状の発現）が生じるにちがいないと、脳が内臓感覚に基づいて（誤って）予測するのだ。アポを受けた瞬間、未来のできごとに対する嫌な先入観が直感的に生じ、それ以後、彼は合理的に状況を把握することができなくなる。ちなみに破局化は、もっぱらネガティブな刺激にばかり注意が向けられるようになった、うつ病や慢性疼痛を抱える患者にもよく見られる。なかには、内臓感覚に基づいて自分の健康に資する判断を下す能力を完全に喪失してしまった患者もいる。

私たちが判断を下すとき

ワインの選択には、あなたの判断様式にしたがって三つの戦略がある。

一つは線形（リニア）的な戦略で、このやり方では、ワインテイスティング講座を聴講したり専門家が書いた本を読んだりしながら学んだ知識（ビンテージ、加糖量、熟成度など）に基づいて、合理的な判断を下す。それに対し、内臓刺激を頼りにする人は、においをかいだり味わったりすることによって、さまざまな風味や香り（チョコレートからラズベリーやシナモンに至るまで）を検出する、先天的もしくは学習して獲得した能力に基づいて判断する。最後に、直感的な内臓感覚に依拠して判断を下す人がいる。彼らは、それまでの生涯を通じて蓄積してきた、ワインに関する情動的な記憶が収められた巨大なライブラリーを持つ。そこに貯蔵された記憶には、トスカーナ地方やプロヴァンス地方の小さな町で経験した楽しい思い出や、友人たちと豪華な料理とともに味わった素朴な赤ワインの思い出などが含まれる。さらには、レストランの周囲に広がるラベンダー畑の思い出や、野外で食事をしている最中に雷雨が襲ってきたために、あわてて屋内に避難した記憶なども含まれる。このような楽しい経験を味わっている最中に生じ、蓄積された内臓感覚は、ワインの味覚（内臓刺激）のみならず、そのときの文脈（美しい風景）や気分（リラックスしていた、幸福だった、恋愛中だった）も含む。

採用する戦略のタイプによって、ワインを購入する際の態度も変わる。合理的な判断に依拠する人は、インターネットを検索し、価格、年代などの情報を論理的に比較吟味する。内臓刺激に依存する人は、ワインテイスティングルームに行って、極上の風味や香りを持つブレンドを見つけようとするだろう。直感的な人は、ワインの生産地で経験したできごとの記憶や、友人とワインを飲んだときの記憶に強く左右されるはずだ。

夢を通じて内臓感覚にアクセスする

内臓感覚をもとに作成された個々の小さなビデオクリップを寄せ集めて自分の人生のドキュメンタ

リー映画を編集できたら、鮮明かつ魅力的な自伝を鑑賞することができるだろう。……とは単なる空想にすぎないが、どうすれば心のなかのライブラリーを実際に閲覧できるのだろうか？　日常的にそんな感動的自伝映画が頭のなかで再生されていたら、気が散って仕事も手につかないはずだ。その種の映画を観るのにはるかに適しているのは、仕事や家族や友人にわずらわされず、身体が一時的にオフラインになり、恐ろしいシーンが上映されても手足が動かない、夜間だ。事実、情動の映画が上映されるのは私たちが夜間眠っているとき、すなわち夢を見ているときである。

夢見の体験は、あたかも映画を観ているかのようであり、見た夢を思い出せる人なら誰でも、人間の脳はなんと優秀な映画監督かと思うことだろう。もっとも鮮明な夢は、レム睡眠と呼ばれる期間に生じると一般に考えられている。レム睡眠中、呼吸は不規則かつ浅くて速くなり、目はさまざまな方向に急激に動き、脳は極端に活性化する。また、自己に関連するストーリーが展開される情動に満ちたカラー映画が、頻繁に上映される。

睡眠中の被験者を対象に行なわれた脳画像研究では、レム睡眠中に活性化する脳領域には、島皮質や帯状皮質などのサリエンス・ネットワークを構成する領域、ならびに扁桃体などの情動を生成する領域、海馬や眼窩前頭皮質などの記憶を司る領域、イメージの形成に必須の視覚皮質が含まれることが示されている。それに対し、前頭前皮質や頭頂皮質などの、認知や気づきに関与する領域や、随意運動をコントロールする領域は、非活性化する。つまり麻痺状態になるのだ。したがって、夢のなかの自分が逃げ出したくなったり、誰かの顔を殴りたくなったりしても、ベッドからころげ落ちたりはしない。まれな睡眠障害を持つ人でなければ、夢のシーンを実際に演じることはできない。

注目すべきことに、夢を見ている最中に身体の機能がオフになっているあいだは、それ以外のいかなる期間と比べても、「脳−腸−マイクロバイオータ」相関の活性化の度合いが高い。蠕動は睡眠中にフル稼働し、腸内微生物を取り巻く環境（そしておそらくはその代謝活動）を劇的に変える（第2章で説明したように、蠕動とは、消化管に食物が残っていないときに、九〇分ごとに腸全体にわたって生じる強力な収縮と分泌をいう）。現在知られているところでは、蠕動による収縮波は、腸内でのシグナル分子の大量放出や、腸と脳を結ぶさまざまな経路を介した脳への情報の伝達に関係する。現在のところ科学的な証拠はないが、腸や腸内微生物が脳に送るシグナルの激しい流れが、その過程で放出される神経伝達物質とともに、夢に情動的な色合いを付与するのに一役買っているのかもしれない。

だが、なぜ夢が重要なのか？　ある理論によれば、レム睡眠中に見る夢は、情動的な記憶の種々の側面を統合し強化する。後述するが、夢の分析は、内臓感覚に触れ、内臓感覚に対する信頼を確立するための一つの方法なのである。夢の役割や重要性に関しては、他にもさまざまな仮説があるが、その機能の一つは、内臓感覚という形態で日中に蓄えた情動的記憶の強化だとする見方は、この分野で蓄積されてきた多くの科学的なデータと合致する。たとえば最近の興味深い発見の一つによれば、脳腸相関は、おそらくはマイクロバイオータが発したシグナルとともに、レム睡眠と夢の状態の調整に重要な役割を担っている。だから寝る直前に食事をしたり、真夜中に目覚めて冷蔵庫をあさったりしたときには、その行為が、夢の上映や、体内データベースの更新に思わぬ影響を及ぼす可能性があることを思い出そう。

人生の進路の選択という重大な決断を迫られた四半世紀前の数年間、私はユング派のセラピストによる精神分析を受けていた。カール・グスタフ・ユングは、スイスのチューリッヒにあるブルクヘルツリ病院に在籍していた高名な精神分析家で、ジークムント・フロイトと同時代人だった。ユングは、共有された（集合的）無意識や、普遍的かつ無意識的なイメージ（元型とも呼ばれる）からなり、私たちの行動を導く生得的なパターン、あるいは内向性と外向性などの対立的な心的傾向を統合するプロセスを通した個性化の概念などで知られる、精緻な心理学体系、分析心理学の創始者である。彼は夢分析を、無意識にアクセスするための主要な戦略と見なしていた。私は対立的な心的傾向を統合するプロセスを、内臓感覚に触れ、それに対する信頼を育む戦略に絡めてとらえている。

私は当時、ユングの著した夢分析の本にずいぶん魅了されたが、週に一度のセッションで自分の見た夢についてセラピストに尋ねられると、たいていうまく答えられなかった。私は、自分の将来について合理的な判断が下せるようになろうとセラピーをはじめたのだが、担当のセラピストはつねに、内面を見るよう、そして夢から答えを得るようにと私を諭（さと）した。

自分の見た夢について何も書き留められず、週に一度のセラピーを受けに行く道すがら、セッションで話す材料が何もないのを恐れながら車を運転していたことが何度かある。しかしセラピーを開始してから数か月が経過すると、目覚めたあとで覚えている夢を見る回数が着実に増え、また、夢の内容も細かくかつ鮮やかになり、毎晩見る「内面の映画」の美しさ、ストーリーの巧みさ、複雑さに驚かされるようになった。やがて、強い感情に結びついたもっとも精緻な夢は、自分にとってもっとも深い意味のある夢だということがわかった。こうして、毎朝目覚めたときにその晩見た夢を書き留めて、一人で、あるいはセラピストと一緒にそれについて考えることで、私は情動的な記憶のデータベースにうまくアクセスできるようになり、また、重要な判断を下すときには、自分が見た夢に反映されている内面の知恵を、友人や同僚の助言以上に信頼するようになった。

とはいえ、内臓感覚に触れるための方法は夢分析以外にもあり、ユング派セラピストの精神分析を受けるより、はるかに簡単で安価な自己トレーニング方法を活用することができる。その一つに、エリクソン催眠がある。著名な催眠療法家ミルトン・エリクソンは、催眠を引き起こすストーリーを、意識的で合理的な脳の側（左）と、無意識的で賢明な側（右）に交互に聞かせることによって、被験者をトランス状態に置くことに長けていた。催眠状態に置かれているあいだ、被験者は無意識的な脳の側を次第に信頼するようになり、合理的で線形的な思考メカニズムによってものごとをコントロールしようとする試みをやめるようになった。催眠は、外部に注意を向けるモードから内省モードへと脳をすばやく切り替え、トランス状態を引き起こすのに非常に有効なばかりでなく、エリクソン催眠のセッションを何度も受けると、トランス状態に置かれていなくても、重要な判断を下す際のあり方がそれまでとは変わる。こうしてエリクソンの被験者は、内面の知恵を信頼し、それに従って判断することを次第に学んでいったのである。

結論

私たちは、これまでに蓄積してきた厖大な科学的データで生物学的基盤が裏づけている事実を特に意識せずに、日常会話で「内臓感覚」という言葉を頻繁に使う。この腸と脳の対話の質、精度、偏りは、人によって異なる。高い精度で記録され、閾下で再生される内臓感覚もある。意識にのぼることはめったにないとはいえ、そのような記録は、夢と同様、背景をなす感情状態の形成に重要な貢献を果たしているはずだ。それに加え、内臓からのシグナルに、普通の人より敏感で気づきやすい人もいる。彼らは自分でも「敏感な胃」を持っていると思っていたり、母親から「いつもおなかの具合が悪い子だね」などといわれたりする。なかには、胃腸の過敏性と折り合っていくことを学び、そのような体質を自己のパーソナリティの一部として受け入れている人もいる。彼らは、「食べ物や薬に他の人より敏感で、不安になると胃のあたりが落ち着かなくなる」というだろう。また、脳が内臓からの異常なシグナルを常時洪水のごとく受け取って不適切な内臓反応を生むことが原因で、ＩＢＳなどの胃腸障害を発症する人もいる。

内臓感覚に触れること、またそれに基づく一連の個人的な記憶が直感的な判断に関与しうるという点を十分に理解すること、さらには食事や投薬などを通じて腸内微生物の活動に影響を及ぼすと、情動や未来に向けての姿勢も左右されるという点を肝に銘じておくことによって、私たちは、「脳－腸－マイクロバイオータ」相関の巨大な可能性を十分に活用できるようになるだろう。

内臓感覚に基づく判断の重要性を考えると、この並外れた能力を鍛錬するための正式な方法がないのは不思議に思われる。学校では教えてくれないし、内臓感覚に耳を傾けるよう子どもに諭す親もほとんどいない。それよりも、論理的思考の重要性を強調するだろう（衝動的な青少年には、論理的思考が貴重なスキルであることは否定すべくもないが）。現代社会の究極の信条は、「世界は線形的で予想可能だ」「世界に関する情報を十分に手にしさえすれば、最善の判断を下せる」という前提に基づいて合理的な意思決定を行なうことにある。しかし私は、直感的な判断の生物学的基盤に関して十分な理解を得て、そのスキルの改善にいくばくかの心的エネルギーを費やすことを価値ある目標として掲げるようになれば、内臓感覚に基づいて判断する能力や傾向を高められるはずだと固く信じている。

第3部

脳腸相関の健康のために

第8章

食の役割

世界中どこに行っても、食は社会生活の中心にある。休日には家族で食卓を囲み、一家団欒を楽しむ。たまたま夕食をともにした人と親友になることもある。いつかのディナーパーティーが、人生の転機となるかもしれない。

だが現代社会において生活ペースが速くなるにつれ、食習慣も変わってきた。家族と食卓を囲んで夕食をとるより、ひとりでファストフードや冷凍食品や菓子を食べたり、ボタン一つで注文した料理が運ばれてくるレストランで外食したりすることが増えた。近年アメリカでは、多くの人々が、食事のような生活の核となる営みまでがどうにも不自然になったと感じている。このような傾向への反動として、自然食レストラン、農産物直売所、スローフード運動〔伝統的な食文化や食材を見直す運動〕などの形態で、近代化の過程で失われてしまった良きもの、自然なもの、健康なものを取り戻そうとする強い願望が顕著に現われるようになってきた。

では、失われたものを取り戻すにはどうすればよいのか？　最新の科学的知見を見なおすことからはじめよう。数百万年にわたり、私たちの消化器系、腸内微生物、脳は共進化を遂げ、健康に良い食物を探索、収穫、調理し、健康に悪いものを回避する直感的能力を磨き上げてきた。そしてそのほとんどの期間、人類は狩猟や採集で食物を獲得していた。では、太古の狩猟採集民の食習慣は、現代の私たちに正しい指針を示してくれるのだろうか?

それとともに思い起こすべきは、人類はとてつもなく多様な食習慣に対応できることだ。タンザニアの狩猟採集民が手で摘んだ根茎、木の実、果物から、肉を嗜好するイヌイットが捕獲したアザラシ、クジラ、イッカクに至るまで、世界各地の伝統社会では、実に多様な食習慣がこれまで何代にもわたって維持されてきた。それとは対照的に、農耕民は小麦、トウモロコシ、コメなどの主要作物に加え、野菜やいくぶんかの肉類、そして場合によっては家畜が生産するミルクや、それを原料とするチーズ、ヨーグルトに依存してきた。消化器系の多様性のゆえに、人類は、気候や環境が著しく異なるさまざまな地域で、生存に必要な食物を見つけることができたのだ。

それを可能にした要因の一つは、人類の持つ驚異的な消化管、および神経系という計算メカニズムと消化管の結びつきである。進化は数百万年かけて、私たちが飲み食いするものすべてを感覚としてとらえ、認知し、脳内の統制中枢へと送られるホルモンや、神経インパルスのパターンにコード化する消化管の能力を完成させてきた。しかし本書で見てきたように、消化能力には、小腸が吸収できない食物の一部を処理してくれるマイクロバイオータの働きが大きく関与している。集合的にとらえれば、ヒトマイクロバイオータは途方もなく多様であり、その適応性は驚異的だ。そして数百万年の進化の過程を通じて、消化のプロセスに不可欠な構成要素になったのである。

今日のアメリカでは、人工甘味料、乳化剤、香味料、着色料、過剰な脂肪分、活性グルテンを多量に含む高カロリーの不自然な食べ物を口にせずに、日々を送るのはむずかしい。何を食べるかがマイクロバイオータの働きを左右することを考えると、次のような問いが頭に浮かぶ。身体の進化の基盤になってきた食事法を採用した場合、マイクロバイオータはどう変化するのだろうか？　私たちの祖先のマイクロバイオームは何を語っているのか？　それについて今から知ることは可能なのか？

実のところそれは可能だ。私たちの祖先が何を食べていたかを知ることは、心身の健康にもっとも資する食事とは何か、具体的にいえば、高脂肪／高タンパク質／低炭水化物を心がけるのが良いのか、果物と野菜が多い雑食主義か、完全菜食主義（ヴィーガン）なのか、はたまた折衷的かつおいしい地中海式食事法（ダイエット）なのか？　このきりのない議論に一定の答えを与えてくれるかもしれない。またそれを知れば、腸、腸内微生物、脳が調和しつつ共存していたころの状況がある程度わかるだろう。すなわち、人類が進化する過程で、いかなる食習慣が形成されていったかがわかるはずだ。

それを知る方法の一つは、数万年の進化の過程を経て私たちの身体を形作ってきたものとそれほど異ならない食習慣を手はじめとして、先史時代の生活様式を現在でも維持している、ヤノマミ族やマラウイ人のような狩猟採集民や農耕民を研究することである。

ヤノマミ族の食事レッスン

かれこれ四〇年以上前のことだが、私はヤノマミ族の生活や食習慣をじかにこの目で見るという、稀有な体験をした。ベネズエラのジャングルの奥深くへと数千キロメートルにわたって分け入り、アマゾン熱帯雨林の一部をなす、オリノコ川上流地域で暮らす原住民の集落を訪れたのである。

その熱帯雨林での体験は、メリーランド州ベセスダで二〇一三年に開催された、「ヒトマイクロバイオームの科学——未来に向けて」と題された会議に参加した折に不意によみがえってきた。登壇者の一人に、分娩方法のちがいが新生児のマイクロバイオータに与える影響を論じた画期的な論文を発表して世界的に知られる、生態学と微生物学を専攻する科学者マリア・グロリア・ドミンゲス＝ベロがいた。彼女はまた、南米の先住民や北米の都市住民など、さまざまな集団を対象に腸内微生物の構成を比較する論文を発表した、科学者チームの一員でもあった。

彼女がオリノコ川周辺で暮らす原住民のスライドを映し出したとき、私は目を疑った。身体的な特徴がはっきりしていて、僧侶のような独特の髪型をした背の低い原住民の画像を見た瞬間、ヤノマミ族を撮影する探検隊のアシスタントカメラマンとしてドキュメンタリー映画制作者から誘われた、一九七二年の記憶がよみがえってきたのだ。当時の私は大学一年生だったが、一学期間大学を休んで、このまたとない探検に参加することにためらいはなかった。

そのころの私には、当時は全貌がほとんど知られていなかったマイクロバイオータについてはもちろん、考古学や薬学の知識もほとんどなかった。探検に参加した主たる動機は、純粋に冒険がしたかったことと、ドキュメンタリー映画制作に魅力を感じたことだ。しかし、探検に参加するべくヤノマミ族に関する知識を詰め込んでいるときに、添加物として塩をまったく用いないというヤノマミ族独自の食習慣を知った。ヤノマミ族の塩分消費量の低さを、高血圧やそれに起因する症状がほとんど見られないという事実に結びつける研究もいくつかあった。その後、腸とマイクロバイオームと脳の複雑な対話に関する研究や診療を数十年間続けてきた私は、ヤノマミ族の食事には、それよりはるかに興味深い側面があることに気づいた。つまり彼らの食事は、身体の健康ばかりか、心や行動にも影響を及ぼしていることがわかったのだ。

この個人的な体験をわざわざ紹介したのは、ヤノマミ族が、数万年前の先史時代の生活様式を現在でも維持する数少ない民族の一つだからだ。彼らの食習慣やマイクロバイオームの研究は、人類と微生物が共生を開始した太古の時代を垣間見るための窓を開いてくれる。また、私たちの腸内に宿る微生物がいかに進化したかについて、そしてそれが今日の私たちの健康に及ぼしている影響について、手がかりを与えてくれるだろう。

撮影チームの二人のメンバーとともに、私はヤノマミ族の村で二か月暮らした。そのあいだ、食料をいかに得て、調理し、食べるのかなど、彼らの日常生活を観察できた。彼らが日頃食べているものを調査したり自分でも味わってみたりもした。また、父親と新生児の愛情に満ちた触れ合いや、重要な祝賀の集まりで繰り広げられる儀式的で暴力的な殴り合い、隣村との戦争の準備など、彼らが示す独特な情動的態度を観察することができた。

村人全員がわれわれの頭、顔、腕に触る、長く騒々しい歓迎の儀式にまず参加し、各人にハンモックが割り当てられたあと、村人たちは——バックパックに詰め込まれたものには何にでも触りたがる子どもを除けば——、撮影チームのメンバーをほとんど無視していた。これは、彼らの日常生活を観察したり撮影したりするのに、とりわけ狩猟や採集に関する村人の活動を調査するのに好都合だった。ヤノマミ族は、狩猟採集活動に厳密な分業制を適用している。男たちは、鳥、サル、シカ、イノシシ、バク（すべて体脂肪が非常に少ない野生動物）を狩り、生活時間の六割をそれに費やす。われわれは、早朝に数人の男たちが弓矢を持ってシャボノ〔ヤノマミ族が使う小屋〕を出て、その日遅くなってから獲物を携えて帰ってくるところを何度も見かけた。獲物の肉は焼かれるが、油や動物性脂肪を使わないのでフライにはしない。女たちは、バナナの一種のプラタノ（南米に見られるバナナに似た果物。バナナより大きい）と一緒に、家族が日常使っている場所に立つポールに肉片（サルの頭、ヘビ、カエル、鳥など）をかける。

家族全員が、時刻に関係なく、蓄えられた食物をかじっているところをわれわれはよく見かけた。一緒に食べないかと誘われることもあった。森林には多くの野生動物が生息しているにもかかわらず、ヤノマミ族の食生活で動物性食物が占める割合は低い。ガイドの説明によれば、ヤノマミ族は家畜を食べない。動物はおもにペットとして飼われ、鳥類の卵は、宗教的な目的のためか、祝賀の際に使われるだけだ。女たちは栽培に従事し、サツマイモの一種、プラタノ、タバコを育てている。われわれは森への遠征に同行し、彼女たちが幼虫、シロアリ、カエル、ハチミツ、若木を採集する様子をフィルムに収めた。清流での漁獲りには男女とも参加する。いずれにせよ、食物を調達するためには、遠出をしたり森のなかを走ったりと相当な労力が必要とされる。高温多湿の環境下で、彼らの活動についていくのは大変だった。

ヤノマミ族は、高度な多様性によって特徴づけられる森林に依存しながら暮らしており、マイクロバイオームにも多様性が反映されている。果物と野菜からなる食事に加え、彼らは食用とは別のさまざまな目的で植物を用いる。たとえば、植物から抽出した毒をもとに毒矢を製作して狩猟や漁獲に用いたり、食用の他に薬用、催幻覚のために数百種類の植物、木の実、種子を採集したりしている。彼らはまた、調理に発酵の原理を応用し、自然が与えてくれる微生物の恩恵を受けている。自然な発酵作用でアルコール飲料を作るべく、村人の一団が丸木舟のなかで大量のプラタノをすり潰しているところを、われわれは見た。こうしてできたアルコール飲料は、男たちが大量に飲む。もちろん、それによって行動が変化するのは私たちと同じだ。おそらくヤノマミ族は、数世紀にわたる試行錯誤を経て、食物や薬草に含まれる成分が特定のシグナルを生み、腸と脳の双方に影響を及ぼすことを学んだのではないだろうか。

概していえば、ヤノマミ族の食事は野菜中心で、ときおり肉類を食べて栄養バランスを補っている。アメリカで市販されている牛肉や豚肉の高脂肪加工製品とは異なり、ヤノマミ族が食べている肉は、脂肪分の少ない健康な野生動物から得られたものである。彼らは、テレビや新聞で栄養に関してうんちくを傾ける専門家とはまるでちがう世界で日々を暮らしているが、野菜、果物、そして折に触れて口にする魚類や低脂肪の肉類からなるヤノマミ族の日常食は、『これ、食べていいの？——ハンバーガーから森のなかまで：食をえらぶ力』（小梨直訳、河出書房新社、二〇一五年）で著者マイケル・ポーランが述べる、「おもに野菜を、そして食べ過ぎないこと」という助言にも合致する。

だからといって、「私たちは狩猟採集民に戻るべきだ」といいたいわけではない。最適な健康を維持するために、パレオダイエット（狩猟採集社会の食事を真似る健康法）を実践する必要があるとも思わない。狩猟採集生活を続ける原住民は成長が妨げられ（森で狩猟採集生活を営む民族にはそのほうが都合が良い）、平均寿命は私たちよりはるかに短く、戦争やそのときの負傷で命を落とす者も多い。とはいえ、彼らの生活様式を観察していると、食習慣とマイクロバイオームの結びつきが、健康増進にきわめて重要であることがわかる。

アメリカ的日常食は腸内微生物に有害か？

肉類の割合が低く植物性食物が主体になる低脂肪食は、マイクロバイオータの健康に資するのだろうか？　現代のアメリカ的な日常食は、マイクロバイオータに悪影響を与えているのか？　このような問いに対する科学的な回答は、ここ数年になって得られはじめたにすぎない。

数年前、ターニャ・ヤツネンコとマリア・グロリア・ドミンゲス゠ベロ、およびワシントン大学のジェフリー・ゴードンが率いる研究チームは、ヤノマミ族と同じアマゾン川流域に住む民族グアイーボ族、南アフリカの国マラウイの農耕民族、そしてアメリカの都市住民の腸内微生物の構成を調査した。彼らは「メタゲノミクス」と呼ばれる最新の研究方法を用いて、便のサンプルから微生物を分離して遺伝物質（ＤＮＡ）を抽出し、自動分析技術を用いて細菌の持つすべての遺伝子を特定した。その結果、南米の原住民とマラウイの農耕民のマイクロバイオータは似た微生物構成だったが、アメリカの都市住民は、この二つの民族とは著しく異なる構成であることがわかった。グアイーボ族もマラウイ人も、アメリカ人とはかけ離れた地理的、文化的な環境のもとで暮らし、生活様式も食習慣もまったくちがうことを考えれば、一見すると、この発見はそれほど驚きではない。

しかし、マラウイ人と南米の原住民は遺伝的に異なる。また、前者は雨季と乾季が交互に訪れる乾燥したサバンナに、後者は気候が一年中ほとんど変わらないアマゾンの熱帯雨林に住んでおり、同じ熱帯でも大幅に異なる環境のもとで暮らしている。ならば、この二つの民族のマイクロバイオームの類似性は何に起因しているのか？　その答えは、どちらの民族も伝統的に、多様な植物を原料とする食物を主に食べて、折に触れて自分たちの手で狩った野生動物の脂肪分の少ない肉を食べている、という共通点である。

事実、マラウイ人と南米原住民の腸内は、植物性食物の比率の高さ、動物性食物の比率の低さ、バクテロイデス門との比較におけるファーミキューテス門の細菌の少なさ、さらにはバクテロイデス門のなかでもバクテロイデス属とプレボテーラ属の多さによって特徴づけられる食生活を送る人々に共通して見られる微生物で構成されている。西アフリカの国ブルキナファソの農村地域に住む子どもとイタリアのフィレンツェの子どもを比較する研究や、タンザニアの東部地溝帯で暮らす狩猟採集民ハッツァ族とイタリアのボローニャの成人を比較する研究でも、基本的に同じ発見がなされている。

しかし三つのグループの相違は、特定の微生物種の多寡に限られるわけではない。気になるのは、彼らの発見によれば、典型的なアメリカの食生活が身についている人は、先史時代の生活様式を維持する人々に比べて、腸内微生物の多様性が最大で三分の一ほど失われていることだ。それに関連するさらなる気がかりな事実がある。私たちの体内の生態系のこの劇的な変化は、ヤノマミ族が住むアマゾン川流域の熱帯雨林を中心に、地球の生物多様性が一九七〇年以来三〇パーセントほど失われてきたという概算とほぼ同じ数値を示しているのだ。世界中で指摘されている生物多様性の低下は、熱帯雨林の植物や動物にのみ当てはまるのではない。生態学者は、この現象がさまざまな生態系に与える影響をモデル化する、高度な数学モデルを開発してきた。それによれば、生物多様性の低下は、サンゴ礁に住む海洋生物やミツバチ、あるいは北米に生息するオオカバマダラ〔チョウの一種〕に悪影響を及ぼしている。はたして、生態系の荒廃に関する研究で得られた知見を活用して、腸内の生物多様性の低下がもたらす影響を明らかにできるのだろうか？　それについて、次のことは確実にいえる。自然界の生物多様性が生態系の荒廃からの回復力をもたらすように、人体内の微生物種と、その微生物が生成する代謝物質の多様性や豊かさは、感染、抗生物質、さまざまな食品添加物、発がん性の化学物質、慢性ストレスに対抗する回復力の向上に結びつくのである。

もちろんアメリカ人のすべてが、典型的なアメリカ的食生活を送っているわけではない。農耕民の食生活や先史時代の食生活を維持している伝統社会で暮らす人々と同様、ベジタリアンは、飽和脂肪やコレステロールの摂取量が少なく、果物、野菜、全粒穀物、木の実、大豆製品、食物繊維、植物性化学物質の摂取量が多い。このタイプの、植物性食物が主体で、動物性食物（特に脂肪分）の少ない食事が健康に良いことを示す科学的証拠は数多くある。たとえば、菜食主義や完全菜食主義を実践する人々のあいだでは、肥満、メタボリックシンドローム、冠動脈疾患、高血圧、脳卒中、がんの有病率が低いことが、多くの研究で示されている。ただし残念ながら、菜食主義や完全菜食主義が、単なる身体的な健康の反映とは見なしえない脳の健康に直接資することを示す証拠は、現在のところほとんど得られていない。

ヤツネンコの研究における成人被験者の腸内微生物の多寡や多様性が、文化によって著しく異なるのは印象的だが、調査によれば、南米原住民、アフリカ人グループ、北米都市住民のあいだに見られるマイクロバイオームの相違は、必ずしも成人被験者の生活様式のちがいによるものではなく、三歳の時点ですでに明瞭に認められ、それが成人するまで持続する。では、成人ほど多様な食事の影響にさらされることのない乳児期に見出される、腸内微生物の文化間での相違は何に由来するのだろうか？

すべてはどこではじまるか

食物は、腸、脳、およびその二者間の相互作用の健康維持にあたって主要な役割を担うが、この密接な関係は誕生の瞬間にはじまる。私たちは皆、最適な健康を保ちたいと思っているが、ヤツネンコの発見によれば、マイクロバイオームへの食物の影響には、何を食べるべきか、あるいはどのプロバイオティクスを選ぶべきかを自分で決められるようになるはるか以前から、効果を発揮しはじめるものもあることを忘れてはならない。幼少期にマイクロバイオームが食物から受けた影響は、成人後の腸内微生物の多様性や、疾病からの回復力の基盤を築く。したがって、このプロセスにおける幼少期のプログラミングエラーは、肥満からIBSに至る種々の健康障害を発症するリスクを高める。誕生時に生じるマイクロバイオームの初期形成に加え、母親が子どもに与える食物は、このプロセスにおいてきわめて重要だ。コーネル大学の微生物学者ルース・レイらが、ある健康な男児を対象に行なった研究は、マイクロバイオータに対する食物の影響の重要性を強調する。ちなみにこの研究では、誕生時から二歳半までのあいだに六〇回採取した、マイクロバイオータの状態が分析されている。

この男児は、四か月半、母乳のみで育てられた。レイたちは最初に、男児のマイクロバイオームが、ミルクに含まれる炭水化物の消化を促進する細菌、特にビフィズス菌と乳酸菌が豊富なことを発見した。これはさほど驚くべきことではない。しかし、人工乳や固形食を与えられるようになる前に、植物に含まれる複合炭水化物を代謝する能力を備える、プレボテーラなどの腸内微生物が見られるようになったことは特筆に値する。つまり、この男児自身は固形食を口にしたことなどまったくないにもかかわらず、マイクロバイオータはそれに対する準備を整えていたのである。

この男児の母親は、生後九か月まで母乳を与え続け、徐々にコメやマメを原料とする乳児食を導入し、その後食卓に出される食物を追加していった。こうしてひとたび固形食に転換すると、男児のマイクロバイオータは、植物の炭水化物を発酵させる微生物で構成されるようになった。

生後数か月間、男児の腸には比較的少数の微生物種しか宿っておらず、発熱、マメ乳児食の導入、抗生物質による耳感染の治療などで、マイクロバイオータは劇的に変化した。しかし微生物の多様性は月ごとに高まり、二歳半になるころにはマイクロバイオームは安定し、成人のものに近くなった。

この研究や他の研究から、二歳半から三歳になるまでに、生涯保たれるマイクロバイオームが形成されることが明らかになった。それはまるで、子どもの身体が管弦楽団のメンバーを雇用するようなもので、この管弦楽団では、腸内微生物のおのおのの種が特定の楽器を奏でるのだ。最初に入団テストが行なわれ、採用される微生物もあれば、不採用になる微生物もある。ポストの多くはしばらく埋まらない。しかし乳児が二歳半になるころには、ポストはすべて埋まり、大多数の演奏者は、成人してもそのままポストを維持し続ける。この管弦楽団は、状況や何を食べたかによって異なる曲を演奏するのだ。

腸と脳の会話と食事の役割

腸とマイクロバイオームと脳の関係についての理解が進むにつれ、私は、ヤノマミ族の一五歳の娘が、ベネズエラのジャングルのなかで赤ん坊を生んだ一件を頻繁に思い出すようになった。このできごとのあと数週間、私はその母親と新生児のやり取りをじっくり観察していた。彼女は生んだばかりの女児を、肩ひもの助けを借りて胸と腹部を覆うように抱きかかえながら、村の女性たちと定期的に食物を集めに出かけ、彼女に一日中母乳を飲ませていた。

この女児は、いたって健康だった。私が観察したところでは、また他の調査員があとで知った情報に基づくと、彼女の腸とマイクロバイオータは、健康なスタートを切り、腸内微生物の数の多さと高度な多様性を示した。彼女は誕生の瞬間から、自然環境に生息するきわめて多様な微生物だけでなく、母親から与えられた食物の独自の成分にさらされていたのである。

近年の成果では、最初に乳児の腸を健康な微生物で満たすのは、食物、とりわけ母乳であることが知られている。母乳の成分は、母親が何を食べているのかに依存することを覚えておいてほしい。最近の研究では、母親が口にした食物の成分によって、乳児がやがて成人したときに代謝性疾患や肥満を発症する可能性が大きく左右されること、そしてその要因のかなりの部分は、乳児が宿すマイクロバイオータの初期プログラミングが媒介することが示されている。たいていの母親は、乳児食として母乳が最適であることを知っているが、マイクロバイオームに関する最近の科学的発見で、乳児の健康への母乳の効果を媒介する意外なメカニズムが明らかになった。母乳は、子どもの成長に不可欠なすべての栄養素に加え、腸内微生物の特定のグループを養えるプレバイオティクスを含むことがわかったのだ。特筆すべきは、三〜一〇個の糖分子の連鎖で構成される複合炭水化物のオリゴ糖で、この成分は、有益な細菌に的(まと)を絞ってその成長を促進することによって、乳児のマイクロバイオータの形成に必須の役割を果たす。母乳オリゴ糖、あるいはHMOと呼ばれるこの炭水化物は、母乳の成分として三番目に大きな比率を占め、現時点で一五〇種以上のHMO分子が確認されている。

興味深いことに、ＨＭＯは人間の消化管が消化できないにもかかわらず、母親の身体によって生成される。ＨＭＯ分子は、乳児の胃酸にも、膵臓や小腸が分泌する酵素による消化にも耐え、そのまま小腸の末端、そして（大半の腸内微生物が宿る）結腸に達する。目標地点に到達したＨＭＯは、有益なマイクロバイオータ、とりわけビフィズス菌を養う。ビフィズス菌は、ＨＭＯを短鎖脂肪酸と他の代謝物質に分解する。分解で生じた物質は、病原になりうる微生物より、有益な微生物の成長に有利な環境を生む。この事実は、フォーミュラで育てられた乳児の便には、母乳で育てられた乳児の便に比べて少数のビフィズス菌しか含まれていない事実を説明する。母乳の成分に関する世界的な研究者の一人、カリフォルニア大学デイヴィス校のデイヴィッド・ミルズの指摘によれば、ＨＭＯは、もっぱら乳児のマイクロバイオータを養うために進化した唯一の食物である。進化は明らかに、乳児のマイクロバイオータのプログラミングを助け、それとともに病原菌に対する保護を提供するためにこの分子を設計したのだ。この目的の達成のために進化がとった手段の一つは、ビフィドバクテリウム・インファンティス（ＨＭＯの消化を専門にする微生物）を選好し、限られた栄養素の獲得を競わせて、有害な微生物の成長を妨げることだった。また、ＨＭＯには病原菌に対する直接的な抗菌作用があり、乳児における病原菌感染の低下に、その効果のほどを見て取ることができる。このようにＨＭＯは、マイクロバイオームの多様性の度合いが低く（マイクロバイオームを構成する細菌の種類が少なく）、感染に対して効果的な防御をする準備がまだ整っていない時期に、健康なマイクロバイオームの成長と腸感染からの当面の保護に大きく貢献している。

進化は、微生物をほとんど宿していない胎児の段階から、微生物に満ちた世界に生きる新生児の段階へのスムーズな移行を実現する、以下のような方法をあみ出した。まず、母親の膣が宿す独自の微生物環境を利用して、新生児の無菌の腸に微生物を植える。次に、新生児が独自のマイクロバイオータを築き上げるまで、母乳に含まれる特殊な分子によって、植え込まれた微生物の成長を促進する。

ヤノマミ族と暮らした二か月のあいだに、私は、母親たちが乳児のみならず、よちよち歩きの幼児にも母乳を飲ませているところを見た。事実彼女らは、生後一年以後はプラタノを並行して与えつつ、他の多くの狩猟採集社会と同じように、まるまる三年にわたって子どもに母乳を飲ませる。この期間には、マイクロバイオームのみならず脳も形成されていく。脳の成長は思春期になっても続くが、生後数年間が特に重要だ。母乳は、腸とマイクロバイオータと脳の会話を変え、脳の主要神経回路やシステムの健康な発達を促すのだろうか？

母乳で育った子どもを対象とする長期研究では、肯定的な結果が得られている。また、いくつかの経年研究では、被験乳児が成長するまで追跡され、その間、認知能力や知力の評価が折に触れて実施されている。被験者のさまざまな能力を、長期にわたって定期的に測定する経年研究は、特定のプロセスが発達する様子を撮影したビデオが残されており、その種の記録は原因と結果の明確化に非常に役立つ。母乳で育てられた子どもを対象とする経年研究では、母乳を与える期間が長ければ長いほど、それだけ脳が大きくなることが報告されている。ちなみに脳の成長の度合いは、認知の発達の程度にも結びつく。

さらにいえば、母乳は子どもの情動や社会関係に関する能力の向上をもたらす。ドイツのライプツィヒにあるマックス・プランク認知神経科学研究所の研究チームは、母乳のみで育てられている生後八か月の乳児を対象に、幸福そうな表情をした人か、恐れを感じている人の写真を見せることによって、他者のボディーランゲージから情動を読み取る能力をテストしている。テストの結果は劇的だった。母乳で育てられた期間が長い乳児ほど、幸福を示す身体表現に強い反応を示したのだ。他者の表情やボディーランゲージから幸福感や怒りなどの基本的な情動を読み取るスキルは、情動や社会関係に関する能力の発達に必須の道具（ツール）として機能する。

では母乳は、情動を読み取るスキルの学習に関与する脳領域をいかに変えるのか？　ドイツで行なわれた研究の結果によれば、オキシトシンの作用が関係しているようだ。そっと触れる、あやすなどして生じた感覚刺激や、栄養素によって引き起こされたある種の内臓刺激は、脳内でオキシトシンの分泌を促す。このホルモンは、母親の脳内でも（母乳の分泌を促す）、乳児の脳内でも分泌され、母子の絆を強める。ただし追跡調査によれば、長期間母乳で育てることで得られるポジティブな効果は、乳児の遺伝子構成にも依存するらしい。というのも、その効果は、オキシトシンによるシグナル伝達システムに関連する遺伝子に、特定の遺伝的変異が生じた乳児にのみ見られるからだ。

母乳と子どもの情動的な反応の関係を調査する研究は、それ自体興味深いものではあるが、残念ながら、母乳の何が、脳内でのオキシトシンの分泌に関与しているのかという問いには答えていない。論文の著者トバイアス・グロスマンらは、「母乳は、母親の胸から湧き出る単なる食物などではない」と述べている。母乳の効果は、授乳にともなう身体の接触や口腔刺激（母親のオキシトシン分泌を促す）、あるいは乳糖の摂取（脳内でオピオイド様分子の分泌を促す）に結びついた、乳児のポジティブな経験によるものか？　それとも、定期的に与えられる母乳オリゴ糖に乳児のマイクロバイオータが反応して生成され、万事順調を報せるシグナルとして脳に送られる、抗不安薬バリウムのような働きをするアミノ酸、ＧＡＢＡをはじめとする代謝物質によるものなのか？

われわれＵＣＬＡの研究グループに所属するグロスマンが、プロバイオティクスの豊富なヨーグルトを定期的に食べている成人女性を対象に行なった脳画像研究では、プロバイオティクスは、母乳で育てられた乳児に見られたものと同じ、情動を司る脳領域の活動に影響を及ぼすことがわかった。また、われわれの最近の研究は、特定の脳領域の体積とマイクロバイオータの全般的な構成のあいだに相関関係があることを見出した。脳と腸内微生物のこの関係は、脳の基盤と腸内微生物の構成が発達途上にある乳児期に確立されるのだろうか？　現在の知見では、乳児の腸内の代謝メカニズムに供給される母乳オリゴ糖の量と授乳期間の長さは、このプロセスに重大な影響を及ぼしている。

食習慣とマイクロバイオータ

食習慣が変われば、腸内微生物の生活環境も根本的に変わる。腸内には兆単位の微生物が宿っており、しかもその多くは迅速に増殖する。理論的にいえば、自然選択がすみやかに作用し、環境にもっとも適応した種が繁栄し、そうでない種は減って少数になるか、完全に死滅するはずだ。

だが、他にも可能性は考えられる。既存の腸内微生物は、新たに必要になった機能を有効化し、不要になった機能を無効化するよう遺伝子の発現様式を変えることで、新たな状況に適応することができる。どちらの可能性が正しいのだろうか？　食習慣の大幅な変更が腸内微生物の構成にいかなる変化をもたらすのか？　いくつかの研究グループはこの問いに答えるために、産業化社会で暮らす人々を対象に、マイクロバイオータと、それが生成する代謝物質の変化に食習慣の相違が反映されているか否かを調査している。ピーター・ターンボーが率いるハーバード大学のグループは、健常者を対象に、通常の食事から、植物性食物主体の（穀物、マメ類、果物、野菜の多い）食事か、動物性脂肪が極端に多い（肉類、卵、チーズからなる）食事のいずれかに転換した場合、短期的にどのような効果が現われるかを研究している。

植物性食物主体の食事に転換した被験者も、動物性食物主体の食事に転換した被験者も、短期間で腸内微生物の構成が変化した。この変化は、草食動物と肉食動物のマイクロバイオームの相違や、欧米人と先史時代の食習慣を維持する民族が宿す腸内微生物の相違を報告する、既存の研究結果に類似していた。注目すべきことに、動物性食物を主体とする高脂肪食は、植物性食物を主体とする食事に比べ、マイクロバイオータの構成と特定の微生物種が占める割合に強く影響を及ぼした。つまり、それまで被験者が送っていた食生活によって示される基準値（ベースライン）からの逸脱が、植物性食物主体の食事を実践した場合に比べて大きくなったのである。また、動物性食物を主体とする食事に切り替えた被験者においては、（小腸における脂肪分の吸収に必要な）胆汁酸に対する耐性の高い微生物が増加し、植物に含まれる複合糖質を代謝する細菌が減少していた。実験に参加する前は菜食主義を実践していた被験者が、動物性食物主体の食事に切り替えたケースでは、先史時代の生活様式を維持する社会や農耕社会で暮らす人々の腸内に豊富に見られる微生物が減少していた。この事実は、植物の炭水化物の代謝にこの微生物の働きが非常に重要であることを示唆する。

食習慣の切り替えは、腸内微生物の構成の変化に加え、それが行なう代謝活動も変える。予想されるところだが、植物性食物主体の食習慣やもとの食習慣に比べ、動物性食物主体の食習慣は、アミノ酸の発酵による生成物の濃度を相当に高め、炭水化物（特に短鎖脂肪酸）の発酵によって生成される代謝物質のレベルを低下させた。

この研究の著者たちが指摘するところでは、構成や機能を迅速に変えるマイクロバイオータの能力は、人類の存続に重要な役目を担ってきた。というのも、それによって人類は、気候のちがいや季節の推移による、動物性食物や植物性食物の入手可能性の変動に適応してこられたからだ。加えて、原人の段階から今日のホモ・サピエンスへの移行期間にあった人類にとって、マイクロバイオータの能力は、適応的な価値を持っていたと考えられる。動物の肉が手に入りにくくなった時期に、すぐに調達可能な植物性食物を食べられるよう、すみやかに日常食を切り替える能力は、カロリーや栄養素の代替供給源の確保を容易にしたはずだからだ。またこの研究の発見は、大きな副作用を引き起こすことも、気分、感情、ストレスに対する反応性に劇的な変化をきたすこともなく、私たちが、健康維持や減量のための流行り廃り（すた）の激しい「食事法（ダイエット）」――グルテンフリーダイエット、アトキンスダイエット（米国人医師ロバート・アトキンス氏の提唱する、炭水化物（糖質）の摂取を制限する食事法）、パレオダイエット、完全菜食主義など――にすみやかに適応できる理由も説明する。

マイクロバイオータが、構成においても産生する代謝物質においても、食習慣の急激な変更に適応可能なことを考慮すれば、同じ欧米の都市生活者でも、植物性食物主体の食生活を送る人（菜食主義者、完全菜食主義者）と、何でも食べる雑食者のあいだにはちがいがあると考えてもおかしくはない。

ところが驚いたことに、ペンシルベニア大学のゲイリー・ウーらの研究は、その推測が正しくないことを示した。彼らは、雑食者と、少なくとも六か月間完全菜食主義を貫いてきた人々のマイクロバイオータ、およびそれによって生成される代謝物質を詳細に分析した。その結果、世界のさまざまな地域で生涯を送っている現地住民を対象に実施された既存の研究とは逆に、欧米で暮らす雑食者と完全菜食主義者のマイクロバイオータに大きなちがいは見出せなかった。ただし、血液検査や尿検査で得られたデータによれば、腸内微生物が生成する代謝物質に関しては、おもに完全菜食主義者におけるタンパク質や脂肪分の摂取量の少なさと、炭水化物の摂取量の多さが結果に反映され、この二つのグループのあいだに相違が見られた。代謝物質におけるこの相違は、完全菜食主義者のマイクロバイオータが行なう、植物性食物に含まれる複合糖類を代謝する活動の増大、および雑食者が食べる動物性食物に含まれるアミノ酸や脂肪分の多さから説明できる。

要するに食習慣は、微生物の構成自体を変えずに、微生物が生成する代謝物質を変えたのだ。この研究の著者たちの考えによれば、これまでに確認されてきた、世界各地に住む人々のマイクロバイオータの相違が食習慣のちがいに起因するのなら、相違が現われるまでには数世代分の時間がかかるはずであり、マイクロバイオータが生涯続く持続的な影響を受けるには、幼少期における曝露が必須のはずである。

現在、幼少期にマイクロバイオータに影響を及ぼす要因は、妊娠中および授乳期間の母親の食事、環境微生物への曝露、母親と乳児の双方が持つマイクロバイオームに影響を及ぼす、ストレスに喚起された脳腸間のシグナル交換など、いくつかあることが知られている。世界各地に住む人々の、マイクロバイオータの構成の相違は、自然環境と直接触れ合うことがほとんどなく、スーパーマーケットやレストランで食べ物を調達しているアメリカの都市生活者とは対照的に、隔絶された土地の自然環境と調和しながら暮らす民族の生活条件のちがいに、一部は依拠すると考えられる。

　私たちの宿すマイクロバイオータには適応力がある。しかし、地方の農民や狩猟採集民は、都市生活者が失ってしまったマイクロバイオータの能力を保持していることも確かである。彼らが実践している食習慣をたった今採用しても、都市生活者のマイクロバイオータは、植物性食物を効率的に発酵させるようにも、彼らの腸内と同じ程度に多くの有益な代謝物質を生成するようにもならないだろう。地方の農民や狩猟採集民が宿すいわゆる寛大（パーミッシブ）なマイクロバイオータは、結腸がんや炎症性腸疾患への罹患を防ぎ、腸と脳のコミュニケーションに関与する、エネルギーに満ちた有益な分子、短鎖脂肪酸を豊富に生成する。

　それに対し、産業化社会で暮らす人々が宿すマイクロバイオータは構成が「限定」され、果物や野菜などの植物性食物を大量に食べたとしても、それに含まれる複合炭水化物を、効率的に短鎖脂肪酸へ発酵させることができない。では、なぜそのような構成になってしまったのか？

　ウーは、分解が困難な基質の分解を始動するのに不可欠な、ルミノコッカス・ブロミイなどの特定の微生物種を欠いていることが原因ではないかと考えている。マイクロバイオームの生態系では、代謝物質の多くはさまざまな微生物が生成し、それ以外の微生物によって消費されたり変換されたりする。また、特定のスキルに特化した腸内微生物が、小腸での消化を免れたデンプン粒の分解に重要な貢献をするようだ。このいわゆる難消化性デンプンは、バナナ、ジャガイモ、種子、マメ類、精製されていない全粒穀物など、さまざまな植物性食物に含まれる。難消化性デンプンは、一般には結腸で短鎖脂肪酸へと完全に発酵されるが、その能力を欠くマイクロバイオータを宿す人もいる。

ルミノコッカス・ブロミイは、難消化性デンプンの分解を始動し、他の微生物が部分消化された基質を利用できるようにする。すると後者は、種々の酵素を用いて個々の糖をさらに分解する。ルミノコッカス・ブロミイのような微生物は、生態系全体の最適な機能の維持に必須の活動を行なうので、生態学では「キーストーン種」と呼ばれる。たとえばイエローストーン国立公園では、エルクの個体数を調節するオオカミが、キーストーン種の役目を担っている。オオカミがエルク〔欧州ではヘラジカ〕による食害を防ぐおかげで生態系のバランスは保たれていたが、オオカミの絶滅は、それより下位に位置する多くの種に広く影響を及ぼし、最終的には生態系全体の機能に弊害が現われるようになったのである〔イエローストーン国立公園のオオカミは、一九二〇年代に一度絶滅したあと、一九九〇年代に人の手で再導入された。キャロル『セレンゲティ・ルール』（高橋洋訳、紀伊國屋書店、二〇一七年）の第9章で詳述されている〕。マイクロバイオームに関していえば、ルミノコッカス・ブロミイのようなキーストーン種が減少、あるいは絶滅すれば、他のあらゆる微生物が、（複合炭水化物の代謝など）自らの機能を果たす能力を喪失するだろう。それに対し、キーストーン種より下位に位置する種が絶滅しても、その種が果たしていた役割は、他の種が容易に取って代わることができる。

だから、欧米で生まれた人は、欧米仕様のマイクロバイオームを備える結果になる。今すぐに完全菜食主義者に転向しても、マイクロバイオータは、雑食者のマイクロバイオータのままに留まる。これから一生パレオダイエットを実践し続けたとしても、雑食者仕様のマイクロバイオータが狩猟採集民仕様のマイクロバイオータに取って代わることはない。だが、微生物が生成する代謝物質は、どんな食生活を送っているかで変わる。

とはいえ、あなたと私の食事が非常によく似ていたとしても、腸内微生物の構成は異なる。私たちは、微生物が発現する遺伝子や、生成する代謝物質という点では類似していたとしても、種や株はわずかしか共有していない。現代のマイクロバイオーム研究を開拓した天才的な分析家である、カルフォルニア大学サンディエゴ校のロブ・ナイトによれば、マイクロバイオームは、さまざまな微生物種が同一の機能を果たせる大規模な生態系としてとらえられる。写真で見ればほとんど同じに見える二つの草原も、そこに生息し、総体的には似た景観を作り出している何百種もの個々の動植物に着目すれば、それぞれ大きく異なっていることがわかるだろう。

クラシック音楽愛好家には、ロサンゼルス・フィルハーモニー管弦楽団、ベルリン・フィルハーモニー管弦楽団など、贔屓(ひいき)のオーケストラがある。オーケストラのメンバーのほとんどは、演奏会が変わっても同じだ。だが、彼らが演奏する楽曲は、ベートーベン、マーラー、モーツァルトなど、メンバーに与えられる楽譜によって演奏会ごとにがらりと変わる。これを健康に当てはめると、音楽ファンにとって個々の演奏家が誰なのかは、演奏される曲目以上に重要ではないのと同様に、実際にどの微生物種が腸内に宿っているかは、それが果たす仕事ほど重要ではない。

食習慣はいかに腸と脳の会話を変えるか

ウーの研究が示すように、マイクロバイオータは、私たちが食習慣を劇的に変えても、分解する食物と生成する代謝物質を変えることで適応できる。これは、腸に埋め込まれた進化の知恵の一つだともいえよう。私は本書で、この知恵がいかに「脳-腸-マイクロバイオーム」相関に組み込まれたのかを、また、それによって完璧に機能する消化器系が得られたばかりでなく、未来の予測を助ける内臓感覚や、外界の危険に対する気づきを調整する直感が蓄積されるライブラリーの成長がもたらされたことを説明してきた。重要な点を指摘しておくと、マイクロバイオーム、および脳とマイクロバイオームの結びつきは、幼少期にプログラミングされるとはいえ、その人の一生を通じて環境の変化に柔軟に適応していくことができる。

本書で私は、「脳-腸-マイクロバイオーム」相関をスーパーコンピューターにたとえてきた。このコンピューターは、免疫系、代謝系、神経系をはじめとする身体のあらゆる系(システム)と緊密な連携を保ち、身体の内外で起こる変化に完璧に適応可能である。「脳-腸-マイクロバイオーム」相関の適応性は、自然環境と密接に結びついた先史時代の生活様式から、大都市で暮らし世界各地から輸入されてくるものを食べる現代の生活様式へと、人類がうまく移行した事実にはっきりと示されている。私たちが宿すマイクロバイオームは、医薬品、殺虫剤、化学物質など、過去に一度も遭遇したことのない物質の代謝を学習する能力すら備えている。

微生物のこの自在さのゆえに、食習慣の相違によって体内で生成される代謝物質が変わることが考えられる。だから、難消化性デンプンなどの植物性の複合炭水化物が分解されると、肉類、ミルク、卵、チーズの主要成分のアミノ酸や脂肪分が分解される場合とは根本的に異なる代謝物質が生成されるのだ。たとえば、種類が限定された炭水化物の代謝物質(おもに数個の短鎖脂肪酸からなる)とは対照的に、身体はタンパク質を、二〇種類の構成分子（アミノ酸）へと分解し、結腸に宿る微生物は、分解されたアミノ酸をさらに多くの代謝物質へと発酵させる。このように生成された代謝物質は、神経系と相互作用を行なう。

植物性食物が含む炭水化物のうち未消化のものは、結腸に宿る微生物によって、酪酸（バッテリーのにおいがするために butyrate と呼ばれる）、酢酸、二酸化炭素、メタン、硫化水素（便の悪臭の素）などの短鎖脂肪酸へと代謝される。酪酸は、植物性のものを主体とした食事が脳腸相関の健康に資する、有益な効果の典型と見なせる。それは、結腸壁を構成する細胞への栄養の供給において重要な働きを担うだけでなく、腸管神経系の健康に数々の有益な効果をもたらす。またこの短鎖脂肪酸は、腸と脳のコミュニケーションの主要なプレーヤーでもあり、さらには、高脂肪食や人工甘味料が引き起こす低悪性度炎症の危険から脳を保護するプロセスにおいて、重要な働きをする。

食習慣の変更が脳に及ぼす影響が、いかに重大なものかを示す例をあげよう。ヒトマイクロバイオームは、およそ五〇万種類の代謝物質を生成する。総称してメタボロームと呼ばれる代謝物質の多くは、神経系に影響を及ぼす。微生物のなかには、ホルモンや神経伝達物質、あるいはその他の神経系に直接作用する分子を含め、五〇種類ほどの代謝物質を産生するものもある。また代謝物質は、他の代謝物質との結合様式にしたがって、最大四万までバリエーションを持ちうる。代謝物質の産生には、およそ七〇〇万の遺伝子が関与するが、この数はヒトゲノムの遺伝子数二万よりはるかに大きい。

私たちは、多様な食物、とりわけ多品種の植物性食物を食べている。また、私たちの腸内にはかくも多くの微生物の細胞が含まれる。それゆえ、身体を循環する代謝物質の四〇パーセントは、私たち自身の細胞や組織によってではなく、腸内微生物によって生成されていると見積られる。事実、マイクロバイオームは、脳細胞を含め身体のあらゆる細胞に影響を及ぼす、非常に複雑なシグナル伝達システムの重要な構成要素をなす。腸内微生物が生成する代謝物質が、単独でもしくは複合して私たちに与える複雑な影響を完全に解明するためには、今後何年もの研究を要するが、それが深甚なものであること、また、その解明が人間の成長や、脳および脳腸相関の障害において食事が果たす役割の理解を革新するであろうことは疑うべくもない。要するに、腸内微生物で構成されるオーケストラは、生後一年もすれば熟練した演奏家がそろい、演奏の準備が整う。食習慣の選択は、演奏される曲目ばかりか、演奏の質も決定づける。そしてこのオーケストラを指揮するのは、あなた自身だ。

第9章

猛威を振るうアメリカ的日常食

寝過ごして朝食も取らずにあわててわが家を飛び出したものの、交通渋滞のせいで会社に三〇分遅刻し、重要なミーティングを欠席する。遅刻を埋め合わせようと予定外の残業をしたために、娘をサッカーの練習場まで連れて行くことができず、娘と妻に恨まれる。残業を終え六時に会社をあとにして、帰宅途中にガソリンスタンドでタンクを満タンにする。そのあいだ車内で、ポテトチップスやキャンディをむさぼる。わが家に帰るころには、気分が少しばかり高揚している。

似たような経験は誰にでもあるはずだ。とりわけストレスや不安を感じたときには、ドーナツ、ベーグル、マフィン、キャンディなど、少々気分を高揚させる食べ物に手を出したくなる。情動の状態は、脂肪分や糖分の摂取と密接に関連する。また、私たちの多くは、自分が食べているものに特に注意を払っていない。事実、アメリカ人の日常食に含まれるカロリーの三五パーセント以上は脂肪分に由来し、しかもそのほとんどは動物性脂肪である。北欧や（ギリシアなどの）地中海地方の国々の標準的な日常食でも、脂肪分の摂取という点では大差がないのだが、アメリカ的日常食は動物性脂肪の占める割合が著しく高い。そして糖分とともに、動物性脂肪の過剰な摂取が、アメリカにおける肥満の蔓延の一因であることは周知の事実だ。しかし、動物性脂肪を多く含む食事が、過食や食物依存を引き起こすことや、腸内微生物がこの結びつきに重要な役割を担っていることについてはあまり知られていない。一方、最近の疫学研究によれば、地中海式食事法のような動物性脂肪の含有率が低い食事は、ただ単にウエストのサイズ、新陳代謝、循環器系の健康に良いというばかりでなく、ある種のがんや、うつ病、アルツハイマー病、パーキンソン病などの、重度の脳疾患を発症するリスクを低下させるという。

人間や動物を対象に行なわれた研究で、動物性脂肪の過剰な摂取と、脳疾患を含めた疾病の発症を結びつける主要因の一つが、慢性的な低悪性度炎症であることが示されている。腸を発端とする炎症は、身体中に広がり、（嗜好をコントロールする領域を含め）重要な脳領域に達する可能性があり、このプロセスには腸内微生物が強く関与している。このように、動物性脂肪の含有率の高さ、植物性食物の割合の低さ、多量の化学物質や保存料の添加に特徴づけられる現代のアメリカ的日常食は、私たちの「脳―腸―マイクロバイオーム」相関を悪い方向に再プログラミングしているのだ。農作物やその他の食物を加工する方法の憂慮すべき変化とともに、食習慣におけるこの変化は、人間の生理メカニズムの分水嶺ともいえる、きわめて危険な地点へと私たちを誘導してきたのである。

すばらしい新食品

私はここまで、人類が進化のプロセスを経て、動物性タンパク質の多い食事と植物性食物主体の食事を、入手の容易さに応じて切り替えられるようになった経緯を述べてきた。また、この能力が、腸内微生物と、それが持つ厖大な数の遺伝子、さらには、食物に含まれる成分を検出して有益な代謝物質に変えることで、私たちの代謝作用を食事の転換に適合できるようにする微生物の能力に依存していることについて述べた。しかし、ヤノマミ族やハッツァ族の食習慣に見たように、私たちの祖先は、食物の入手が困難な環境で生きていただけではなく、脂肪分の多い食物がほとんど手に入らず、精製糖など存在しない環境のもとで暮らしていた。要するに、今日のアメリカ的日常食の登場は、進化にとっては晴天の霹靂(へきれき)なのだ。そのために私たちの「脳－腸－マイクロバイオーム」相関も、アメリカ的日常食の影響に対処する準備が十分に整っていない。

消化器系が、可燃物なら何でも燃やせるタービンエンジンのようなものなら、あなたが何を食べようがきちんと消化されて、代謝されるはずだ。事実、食品産業では消化器系を「エンジン」にたとえるのが流行っている。形状、味覚、香りが魅力的で「食品」の範疇に入りさえすれば、消費者はどんなものでも喜んで買う。そう考えられているのだ。だが、身体内外の環境の恒常的な変化に、私たちの行動や身体をつねに適合させようと試みるスーパーコンピューターとして「脳－腸－マイクロバイオーム」相関をとらえれば、現在何が起こっているのかを正確に見抜けるようになるだろう。

ここ数十年のあいだに、安価で常習性の強い食物の大量生産・販売で利益を上げようとする企業の活動に焚きつけられ、私たちの食事は著しく変化した。またそれによって、腸とマイクロバイオームと脳の相互作用もじかに影響を受けてきた。しかも奇妙なことに、この現象は、私たちだけでなく家畜(やペット)にも生じている。

ここまで述べてきたように、動物性食物主体の食事と植物性食物主体の食事を切り替えても、マイクロバイオームはすぐに対応できる。実際、人類は(数十万年にわたり私たちの祖先が実践してきた)

雑食性の生きものであり、菜食主義は動物性食物の入手が困難だったころへの先祖返り的な代替的解決方法だった。しかし今日の動物性食物は、私たちの祖先が食べていたものや、隔絶した地域で先史時代の生活様式を現在でも維持する、狩猟採集民のわずかに残った直系の子孫が食べているものとは根本的に異なる。太古の人々が食べていた肉は、野生動物、鳥類、魚類、昆虫など、さまざまな動物から得られたもので、現在市販されている肉製品に比べて脂肪分が非常に少ない。野生動物は自然環境のなかを自由に動き回って、さまざまな植物やその他の生物を食べるため、きわめて多様なマイクロバイオームを宿しており、それによって健康と、病気に対する抵抗力を保っていたのである。

動物性タンパク質の入手が容易になったことに大きな意義があるのは確かだ。進化とともに人類の脳が大きくなったことにも、過去一世紀にわたり人類全体の平均身長が伸びたことにも、動物性タンパク質の摂取量の増大が大きく寄与している。

とはいえ、私たちの祖先が食べていたタンパク質の供給源とは対照的に、現代の家畜は、一生を小さな檻のなかで暮らし、できる限り効率的に太らせるために、消化器系に合わない（トウモロコシなどの）飼料を与えられている。また、腸内微生物の多様性を低下させる抗生物質やその他の化学物質を投与され、重度の消化管感染を引き起こしやすい。このような理由から、家畜から得られる肉、卵、ミルク、ならびにそれらを（原料が識別できないほどまで）精製加工して生産された食品は、五〇年前のものと比べてさえ劇的に異なり、私たちの食を根本的に変えてきた。

残念ながら、このような変化に対応する防御手段が、進化の過程を経て組み込まれるだけの時間はまだ経過していない。そのため私たちの身体は、この「すばらしい新食品（Brave New Food）」（オルダス・ハクスリーのディストピア小説『すばらしい新世界（*Brave New World*）』のもじり）に対する準備がまだ整っておらず、しかも人々がその危険に気づき、対策を講じるようになったのは最近のことにすぎない。

動物性脂肪の多い食事が脳を損なう

食品産業に依存している現代の食事は、なぜ脳や身体を損なうのか？

科学者たちは、これまで長いあいだ、慢性疾患を肥満に結びつけてきた。理論的にいえば、私たちの身体の脂肪細胞、とりわけ腹部の脂肪（内臓脂肪）は、サイトカイン、アディポカインなどの、血流に乗って体内を循環し、心臓、肝臓、脳に達する炎症分子の主要な源泉をなす。この種の炎症分子は「代謝内毒素血症」と呼ばれる低悪性度炎症の主要因であり、循環器系疾患やがんを発症するリスクを高めると考えられていた。しかしうつ病、アルツハイマー病、パーキンソン病などの脳疾患が、その種の辺縁で生じる代謝プロセスと結びつけて考えられることはめったになかった。

この見方によれば、体重が正常な範囲内にあり、腰回りに贅肉がついていなければ、朝食にベーコンを食べ、ハンバーガーやホットドッグ、あるいは脂肪たっぷりのトルティーヤ・チップスを腹に詰め込んでも、健康に障害は出ない。

しかし現在では、脂肪分の多い食事を一度とるだけで、腸の免疫系が低悪性度炎症モードに陥る場合があることを、また、動物性脂肪の多い食物を常時口にしていると、肥満するはるか以前に、慢性的な低悪性度炎症が引き起こされることが明らかにされている。確かに、夕食後に旨そうなチーズケーキやチョコレートサンデーにかぶりついて、一時的に腸の免疫系のモードが切り替わったとしても、それだけで脳が損なわれたりはしない。だが、動物性脂肪を多量に含んだものを常に食べていれば、結果は由々しきものになるであろう。

今日の食品には、見かけよりはるかに多量の動物性脂肪が含まれている。その種の味の良い食品を口にすると、それに含まれる動物性脂肪は、マイクロバイオータや、それが生成する代謝物質、さらには私たちの食習慣を秘密裡に操作する。この操作がいかになされるかを理解するためには、脳腸相関が、普段いかに食物の摂取をコントロールしているのかを思い出す必要がある。

胃が空（から）のときには空腹が感じられるよう、また、十分に食べたときには歯止めをかけるよう指示するシグナルを脳に送るメカニズムには、食欲を刺激するホルモンや減退させるホルモンが含まれる。後者は満腹ホルモンとも呼ばれる。これらの消化管ホルモンは、摂食行動を司る脳領域、視床下部を標的とする。システムが正常に機能しているときには、視床下部は、運動量、気温などの、代謝に影響を及ぼす要因を斟酌しつつ、身体が一日に必要としているカロリーを正確に計算することができる。視床下部は、他の領域との結合をもっとも広範に保つ脳領域の一つで、この事実一つを取り上げても、視床下部には、厖大な量の必須情報を収集し、他の脳領域に影響を及ぼす能力が備わっていることがわかる。また、この情報の多くは腸に由来し、消化管ホルモンの形態で、もしくは迷走神経を伝わるシグナルを介して脳に送られる。

空腹時には、胃壁に散在する分泌細胞がグレリンというホルモンを分泌する。このホルモンは、血流とともに脳に流れ込むか、腸内の迷走神経の末端を刺激して脳に直接シグナルを送るかする。その一方、満腹時には、小腸内の分泌細胞から食欲を抑制するホルモン（コレシストキニンやグルカゴン様ペプチドなど）が分泌され、システムをオフの状態にする。

人類が生存してきたほとんどの期間にわたり、このシステムは非常にうまく機能してきた。食物摂取や活動の量に大幅な変動があっても、私たちの体重は、長期間驚くほど安定していた。干ばつや飢饉が長引いても、また、先史時代の食事から太古の時代の食事を経て現代の食事に至るまで、食習慣が劇的に変化しても、人類は無事に存続してきた。しかし今日のアメリカ人は、そこから逸脱した。直近の五〇年に生じた食習慣の急激な変化が、肥満の蔓延をもたらしたことを考えてみればよい。

ではなぜ、食欲をコントロールするシステムが機能不全に陥ったのか？

ここ数年、研究者たちはこの問いに答えるべく尽力してきた。脂肪分の多い食物を常時摂取していると、満腹に対する腸と脳の反応が鈍り、十分に食べたという感覚が失われることが、動物実験でわかった。この現象が、腸内および脳内で生じる軽度の炎症によって引き起こされることを示す確たる証拠がある。腸内での炎症は、センサーが発した満腹シグナル（通常は視床下部に満腹であることを告げる）に対する迷走神経の感受性を、また視床下部では、腸から送られてくる満腹シグナルに対する感受性を、ともに低下させる。

しかしそもそも、食事によって炎症が引き起こされるのはなぜか？　それに対する答えは、最新の科学が明らかにしつつある。マイクロバイオータが重要な役割を演じているのだ。

腸内微生物が食欲をコントロールする

高脂肪食を摂取すると、血中の炎症分子のレベルが身体全体にわたって上昇する。炎症分子には、サイトカインや、グラム陰性菌と呼ばれる細菌の細胞壁の一部をなす、リポ多糖（LPS）と呼ばれる物質がある。グラム陰性菌には、大腸菌やサルモネラなどの病原菌が含まれるが、腸内には、動物性脂肪の多い食物を摂取すると増加する、ファーミキューテス門、プロテオバクテリア門からなる支配的（ドミナント）なマイクロバイオータのグループも多く宿る。腸内微生物が腸の内壁を構成する細胞に近づくと、この細胞は、微生物の細胞壁を構成するLPSを検知し、レセプターによってLPSに結合する。するとLPSは、腸の内壁を構成する細胞を刺激して別の炎症分子（サイトカイン）を生成させる。そのために腸は漏れやすくなり、また、腸内の免疫細胞が活性化する。

第6章で述べたように、通常の状況下では、いくつかの障壁によって、LPSや、微生物が発するその他のシグナルを引き金に炎症プロセスが始動しないよう抑制される。しかしLPSのレベルが高まると（動物性脂肪の多い食物を摂取すると高まる）、LPS分子はこの障壁を突破して腸の免疫系を活性化し、サイトカインを生成させ、脳を含む身体の各組織に達する。そしてひとたび脳に達すると、脳の免疫系たるグリア細胞にアクセスする。するとグリア細胞は、近傍の神経細胞を目標に炎症細胞を産生しはじめる。このような炎症作用によって、視床下部の食欲をコントロールする中枢は、腸や身体から送られてくる満腹シグナルに対する反応を損なう。

高脂肪食が系統的な炎症を引き起こす過程で、腸内微生物が中心的な役割を担っていることを示す証拠は、他にもいくつかある。ジョージア州立大学に所属するマイクロバイオームの専門家アンドリュー・ジェウィルスらは数年前、生得的な免疫反応に関与するTｏｌｌ様レセプターを遺伝的に除去する実験を行なった。このレセプターを欠く動物は肥満し、インシュリン抵抗性、血糖値の上昇、トリグリセリドの増加など、メタボリックシンドロームのあらゆる症状を呈した。動物の体重の増加は過剰な食欲に関連し、これは満腹を感じるメカニズムが支障をきたしていることを示す。

それに加え、ジェウィルスらはとりわけ興味深い事実を発見している。遺伝子を操作されて肥満したマウスは、正常なマウスとは異なる組み合わせの腸内微生物を宿していたのだが、肥満したマウスの便をやせた無菌マウスに移植したところ、やせたマウスも肥満したマウスと同じ代謝特性を見せるようになり、さらには、とどまるところを知らぬ過剰な食欲から肥満したのである。やせたマウスのマイクロバイオータ、およびそれと腸を本拠地とする免疫系の相互作用の変化が、低悪性度炎症の代謝中毒症を引き起こした可能性は十分にある。このように生じた炎症シグナルがひとたび視床下部に達すると、食欲をコントロールするメカニズムがバランスを失うのだ。

高脂肪食は、視床下部の働きを変えて過度の食欲を生むばかりでなく、腸壁に備わる、食欲に関わるいくつかの主要なセンサーを変化させることによって、食欲のコントロールを阻害する。カリフォルニア大学デイヴィス校の神経科学者ヘレン・レイボールドが率いるグループは、高脂肪食が、食欲を刺激または抑制するシグナルに対する、腸内の迷走神経終末の相対的な感受性の低下を引き起こすのか否か、また、センサーの変化が、食物摂取を抑制する機能の阻害に関係するのか否かを問うた。レイボールドらは以前の研究で、腸内の細胞が脂肪の摂取に応じて分泌する満腹ホルモンのコレシストキニンが、迷走神経終末を「飢餓モード」から「満腹モード」に切り替えることを発見していた。彼らは、ラットに脂肪分の豊富な食物を八週間にわたって与えると、過食で太る個体が現われることを発見した。そしてラットの過食は、腸に備わる、食物の存在によって刺激シグナルを発する迷走神経のセンサーの増加と、食欲を減退させるホルモン、レプチンに対する抵抗力の増大をともなっていた。

気晴らし食品の誘惑

低悪性度炎症が食欲を司るメカニズムを損ない、腸と脳に悪影響を及ぼすのなら、なぜ私たちはストレスにさらされると、高脂肪の不健康な食べ物を口にしたくなるのだろうか？　交通渋滞に巻き込まれたときや締め切りが迫っているとき、なぜニンジンやリンゴにかぶりつかないのか？

件数は少ないが、動物や健常者を対象に行なわれた研究で、脂肪分や糖分の多い食物に、ストレス軽減効果をもたらしていると考えられるメカニズムが特定されている。たとえば、常時ストレスを受けているラットに脂肪分や糖分を多量に含むドリンクを与えると、そのような「気晴らし食品（コンフォート・フード）」を与えられなかったラットと比べ、ストレスシステムの下向き調節（ダウン・レギュレーション）（遺伝子の発現や受容体の数や機能が低下すること。逆のケースは「上向き調節（アップ・レギュレーション）」）が見られるようになった。同様に、若いころに逆境を経験した（強制的に母親マウスと離別させられた）ラットの成獣に、味の良い高脂肪食を与えたところ、ストレス反応システムの上向き調節が逆転し、不安そうな行動、あるいは抑うつ気味の行動が減少した。また、一連の研究に啓発された何人かの研究者が、ストレスにさらされているときや、ネガティブな情動にとらわれているときに気晴らし食品を食べると、類似のポジティブな効果を経験するかどうかを、人間を対象に調査している。

ＵＣＬＡ心理学部のジャネット・トミヤマらは、実験室で即席に与えられたストレスに対する健常者の反応が、ストレスを受けたときに習慣的に食べている気晴らし食品の量と関係するのか、また、それが肥満の程度に反映されているのかを調査した。トミヤマらは、常時ストレスを受けている動物が、味の良い食物を繰り返し摂取すると、腹部に脂肪が蓄積し、ストレス反応システムの機能が抑制されるという事実に基づいて、このような問いを立てたのだ。彼らはそれを検証するために、五九人の健康な女性にストレスの生じる課題を与え、ストレスホルモン、コルチゾールの血中濃度を測定し、さらには課題遂行中に感じたストレスの度合いを評価させた。その結果、ストレスの度合いとコルチゾールの血中濃度が低い女性ほど、ストレスを受けたときに気晴らし食品を口にする習慣があると報告するケースが多く、また、肥満度が高いことがわかった。これは、彼らが立てた仮説や、動物実験の結果と一致する。他の説明も可能ではあるが、トミヤマらの主張によれば、ストレスを受けたときにつねに気晴らし食品を口にする女性は、ストレスに対抗する生理的な反応が弱いということになる。すなわち、気晴らし食品によるストレス解消の目論見は、残念ながら、体重の増加をもたらし、身体や脳に種々の有害な変化を引き起こすだけなのだ。

ベルギーのルーヴェン大学に在籍する精神科医ルーカス・ヴァン・ウーデンホブは、健常者の自己報告とｆＭＲＩを用いて、気分などの主観的な経験と、情動を司る脳領域に対する脂肪摂取の効果を評価している。被験者に、悲しさか中立性を表現するクラシック音楽を聴かせながら、悲しそうな顔かごく普通の顔を見せることによって、悲しさ、もしくは中立的な感情を引き起こし、次にプラスチック製の細い管を用いて、実験群の被験者の胃には脂肪分を、対照群の被験者の胃には水を、じかに注入したのである。実験の結果、ネガティブな刺激が与えられているあいだ、被験者が悲しみを感じる度合いが増し、情動を司る脳領域の活動が高まることが明確に示された。しかし胃に脂肪酸を注入されると、悲しみの感情も、それに結びついた脳領域の活動も低下した。この結果は、脂肪分を多量に含む食物には気晴らし効果があることを裏づける。腸、腸内分泌細胞、迷走神経が、小腸に入った脂肪分にいかに反応するのかについてはすでに見た。それを考慮すれば、腸が脂肪酸の刺激を受けることによって分泌量の増大したシグナル分子が、血液循環や迷走神経を介して脳の情動領域に達し、被験者の気分を改善するという結論を引き出すことができる。

さらに悪いことに、私たちの脳や行動に対する不健康な食習慣の悪影響は、食欲のコントロールやストレス反応にのみ及ぶのではなく、最近の研究で、不健康な食習慣と脳機能の有害な変化のあいだに、結びつきがあることが報告されている。

食物依存症（フード・アディクション）――欲望と高脂肪食

「嗜癖行動（addictive behavior）」という言葉は、一般に薬物やアルコール、あるいは強迫的な性行動などに言及して用いられるが、最近では、全般的な食習慣、さらには糖分など特定の食物成分にも適用されるようになってきた。食物は、興奮剤の常習的な使用によって生じるものに類する精神薬理学的反応や行動を、耐性のない人に引き起こすことが報告されている。

では体内に取り込まれた食物は、密接に相互作用している脳内の三つの系（システム）によって、どの程度までコントロールされているのだろうか？　ちなみに脳内には、視床下部が司る食欲コントロール系の他にも、食物摂取に関する二つの主要なシステムが存在する。それは、ドーパミン報酬系と、前頭前皮質に位置し、他のすべてのコントロール系の機能を必要に応じて自発的に肩代わりする実行制御系である。食物の供給が限られ、十分な活動エネルギーが必要とされる狩猟採集民の社会では、食欲は、生存のために身体が常時食べ物を求めることで駆り立てられた（そして、飢えという内臓感覚として主観的に経験された）。カロリー摂取の必要性を評価するこの系は、食物を探すよう導く衝動や動機を付与する報酬系が支えている。脳の報酬ネットワークの大きな部分を占める、ドーパミンを含む神経は、私たちが特定の活動を行なうと、報酬を与えてくれる。このように、報酬を獲得するために必要な行動（このケースでいえば食物の探索）を動機づけて維持することにおいて、この神経は中心的な役割を担っている。

脳の報酬系と、食欲のコントロールに関与するネットワークのあいだに密接な結びつきがあることは、特に驚きではない。一例をあげよう。消化管ホルモンとシグナル分子には、ドーパミン系の報酬経路の活動に影響を及ぼすものがある。食欲を増進させるシグナルにはドーパミンを含む細胞の活動を増大させるものが、また、食欲を抑制するシグナルにはドーパミンの分泌を低下させるものがあるのだ。それに加え、報酬系に属する側坐核などの主要領域の神経細胞は、食欲のコントロールに関与する、さまざまな消化管ホルモンに結合するレセプターを発現する。レプチン、ペプチドＹＹ、グルカゴン様ペプチドなどの食欲を抑制するホルモンは、報酬系の感受性を低下させ、逆にインシュリンやグレリンなどの食欲を増進させるホルモンは高める。

数百万年にわたる進化は、人類の誕生以来ほぼすべての期間続いてきた、入手可能な食物が限定される状況に対して、報酬と食欲の相互作用を作り出すことで最適化を図り、対応した。ところが、私たちの脳に固定配線された食物摂取のメカニズムは、今日私たちが暮らす世界では、適応価値の大半を失ってしまったのである。味の良い食物がいとも簡単に手に入り、身体活動の量が劇的に減った現代の産業化社会では、報酬系の力は、日々の生活に必要なカロリーを計算する制御システムを圧倒する。そのため場合によっては、過食や肥満を避けるために自らの意思でこの力をコントロールしなければならない。ならば、この制御系のスイッチがオフになり、それを埋め合わせる意思の力が弱かったらどうか？　これはまさに、脂肪分を多量に含んだ食べ物の恒常的な摂取は、腸から送られてくる満腹シグナルに反応する視床下部の能力を損なうと先に説明した状況である。フライドポテトを前にしたとき、あるいはレストランでデザートメニューが目に入ったときに、誰もが「ノー」といえるわけではない。

食欲制御メカニズムのリモデリングの結果として生じた、私たちの振る舞いの一つに、「食物依存症（food addiction）」がある。この用語は、国立薬害研究所の所長ノラ・ボルコウが、薬物乱用と常習的な過食の基盤をなす脳のメカニズムがよく似ているという、驚くべき神経生物学的事実に基づいて造語したものだ。質問票から得られたデータによれば、肥満者の少なくとも二〇パーセントは食物依存症を抱えている。特定の食物、とりわけ脂肪分や糖分を多量に含むカロリーの高い食物は、動物にも人間にも習慣性の行動を引き起こすことが知られている。また、太り気味もしくは肥満した（ただしその他の点では健康な）被験者を対象に行なったわれわれＵＣＬＡグループの研究では、報酬系を構成する主要な脳領域に、構造的、機能的な変化が認められた。いずれのメカニズムも、過食を煽るだけでなく、食物による刺激と脳の報酬シグナルのあいだに、条件反応と呼ばれる学習された結びつきを形成する。この条件反応の決定的な重要性は、食欲をそそる高脂肪食のイメージを映し出すテレビコマーシャルが始終流れていることにも見て取れる。たいていの人は、カロリーの高い食物、特に脂肪や精製糖を多く含む食物を求めるよう進化の過程を通じて配線された脳の報酬系が、その種のイメージから刺激を受ける。この反応は広告会社にとっては都合が良い。広告を見せることで、ポジティブな条件反応を引き起こせるからだ。特に食物依存症の人（および、食欲をコントロールするシステムが、低悪性度炎症で損なわれている人）は、その手の広告を見ると、台所に駆け込みたくなるか、電話をとってその商品を注文したくなる。

日常的に食物が不足をきたし、それを手に入れる機会があればなんとしてでも入手する必要があった時代には、味覚によって過食を促し、食物に対する欲求を喚起する強い記憶を脳裏に刻んでおく能力は、進化の面で大きな利点があった。カロリーの高い食物を見つけたらただちに腹に詰め込み、さらに見つけた場所を将来のために記憶に留めておくことは、大いに生存の役に立った。しかし、カロリーの高い食物がいつでも手に入る環境下では（今日では、世界の多くの地域がそれに該当する）、この能力は逆に危険になりつつある。現代社会では、味の良い食物は薬物と同じく強力な環境要因をなし、その影響を受けやすい個人の節操のない過食を助長している。

前述のとおり、食物に対する過度の欲求は、代謝内毒素血症に起因する、視床下部のコントロールシステムの不活性化によって引き起こされるケースがある。それに加え、食物依存症の人の場合、報酬系の無軌道な活動が、腸の機能を損なうことを示す証拠が、最近になって得られている。アルコール依存症患者を対象にした最近の研究では、禁酒中のアルコールに対する欲求は、その人の腸の透過性(いかに漏れやすいか)や、マイクロバイオータの変化と正の相関を示すことが明らかにされている。欲求が生じている最中の脳のストレス反応の強さと、腸の透過性に対するストレスの影響を考慮すれば、この研究における腸の透過性に対する効果は、欲求(とストレス)に起因する腸の漏れやすさの増大、および腸内微生物の構成と代謝機能の変化に結びついていると推測される。

腸内微生物は報酬系に影響を及ぼし、食物依存症の一因をなすという見方は、私たちとマイクロバイオームの関係をめぐってさまざまな憶測を生んできた。そのなかには、自由意志の概念を疑う議論すらある。メキシコ大学の教授ジョー・オルコックは最近、「腸内微生物は、ときに私たちの健康を犠牲にしてまで、自己の適応性を高める方向へと人間の食習慣を操作するよう仕向ける、強い選択的圧力を受けているのかもしれない」と論じる、挑発的な記事を発表している。この仮説は、見かけほどばかげたものではない。たとえば、動物の行動を操る、トキソプラズマ・ゴンディのような微生物が存在することを思い出してみればよい。オルコックらによれば、腸内微生物は、二つの関連する戦略を用いて動物の行動を操る。第一に、腸内微生物は、ドーパミンによって駆り立てられる報酬系を乗っ取って、宿主の動物に、競合微生物に対する優位性をもたらす、自身が特化した食物に対する欲求を生み出す。一例として、バクテロイデス門とファーミキューテス門の競争や、バクテロイデス属とプレボテーラ属の競争がある。第二に腸内微生物は、自己の利益になる食物を私たちが食べるまで残留する、抑うつをはじめとするネガティブな気分を醸成することがある。

気晴らし食品を食べようとする衝動や食物依存症は、特定の種のマイクロバイオータが、自らが選好する食物を私たちに食べさせようとする振る舞いの好例なのかもしれない。確かにこの考えは、現時点では科学的な証拠が不十分な憶測にすぎないが、将来科学的な検証を行なう価値のある仮説だと私は思う。

それでもまだ自分の食事に何の疑いも抱いていないのなら、心配の種になる事実はそれに限られないことを指摘しておこう。アメリカの日常食が「脳-腸-マイクロバイオーム」相関に与える脅威の源泉は、脂肪分だけではない。そして、これから見るように、そこでは腸内微生物が大事な鍵を握っている。

工業型農業と腸と脳

バイエルンアルプスで育った私は、夏の週末には必ず地元の山に父とハイキングに出かけ、野生の花があちこちに咲くアルプスの牧草地で乳牛が草を食む様子を眺めていた。とはいえ当時の私は、その光景に特に注目していたわけではない。のちに科学の世界の住人になるまでは、子どものころに見た光景が重要な意味を持つようになるとは思ってもいなかったのだ。農夫は、健康で満ち足りた生活を送っている乳牛から絞った低温殺菌されていない牛乳を、地元の小さなレストランで直に販売していた。私の家族が飲み食いしていた乳製品は、すべて山地で放牧されている動物を原料とした自然な食べ物で、新鮮で旨いと見なされていた。

バイエルン州の最高峰ツークシュピッツェのふもとにある牧歌的なリゾート地、ガルミッシュで開催された胃腸病学の会議で講演した際に、私は牧場における動物と環境の調和した関係を、子どもの頃とは異なる目で再確認することができた。講演のために汽車に乗って山頂に向かう途中、私は放牧された動物が、秋の色をつけはじめた木々に囲まれた牧草地で草を食む風景が目に入った。そのとき、調和に満ちたこの光景と、カリフォルニア州北部の家畜肥育場で飼育されている乳牛の悲惨な姿を比べざるを得なかった。この地の調和に満ちた光景は、「〈幸福な乳牛（フィードロット）〉から搾られたミルク」などといった酪農業界の宣伝文句が欺瞞にすぎないことを示す。マーティン・ブレイザーは著書『失われてゆく、我々の内なる細菌』で、現代のフィードロットの様態を正確に描写している。

> 乳牛は、狭い金属製の囲いに何列にもわたって整列させられている。頭は、トウモロコシで満たされた餌入れに固定されていて、乳牛の糞から立ちのぼる鼻をつく濃密な臭いは、数マイル先からでもわかる。乳牛は広大なフィードロットに放たれて地面のうえをでたらめに動き回り、自分たちの糞に囲まれながらいつでも食べている。

事実、現代の家畜は、一生のほとんどを自然な環境や食物供給（牧草）から完全に切り離されて暮らす。乳牛の消化器系に合わないトウモロコシによって太らされると、消化管障害が引き起こされ、慢性的な低悪性度炎症に加え、抗生物質の継続的な投与を要する急性の胃腸感染を引き起こす。

　腸内微生物、腸の免疫系、漏れやすい腸に対する、不健康な食事と慢性ストレスの影響を考慮すれば、常時疾病を抱えた動物を原料とする製品が、マイクロバイオータや私たちの健康に資するとはとうてい思えない。だから次回スーパーマーケットで、ミルク、卵、ステーキ肉、あるいは豚肉の切り身を買うときには、劣悪な飼育環境、慢性ストレス、（動物の消化器系に合わない）不自然な飼料、医薬品によって「脳－腸－マイクロバイオーム」相関が変異した動物から生産された製品かもしれないと疑ったほうがよい。これらの要因はすべて、私たちの健康と、脳、腸、マイクロバイオータという三者間の最適な相互作用を損なう未知のリスクをもたらす。

悲しいことに、野菜、果物などの植物性食物に関しても状況はさほど変わらない。動物性食物と植物性食物の生産に共通する問題は、農場の動物、植物、微生物が大々的にアグリビジネスの介入を受けていることだ。工業型農業によるトウモロコシ、大豆、小麦の生産は、化学肥料や殺虫剤に大きく依存している。雑草などの競合植物に対する穀物の優位と成長を確保し、害虫を駆除することによって増産を図っているのである。最終的に植物や製品に取り込まれる浸透殺虫剤の使用量は、ここ一〇年で著しく増大している。

穀物の「健康」と優勢を確保するために必要な化学物質の使用量が、ますます増加しているおもな理由の一つは、遺伝的に操作された単一の作物が数マイルにわたって栽培される単一栽培（モノカルチャー）が、穀物それ自体の遺伝的特性という点でも、共生する他の植物の遺伝的特性という点でも、自然の多様性をまったく失っているからだ。同様に、土壌の微生物においても、衰退しつつあるミツバチやチョウの個体群のマイクロバイオームにおいても、さらには私たちの消化管に宿る微生物でも、多様性に異変が生じているのは間違いない。それに関連していうと、化学物質に対する雑草の抵抗力を弱めるために必要とされる、（悪名高きグリホサート＝商品名「ラウンドアップ」などの）除草剤の使用の拡大によって、私たちのマイクロバイオームがどの程度の付帯的損害（コラテラルダメージ）を受けているのかは、消費者にはほとんど知られていない。

ここで、自然環境の生態系（食料の供給源をなす）と、家畜や人間の腸内の生態系（私たちの脳の健康を左右する）双方への化学物質の悪影響によって、過去五〇年における、ある種の脳疾患の劇的な増大がもたらされたのではないかという疑問が浮上してくる。肥満については、この疑問を裏づける科学的な証拠があがっているが、自閉症スペクトラム障害や、アルツハイマー病、パーキンソン病などの神経変性疾患にも同じことが当てはまるかどうかについては、現時点では推測するほかはない。持続不可能な食品生産を通して日々利益をあげている企業にその検証を任せていては、答えは永遠にわからないだろう。それどころか彼らは、家畜を家畜として機能させるために必要な抗生物質や、抵抗力を増した今日のスーパー雑草、スーパー害虫、スーパー細菌を出し抜くために必要な化学物質の投与量を、さらに増加させていくはずだ。

アメリカ的日常食と腸内微生物

過去五〇年間、アメリカ人が摂取する食品添加物、塩分、糖分、脂肪分の量は着実に増え続けてきた。しかもその多くは、長期的な使用の安全性がテストされることなく認可されている。また、テストされたものでも、健康の維持におけるマイクロバイオームの働きの重要性や、食品添加物と脳の健康の関係においてマイクロバイオームが果たしている媒介的役割に関する知見が得られる前に実施されている。アメリカ食品医薬品局（ＦＤＡ）が実施している安全テストは、添加物に即効性の毒性があるか否か、がんを発症するリスクを高めるか否かを検査するために考案された、短期的な動物モデルに依存している。そのような射程の短いテストでは、脳の長期的健康に対する食品添加物の有害な効果を正しく評価することはできない。

今日もっともよく使われている食品添加物のうちのいくつかは、身体に低悪性度炎症を引き起こし、脂肪分や糖分の摂取とあいまって、身体や脳の健康を損なうことが知られている。以下、いくつかの食品添加物を一つずつ見ていこう。

▼人工甘味料

食品添加物の導入が私たちの身体にもたらした極端な変化の代表例の一つは、糖分に対する飽くなき欲求を食品産業が巧妙に利用する、その手口に見出せる。一方では、さまざまな食品、しかも甘い必要のない（食パンやクラッカーなどの）食品にさえ、異性化糖〔ぶどう糖を異性化酵素によって部分的に果糖に変えたもので、ぶどう糖よりも甘みが強い〕という形態で多量の糖分が添加されている。他方、人工甘味料は、「カロリーが心配だけど甘いものが食べたい」という私たちの欲求を満たすために、さまざまな食品に添加されるようになった。一世紀以上前に導入された人工甘味料は、多量の糖分の摂取が引き起こす体重増加や、血糖値の危険な上昇を心配せずに、甘いものを食べられるようにしたのだ。さしづめ「好きなだけケーキを買って、思う存分食べられる」とでもいうところだろうか。アメリカでは、その種の化学物質が六種類ほどＦＤＡによって認可されており、今日では、ダイエットソーダ、穀類加工食品（シリアル）、無糖（シュガー・フリー）のデザートなど、消費量の多い食品にふんだんに添加されている。科学に明るい人でさえ、そのような食品を好んで食べているのが現状だ。私が在籍するＵＣＬＡの所属部門におけるランチでもっとも人気があるのは、加工肉たっぷりのパストラミ・サンドウイッチはいうに及ばず、ダイエットコークやダイエットペプシ、そして脂っこいポテトチップスである。

これほど多くの食品に添加されているにもかかわらず、いわれているような健康への恩恵が人工甘味料に実際にあることを示す証拠は、せいぜいないわけではないといえる程度のもので、体重増加、2型糖尿病のような代謝疾患を発症するリスクの上昇など、むしろその危険性を示す証拠が得られつつある。たとえば、イスラエルのワイツマン科学研究所のヨタム・スエズが率いるグループが、マウスを使って行なった最近の実験の結果によれば、市販されている三種類の人工甘味料サッカリン、スクラロース、アスパルテームは、耐糖能障害やメタボリックシンドロームを引き起こす場合がある。この発見はそれ自体でも非常に興味深いが、その過程でマイクロバイオータが重要な役割を果たしている事実がわかったことはさらに注目に値する。人工甘味料を摂取したマウスの便を、摂取したことのない無菌マウスに移植すると、後者に耐糖能障害やメタボリックシンドロームの徴候が見られるようになった。スエズらがマウスのマイクロバイオータを分析したところ、高脂肪食を摂取したときと同様、人工甘味料の摂取によってバクテロイデス属の細菌が腸内で増えていることがわかったのである。つまり、チーズを含む脂肪分の多いエンチラーダ（トルティーヤに肉やチーズや豆を詰めたメキシコ料理）と一緒にダイエットソーダを飲めば、減量に資するどころか、チーズの脂肪分が、代謝機能に対する危害をさらに悪化させる結果になるということだ。

また人工甘味料は、結腸で吸収される短鎖脂肪酸を増産して余分なカロリーを生む方向へと、腸内微生物の代謝経路を変える。つまり人工甘味料を摂取すると、身体は、小腸で吸収される糖分の欠乏を埋め合わせるために、マイクロバイオータを動員して、それが生成する代謝物質から、結腸でより多くのカロリーを引き出そうとするのだ。ゆえに、人工甘味料でカロリー摂取を控えようとする試みはうまくいかない。というのも、前述のとおり、腸が微生物と結託して、食べたものからそれ以上のカロリーを引き出そうとするからである。

この結果は、マウスのみならず人間にも当てはまる。スエズのグループが数百人の被験者を対象に行なった研究では、人工甘味料を摂取した被験者は太る傾向にあり、空腹時血糖値が高く、マイクロバイオータの構成が大きく変化したと報告されている。原因は明らかに、マイクロバイオータにあった。というのも、サッカリンを始終口にしている健康な被験者の便を移植されたマウスが糖分を摂取すると、血糖値が異常に上昇したからだ。

このような研究は、人工甘味料が短期の減量に役立たないことのみならず、脳腸相関に炎症を引き起こし、ひいては身体や脳を損なう主要因になる可能性を強く示唆する。食品に貼られているラベルをよく見て人工甘味料の有無を確認し、添加されていたらなるべく買わないほうがよいだろう。

▼食品乳化剤

乳化剤は、洗剤に似た分子からなり、水と油のように通常は容易に混合しない二種類の液体を混ざり合わせるよう働く。食品業界は、マヨネーズ、ソース、キャンディ、食パンなどのさまざまな食品に、安定化のためにたいてい乳化剤を加えている。乳化剤の添加は、チョコンートの場合にはソルビタントリステアレート、アイスクリームではポリソルベート、加工肉ではクエン酸エステルなどと、製品のラベルに記載されている〔記述は米国での場合であり、日本では食品表示法で定められ、一部異なる〕。しかし洗剤に似た乳化剤の分子には負の側面がある。消化管の内表面を覆う、保護機能のある粘液層を破壊するので、腸内微生物が消化管内壁にアクセスしやすくなるのだ。また食品乳化剤は、腸の内壁が形成する堅固な防壁を破壊するため、腸内細菌がそれを越えて近くの免疫細胞にアクセスできるようになる。これが代謝中毒症を引き起こしやすくするのである。

腸に対する乳化剤の有害な効果に腸内微生物が関与している可能性を調査するために、エモリー大学のアンドリュー・ジェウィルスらは、マウスに低濃度の食品乳化剤を与えた。実験に用いられた二種類の食品乳化剤は、一般によく使われているポリソルベート八〇とカルボキシメチルセルロースである。その結果、この二種類の乳化剤は、マウスに軽度の腸炎、肥満、メタボリックシンドロームの諸症状を引き起こすことがわかった。また、マウスのマイクロバイオータは腸壁の近辺に付着し、腸内微生物の構成が変化した。さらに、高脂肪食を与えられた動物と同様、ＬＰＳレベルが上昇した。

抗生物質を投与されたマウスは、乳化剤による代謝の変化を引き起こさなかった。この事実は、その過程でマイクロバイオータが重要な役割を担うことを示唆する。この発見は、乳化剤を与えられたマウスの便を無菌マウスに移植する実験でも、同様な代謝の変化が確認されていることからも裏づけられる。

一般に使用されている食品添加物には、健全な代謝を乱す危険性に加えて、「脳－腸－マイクロバイオーム」相関の機能や脳の健康を損なう危険性もある。一連の実験によって、食品乳化剤は、動物性脂肪や人工甘味料と同じように、腸などの内臓器官や、食欲をコントロールする領域を含めた脳の諸領域に低悪性度炎症が起こりやすくなるような方向へと、マイクロバイオータの構成を変えることが報告されている。こうして食品乳化剤の摂取は高カロリー食品の食べすぎにつながり、その結果炎症が悪化し、健康が損なわれるのだ。ところで残念なことに、脳の健康に悪影響を及ぼす食品添加物は他にもある。

▼活性グルテン

高級スーパーで買い物をすれば、グルテン無添加（フリー）の食パン、パスタ、シリアル、さらにはソフトドリンク、ワインなどといった代物を目にするはずだ。このように、いわゆるグルテンフリー食の人気は、ここ一〇年間で急上昇した。最近の調査によれば、今日では、アメリカの成人の三分の一が、グルテンフリーの食品を摂取している。

グルテンとは、種々のタンパク質が混合したもので、小麦のタンパク質の一二〜一四パーセントを占める。また、含有率は低いが、大麦やライムギ、さらにはそれらを原料にする製品にも含まれる。小麦は世界でもっとも広範に栽培されている穀物であり、いうまでもなく、食パン、パスタ、ベーグル、ピザ、シリアルなどの食品の製造に使われている。アメリカ的日常食には、グルテンの使用は欠かせないともいえよう。

また、グルテンは、小麦から精製される「活性グルテン」と呼ばれる食品添加物としても使われる。食品業界は、食パン、朝食用シリアル、肉製品などのさまざまな食品に活性グルテンを添加している。活性グルテンは、心地良い舌触り、食パンの噛みごたえ、さらには賞味期限を長くするなど、食物にさまざまな特性を与える。また、加工肉においては、水分と脂肪分の結合を補助する役目もある。活性グルテンは、従来グルテンを含む食品（食パン、パスタ、ピザ、ビールなど）にも、もとは含んでいない肉製品、ソース、ミルク、さらには驚くべきことに、化粧品などの食品以外の製品にまで添加されている。アメリカ人が小麦粉や穀物から摂取しているグルテンの量は、一九七〇年の年間九ポンド〔一ポンドはおよそ四五〇グラム〕から二〇〇〇年の一二ポンドへと、ここ半世紀ほどで三〇パーセント増加した。また、さまざまな食品に添加されているグルテン添加物の消費量は、少なくとも三倍に増えている。

このようなグルテンの消費量の増加は、憂慮すべき事態なのか？

グルテンに過剰反応して、腸壁へ抗体を分泌するよう免疫系を促すシリアック病を抱える一パーセントの人々は、間違いなく憂慮すべきである。生成された抗体は体内に残り、腹痛、下痢、体重の減少、疲労、ひどいときには神経性疾患などの症状を慢性的に引き起こす。なかには、小麦の摂取を控えるようにしてからも持続する症状がある。

ここ六〇年間、シリアック病は増加の一途を辿った。現在では、世界の人口の一パーセントがこの病気を抱えている。増加の理由はまだよくわかっていない。その原因を、グルテンを含む食物の消費量の増大に求める説や、外来の微生物と交換することによって幼少期に生じた、腸を本拠地とする免疫系の異変に求める説もある。また三つ目の説として、品種改良や栽培方法の転換で生じた、小麦自体の変化にその原因を求める見方もある。

グルテンや、小麦に含まれる他のタンパク質を摂取すると、免疫グロブリンＥ（ＩｇＥ）と呼ばれる、アレルギーを引き起こす抗体を免疫系が生成しはじめる、小麦アレルギーを抱える少数の人々も注意したほうがよい。小麦アレルギーを抱える人が小麦を食べると、じんましん、鼻づまり、腹部けいれん、嚥下(えんげ)や呼吸を困難にする口内や喉の腫れが生じ、場合によっては生命に危険が及ぶ重篤な症状を引き起こすこともある。

グルテンフリー食は、一般にはこのような症状を緩和するのに役立つ。グルテンフリー食品の普及によって、シリアック病や小麦アレルギーを抱える人々は、激しい症状を経験せずに暮らせるようになった。

では症状がない人は、食品に含まれる活性グルテンが脳に及ぼす影響に無関心でいてもよいのだろうか? グルテンは万人に有害だという主張が世にまかり通っているが、この極端な見解を裏づける有力な科学的証拠は、今のところない。実際に効果があるかどうかがわからないにもかかわらず、活性グルテンが広く用いられるようになるはるか以前から存在していた、ごくありふれた病気への罹患を避けるために、パリパリの新鮮なフランスパンや、柔らかく湿ったチャバッタ〔イタリアのロンバルディア地方で生産されている伝統的なパン〕、あるいはおいしいパスタを食べるのを我慢しているフランス人やイタリア人の話など、私は聞いたためしがない。

ある中年女性リンダ・シュミットは、自分の症状がグルテン過敏症に起因すると確信していた。グルテンを含む穀物を食べると、数時間から数日で、目に見える腹部の張り、腹鳴、腹部の痛みや不快感、便通の乱れ、疲労、もやもやなど、IBSに類似する諸症状が現われはじめたのだ。担当の胃腸病医による包括的な検査で、シリアック病の可能性は否定されていた。それでもリンダは、新聞や雑誌でグルテン不耐性に関する記事を読んだり、テレビでその関連の話を聞いたりして、グルテンフリー食（ダイエット）の導入を決心したという。彼女の言によれば、結果には目覚ましいものがあり、食事を変えた直後から消化器系の症状は改善し、もやもやはなくなり、久しぶりに健康を取り戻した感触を得たとのことだった。

私は、リンダのような患者によく出会う。彼らはシリアック病の診断こそ受けていないものの、グルテンフリー食に切り替えた途端、それまで出ていたＩＢＳ症状に劇的な改善が見られたと報告している（ただし、残留症状のために現在でも私の診察を受けに来ている）。

グルテン過敏症に対する一般向けの書籍やマスメディアの注目や、やっかいな胃腸の障害と、それに関連する疲労、活力減退、慢性疼痛などの身体症状の奇跡的な治癒を約束する宣伝広告によって、多くの人がグルテンフリー食を採用するようになった。また、数十億ドル産業となったグルテンフリー食品業界の宣伝に煽られて、グルテンを含む食物をめぐる、いわば一種のマスヒステリーが発生している状況にもある。

だが、そもそもアメリカの日常食自体が、「脳－腸－マイクロバイオーム」相関に悪影響を及ぼしている可能性もある。リンダ・シュミットは、非シリアックグルテン過敏症と呼ばれる、グルテンが関与する三番目のタイプの障害を抱えているのかもしれない。この障害は、シリアック病よりはるかに多く報告されるもののよく理解されておらず、それに関する現時点での科学的な説明は、せいぜい概略的なものにすぎない。小規模研究で得られた結果によれば、グルテン過敏症を強調する人々の主張とは異なり、非シリアックグルテン過敏症を抱える人の免疫反応は特に異常をきたしておらず、腸が漏れやすいというわけでもない。活性グルテンの摂取量の増加は、私たちの健康を損なう代謝物質を生成するよう腸内微生物に悪影響を及ぼしたのだろうか？　それとも、グルテンそのものより、他のさまざまな添加物（ほとんどに活性グルテンが多量に含まれている）を含む加工食品が主犯なのか？

この問いに対する決定的な答えはまだ得られておらず、今後の研究が待たれる。グルテンの害悪を強く信じる人々は、それを確固とした障害と見なしているため、今後の科学的検証など必要ないと考えている。だが、多量の脂肪、人工甘味料、乳化剤などの成分によって、腸内に存在する神経終末、内分泌細胞、免疫細胞が備える無数のセンサーの設定値が変わった可能性もある。腸は、体内でもっとも複雑な感覚器官であることを思い出されたい。そしてその種の変化によって、腸が腸管神経系や脳に送るシグナルが変わっているのかもしれない。リンダ・シュミットのように過敏な腸を持つ人は、かつては見られなかった食物感受性や食物アレルギーの徴候を呈するようになったのだろうか？　ひょっとすると彼らは、皆が気づくはるか以前に敏感な身体で災厄を察知する、いわば炭鉱のカナリアなのか？

アメリカ的日常食と脳の慢性疾患

オーブリー（五五歳）の便秘は、一二年にわたって徐々に悪化した。私の診察室を訪れたときには、症状があまりにもひどくなったために、毎日下剤を使用し、排便に尽大な努力を要する状態で、下剤を使わなければ数日間便通がないこともあったらしい。

オーブリーが抱える症状の原因を示す手がかりを得ようと、私はじっくりと彼の話を聞いた。その結果次のことがわかった。高血圧の治療に用いられるカルシウム拮抗剤のように、副作用として便秘を引き起こす薬は服用していない。抑うつは便秘をもたらす場合があるが、それも彼には当てはまらない。食習慣について尋ねてみたが、とりたてて異常な習慣はない。彼は、それまでずっと典型的なアメリカの食生活を続けてきたらしく、好きな食べ物は、ステーキ、ホットドッグ、ハンバーガーだ。最初は症状の原因がまったくわからなかったが、彼の手を見ると、右手の人差し指と親指が小刻みに震えていた。

その種の震えは、世界中で七〇〇万人以上（アメリカでは一〇〇万人）が罹患しているパーキンソン病の初期症状の一つでもある。特徴的な手の震え、動作の緩慢さ、筋肉の硬直、姿勢やバランスの悪さなど、進行したパーキンソン病の典型的な症状で、神経伝達物質としてドーパミンを含有する、運動協調を司るいくつかの脳領域の変性を反映する。しかし、このように典型的な神経症状が発現するはるか以前に、消化管症状が進行することが多い。その種の症状、とりわけ便秘は、パーキンソン病患者のおよそ八〇パーセントに見られ、その発症は、パーキンソン病の典型的な症状が現われる数十年前の場合もある。

パーキンソン病によって影響を受ける脳領域の神経細胞は、いわゆるレビー小体を含む。レビー小体とは、神経の機能を阻害するタンパク質の異常な塊を指す。パーキンソン病は、便秘の初期症状が進行するにつれて腸内で発現し、それが次第に脳に転移していくのか？　パーキンソン病は、実のところ脳腸障害なのか？　原因の一端はマイクロバイオームにあるのか？　最新の科学的証拠に基づくと、一連の問いに対する答えは、すべて「イエス」だと思われる。

寄り集まってレビー小体を形成するタンパク質α(アルファ)シヌクレインは、患者の脳ばかりでなく、腸内の神経細胞にも存在する。事実、腸管神経系の神経細胞には、パーキンソン病の症状が発現する何年も前から変質しているものがある。それによって、腸の小さな脳の精緻な機能が損なわれ、蠕動は遅滞し、結腸を便が通過する時間が遅れるようになるのだ。これに関しては次のような説がある。選択的に神経細胞に感染する向神経性ウイルスを含んだ食物や水を摂取すると、取り込まれたウイルスは徐々に腸壁を通過して腸管神経系に達し、そこから容赦なく、内臓刺激を脳に伝えるスーパーハイウェイ、迷走神経に入り込む。かくしてウイルスは迷走神経を介して脳幹に感染し、さらに動作や気分を司る脳領域に達するのである。

現時点では、そのようなウイルスの存在は確認されていないが、感染を容易にする、あるいは腸内に宿るその種のウイルスの成長を促すような変化が、患者のマイクロバイオータに見出されている。ヘルシンキ大学のフィリップ・シェペルヤンスらによる最近の研究が示すように、パーキンソン病患者のマイクロバイオータは、著しく変化している。パーキンソン病患者では、健常者と比べてマイクロバイオータを構成するプレボテーラ菌の割合が低下しているのだ。次の事実は、おそらく偶然の一致ではないだろう。植物性食物主体の食生活を送っている人の腸内ではプレボテーラ菌が繁栄し、野菜をあまり食べず、肉類やミルクなどの乳製品をおもに食べている人の腸内では減少している。とはいえ、腸内微生物の構成の変化がパーキンソン病発症の一因なのか、それとも逆に、微生物の構成の変化のほうが、パーキンソン病による腸内環境の変化の結果なのかは、まだわかっていない。あるいは、腸内微生物の構成の変化は、遺伝的な脆弱性や環境毒素への曝露などの他の要因と複合したときにのみ、効力を発揮するという可能性も考えられる。パーキンソン病というジグソーパズルを解くには、まだ多くのピースが欠けている。しかし、パーキンソン病が「脳−腸−マイクロバイオーム」相関の疾病であることを示唆する科学的証拠は、他の研究でも得られている。たとえば、マイクロバイオームの構成を変える菜食主義は、パーキンソン病発症のリスクを低下させる。また現在では、年齢を重ねると腸内微生物の多様性が低下し、マイクロバイオームが攪乱の影響を受けやすくなることが知られている。もしかすると、パーキンソン病は、通常六〇歳を過ぎてから発症するのも、そのせいかもしれない。

この仮説が正しければ、パーキンソン病に罹患する高いリスクを抱える人が、腸の免疫系を鎮静化するための食餌療法を早くから実践することは、この疾病の発症を防ぐのに、あるいは少なくとも遅らせるのに役立つはずだ。さらにいえば、典型的なアメリカ的食生活をやめれば、多くの人がパーキンソン病に罹患せずに済むかもしれない。

地中海式食事法の再発見

私は二年前、イタリアはマルケ州の州都アンコーナのすぐ南に位置する、アドリア海に面した小さな町フェルモで有機ワイナリーを営む友人、マルコ・カバリエリと愛らしい妻アントネラを訪ねた。かの地では、ブドウやオリーブの木、そして黄色く輝くヒマワリが植わる小さな畑で覆われたゆるやかにうねる丘と、青い海へとなだらかに落ち込む小麦畑に目を奪われた。種々の作物が植えられた畑は、木立、茂み、ヤグルマギクを境界として区画され、美と調和と友愛を体現する秀逸なデザインを自然に生んでいた。この土地の風景の美しさは、農産物としての植物の多様性にその一端がある。午後九時半に到着したので、私は友人たちと軽く夕食をともにするだけだろうと思っていたが、ピアッツァ・デル・ポポロの近くにあるレストランで歓迎を受けた。「人々の広場」を意味するピアッツァは、その名のとおり、会話に興じる町の人々や、サッカーをする子どもたちであふれていた。カバリエリ夫妻の友人でもあるレストランのオーナーのあいさつを受けたあと、私たちのテーブルには、全粒穀物のラザニア、ガチョウの胸肉、ローストした季節の野菜、チコリー、タコのグリル、ペコリーノチーズ、地元産のオリーブと、控えめな量のおいしい料理が次々に運ばれてきた。料理はすべて、地元産のオリーブオイルを用いて調理されていた。なかには、八〇〇年前にベネディクト会の修道士が植えたオリーブの木から採取されたオイルさえあった。その夜、私たちが食べた料理には、動物性脂肪がまったく含まれていなかった。晩餐が終わるまでに、マルコのブドウ園で育てられた有機栽培ぶどうから醸造されたワインのボトルを二本飲み干した。

家族連れがそぞろ歩くピアッツァで、マルコは、この地方における作物やブドウの栽培、収穫、消費の独自性を説明してくれた。それによると、地元の人々が日頃食べているものの多くは、アドリア海で水揚げされた魚から各種チーズ、オリーブ、新鮮な果物、秋に捕獲されるイノシシやシカに至るまで、半径五〇マイル以内でとれたものだそうだ。このように原料供給が地理的に限定されているということは、その都度利用可能な素材の種類によって、季節ごとに食事のパターンが異なることを意味する。地方特産物への依存は、土地のワインにも当てはまる。海との距離、日照量、土壌の化学的構成などの条件のちがいから、地域ごとに異なるブドウが育てられているのだ。

フェルモは、スピリチュアルな土地でもある。これまで四人のローマ教皇を輩出してきたからというばかりではない（ピアッツァの四隅に各教皇の彫像が立っている）。当地の農業の歴史は、ベネディクト会の修道士が到来して、ファルファ修道院を設立した紀元八九〇年にさかのぼる。ファルファ修道院の修道士たちは、おもに農業の実践と、その方法を地元の人々に教えることによって、四百年にわたって当地の輝かしい発展に貢献した。「*Ora et labora*（祈りと労働）」という信念に従って、彼らは土地を耕し、研究し、洞察を書き留めた。手書き文書の多くは、ピアッツァに隣接する古い図書館で今でも閲覧できる。

私たちが前菜のラザニアとともに開けた最初のワインボトルは、ペコリーノぶどうのみから醸造されたドライな白ワインだった。マルコの説明では、このぶどうの名称は、私たちがワインとともに味わったペコリーノチーズの製造に携わる、山岳地帯の羊飼いが用いていることに由来するそうだ。またマルコは、彼が経営するワイナリーのロゴが、愛撫するかのごとく柔らかな手つきでぶどうを摘んでいる修道士を模写したものだと説明してくれた。まさにこの、自然やその産物に対する関心、情熱、敬意が、カバリエリ夫妻のブドウ園でも生きている。そのことは、彼らベネディクト会の修道士にちなんでつけられたブドウ園の名称「Le Corti Dei Farfensi」にも示されている。

二本目のワインボトル（マルケ州南部で収穫されるブドウ、モンテプルチャーノとサンジョヴェーゼをブレンドした年代ものの赤ワイン）を空にして、デザートの小さなティラミスに手をつけるころには、この地方でこれまで長く維持されてきた、食品やワインの独自の製法をひととおり学べた。私はそれを通じて、地中海料理には、植物性食物や動物性食物が占める割合や、素材の独自性以上の特徴があることを知った。こうしてこの地方で数日間過ごすあいだに、歴史、精神、環境、生物学的特徴に関するもろもろの要因の密接な相互作用が、地中海式食事法の持つ、健康への目覚しい効果に大きく寄与していることをまざまざと知ることができた。

栄養学の専門家のあいだでは、はやりの食事法（ダイエット）とは異なり、地中海式食事法や、それに類する食習慣には、健康にもたらす恵みがあるという見解が広く共有されている。伝統的な地中海式食事法は、ギリシアやローマが支配していた地域ではじまり、のちには地中海沿岸のアラブ・アフリカ諸国から新たな知見を取り込みながら、二〇〇〇年の時を経て発展してきた。このように、外部からのさまざまな影響を受けることによって、地中海沿岸の各地域で栽培、加工、消費される作物の多様性が格段に高まったのである。典型的な地中海式食事法には、少なくとも五ポーション（ポーションは栄養学で用いられている単位）の野菜、一～二ポーションのマメ類、三ポーションの果物、三～五ポーションの穀物、五ポーションの植物油（オリーブオイル、アボカド、木の実、種子）が含まれる。また週に二～四回海産物が食卓に並び、赤肉（赤や暖色系の肉で、主に哺乳動物の肉を指す）は週に二回以上は食べない。地中海式食事法が健康へもたらす恵みは、メイヨークリニックの研究員アンセル・キーズが率いる研究チームが一九五〇～六〇年代に行なった七か国研究で、初めて系統的に調査された。この研究の被験者には、マルコが有機ブドウやオリーブを育てているマルケ州の、モンテジョルジョの住民が含まれる。地中海式食事法の実際の内容は国や地域によって異なり、また、七か国研究が実施されたころとは、食習慣に関する細かな内実がかなり変わってきてはいるが、（おもにオリーブオイルから得られる）モノ不飽和脂肪酸の摂取量が多く、果物、野菜、全粒穀物、低脂肪乳製品、適量の赤ワインを毎日とり、週に一度は魚類、家禽類、木の実、マメ類を食べ、赤肉はたまにしか口にしないという基本パターンは変わっていない。地中海式食事法に含まれる平均的な脂肪分は、シチリア島で二〇パーセント、ギリシアで三五パーセントとかなり幅があるが、そのほとんどは、植物油、とりわけオリーブオイルに由来する。代謝疾患、循環器疾患、がん、認知障害、うつ病などにおける死亡率に関して、地中海式食事法の有効性を報告する、疫学研究や臨床試験に基づく論文は数多く発表されている。この食事法の健康への恩恵は、これまでに発表されてきたすべての関連論文をメタ分析した、被験者総数が五〇万人を超える最近の大規模研究でも確認されている。

脳の健康に対する地中海式食事法の効果は、大規模な疫学研究以外でも見出されている。アメリカで暮らすほぼ七〇〇人の高齢者を対象に行なわれ、脳と地中海式食事法の関係を調査するために全員に脳スキャンを受けさせた最近の研究では、地中海式食事法を遵守してきた被験者は、そうでない被験者に比べ、多くの脳領域の体積が増大していることがわかった。この差を説明するおもな要因は、肉類の消費量の少なさと魚類の消費量の多さである。また、一四六人の高齢者の食習慣を評価し、九年後に脳の状態を調査した研究では次のような結果が得られている。地中海式食事法をどの程度徹底して実践しているかの評価では、二六パーセントの被験者はその度合いが低く、つまりほとんど実践しておらず、四七パーセントが中程度、二七パーセントが高かった。脳の調査では、地中海式食事法の徹底の度合いと、脳画像をもとに測定された、さまざまな脳領域間を結合する神経束の統合度のあいだに強い結びつきがあることがわかった。

地中海式食事法の持つ強い健康増進効果を説明するメカニズムが、いくつか提起されている。オリーブオイルや赤ワインには、細胞の健康に資する抗酸化物質やポリフェノールが高いレベルで含まれていることはもとより、地中海式食事法の抗炎症性効果は、よく指摘されるところだ。ポリフェノールとは、さまざまな飲食物に含まれる植物由来の成分で、赤ブドウとオリーブの他にも、多くの果物や野菜、さらにはコーヒー、茶、チョコレート、ある種の木の実に豊富に含まれる。

一〇月に再びマルコの家を訪ねたおりに、彼に連れられて丘に出かけ、その年のオリーブの収穫を見学することができた。三〇パーセントのオリーブの実が熟した日に、大々的な収穫が行なわれたのである。収穫された実は、数時間以内に加工場に運び込まれた。マルコの使用人たちは、フェルモ近郊に植えられたおよそ一八〇〇本の木からオリーブの実を収穫していた。木の大半は、何と！　樹齢五〇〇年から八〇〇年に達するのだそうだ。樹齢ばかりでなく大きさにも目をみはるものがあった。ねじれた幹を手で囲もうとすれば、二人で手を伸ばさなければならない。根はあらゆる方向に三〇メートルほど伸び、かくしてオリーブの木は、微生物に富む豊かで広大な土壌から栄養分を吸い上げているのである。樹齢が長い木の維持、緑色の実の採集、冷圧機を用いて即座に加工するなど、当地のオリーブ収穫の方式は、ポリフェノール成分をできる限り保持することを旨としている。

マルコが毎年行なっている新鮮なオリーブオイルの分析によれば、樹齢の長いオリーブの木から採集された実を原料とするオリーブオイルに含まれるポリフェノール成分は、若い木の実を原料としたもの（市販のオリーブオイルのほとんどはこれに該当する）に比べ、数倍の濃度に達する。樹齢とポリフェノール成分のあいだに関係があるのはなぜか？　オリーブの木は、疾病や気候変動に直面しても健康や生産性や回復力を保てるよう作用する化合物という形態で、自前の長寿カクテルを生成しているのか？　九〇歳を超えても健康で活動的な生活を送っている人の多さ（これはいくつかの科学的な調査でも確認されている）、驚異的な樹齢と健康、そして薬効のあるオリーブオイルを定期的に体内に取り込んでいることとのあいだには、関係があるのだろうか？

地中海式食事法は、ヤノマミ族やハッツァ族の先史時代の食習慣、あるいは魚菜食主義や菜食主義などの今日実践されているいくつかの健康食と同様、動物性食物に比べて植物性食物の割合が高い。植物性のものを主体とする食事の場合、複合炭水化物のレベルの高さに加え、高レベルのポリフェノールが、マイクロバイオータに良い影響を及ぼすことが現在ではわかっている。ポリフェノールは、新鮮なオリーブオイルの日々の摂取からのみ得られるのではない。健康を増進するこの化合物は、地中海式食事法の必須の素材である、木の実、果実、赤ワインにも含まれる。最近行なわれた小規模な研究では、赤ワインの摂取が、マイクロバイオータの構成に良好な影響を与えることが示されている。

多くの研究が地中海式食事法の瞠目すべき恩恵を実証しているとはいえ、食事には、科学では測定しきれない側面があることを忘れてはならない。食卓を囲むことによって得られる社会的な絆の感覚、そしてそれを楽しむ姿勢は、実証的に評価できる類のものではない。しかし私たちのフェルモ滞在が一つの指針になるとするなら、実証的には評価できない要因のそれぞれも、地中海式食事法の持つ、健康に対する効果に寄与しているといえるだろう。

第10章 健康を取り戻すために

腸とマイクロバイオータと脳の緊密な情報交換は、生涯を通じて二四時間三六五日、寝ても覚めても行き交っている。この三者間のコミュニケーションは、基本的な消化作用を協調して行なうためだけのものではなく、感情、判断、社会化、食事の量など、私たちの経験のあらゆる側面にさまざまな影響を及ぼしている。ゆえに、注意深くこの会話に聞き入れば、私たちは最適な健康を手にすることができるはずだ。

私たちは未曾有の時代に生きている。食べるもの、飲むものは劇的に変化してきた。これまでのどの時代に生きた人々よりも、化学物質や薬にさらされている。この一連の変化は、恒常的なストレスとあいまって、腸内微生物のみならず、腸内微生物と腸や脳との複雑な会話にも影響を及ぼすことがわかってきた。この会話は、ＩＢＳやある種の肥満をはじめとする、よくある消化管障害の発症と密接な関わりがある。そして今や、腸内微生物の生息環境の攪乱によって、脳に悪影響が及ぶ場合があることも理解されはじめた。最近の研究では、腸とマイクロバイオータと脳の相互作用の異変が、うつ病、不安障害、自閉症や、パーキンソン病、アルツハイマー病などの脳疾患にも関与しうることが示されている。いずれにせよこのような障害を抱えていない人でも、この三者間の会話について十分に理解することは、健康の改善につながるはずである。

最適な健康とは何か

数年前、私の古くからの友人メルビン・シャピロは、妻と、他の二組のカップルと一緒に、休暇を過ごすためにプエルトリコのサンファンで飛行機を乗り換えて、カリブ海の島に向かっていた。メルと友人たちは、それまでに何度かこの島に行ったことがあったが、今回は不運にもアクシデントに見舞われた。彼らを乗せた小さなプロペラ機が、誤ってジェット燃料を積み込まれたために、離陸後しばらくして墜落してしまったのだ。メルたちは命こそ奇跡的にとりとめたものの、何人かは重傷を負って入院しなければならなかった。メルは脊椎の一つと数本の肋骨を折り、膝下に深い傷を負って、地元の病院で応急処置を受けなければならなかった。そして、負傷後数時間以内にロサンゼルスに戻り、入院した。この話の肝はその後の彼の様子にある。心身にひどい傷を負ったにもかかわらず、メルは松葉杖をつきながらすぐに歩きはじめ、事故に遭遇してから三週間後には自分のオフィスで働き、一か月後に迫った重要な医学会議の準備を進めていたのである。

最適な健康状態を保って暮らしているアメリカ人など、ほんの一握りだ。ここでいう「最適な健康」状態とは、身体、心、情動、精神、社会的な関係がまったく健全で、活力にあふれ、何事に対しても適切に行動し、高い生産性を維持している状態のことである。いい換えると、ただ単にやっかいな症状を抱えていないというだけでなく、人生に満足を感じ、楽観的で、多くの友人と交際し、仕事を楽しんでいるような人を指す。私の友人メルはそんな一人だ。ときに私たちは、その種の人物にまつわる話を耳にする。八九歳になってランニングをはじめ、一〇一歳でボストンマラソンを完走した、通称「ターバンを巻いたトルネード」ファウジャ・シンなどはその好例である。「ユーモアのない人生など無駄だ。生きるとは、幸福になること、そして笑うことだ。それ以外にはない」とシンはいう。

七〇代後半や八〇代に差しかかった何人かの私の同僚は、今でも非常に健康で、研究、学生の指導、患者の診療、大規模な国際的研究の遂行、世界各国で開催される科学者会議での発表など、生産的な活動を旺盛に続けている。そんな彼らに共通する特徴は、あらゆるものごとに対する好奇心と情熱、そして嫌なできごとや人物にわずらわされるのを嫌うことだ。彼らの直感的な判断は、「何が起ころうがたいしたことはない」という前向きな偏見のもとに下されているように思える。また、健康面での被害（たとえばメルが遭遇した飛行機事故）や、配偶者の死などの個人的な喪失から立ち直る彼らの能力は、並外れている。回復力が非常に高く、予期せぬできごとに遭遇して身体や生活のバランスが乱れても、すぐに健康な状態に戻れるのだ。

アメリカでは、極めつきの健康（スーパーヘルシー）な人は、全人口の五パーセント未満しかいないと見積もられている。一般向けのメディアでは「最適な健康」が人気のトピックとして取り上げられているが、医師は、この目標の達成に向けた訓練を受けていない。従来、医療システム（よりふさわしい方は疾病治療システムであろう）は、慢性疾患の症状の治療にほぼ焦点を絞り、高価なスクリーニング検査や、同様に高くつく長期にわたる投薬を最大限行なってきた。また、連邦政府から資金を受けた生物医学研究は、もっぱら疾病のメカニズムの解明を重視し、最適な健康の維持に寄与する生物学的、環境的要因の特定に焦点が置かれることはまずない。

スーパーヘルシーな人より、これから紹介するサンディのような人のほうがはるかに多い。彼女はウエスト・ロサンゼルスに住む中年の実業家で、離婚歴があり、仕事に悪戦苦闘しながらも十代の二人の娘を育てている。子どものころから腸が敏感だったという記憶はあるものの、それほどひどくはない。そんな人によくあるように、自分の健康を疑わず、それについて医師に相談したことは一度もなかった。だが、やがて彼女は疲れやすくなり、かつての活力を失ったと感じはじめる。朝は疲労が残ったまま目覚めるようになり、体重が一年で七キログラムほど増加した。月に何度か、ときに目を充血させながら東海岸まで飛行機で出かけていたが、かつてと比べて旅行で溜まった疲労からなかなか回復しなくなったことに気づいた。

最近まで、サンディは自分の消化器系に注意を払ったことなどなかった。もちろん、消化器系の健康にプロバイオティクス入りのヨーグルトが良いことを宣伝するテレビコマーシャルを観たり、トークショーのゲストがグルテンの危険な作用について講釈するのを聞いたりしたことはあった。また、胃腸症状に対するグルテンフリー食の有効性を説く本を読んだこともあった。やがて彼女は、手軽な食事法で自分のマイクロバイオームを最適化する方法に関心を持ちはじめ、それについて私のアドバイスを受けに来たのである。

サンディは、「前疾病状態」ともいえる健康状態にある、急増中の人々のうちの一人で、公式に何らかの病気と診断されたわけではない。たとえば血液検査をしても、疾病の徴候を示す生物化学的証拠は何も検知されない。しかし彼らは、つねにストレスや不安を抱えており、ストレスを感じると、なかなかリラックスした状態に戻れない。また、太り気味か肥満の人が多く、血圧はぎりぎり正常ながらかなり高く、つねに消化器系に軽い不快感を覚え（胸焼け、腹部膨満、不規則な便通）、満足に社会生活を送るための時間と活力が不足している。しょっちゅう睡眠不足で、活力を失い、疲労し、腰痛や頭痛など、身体のどこかに痛みが周期的に生じる。彼らはそれを、家族を養っていくため、あるいは出世のための代償と見なしているふしもある。そのような人は、ＩＢＳ、線維筋痛症、慢性疲労症候群、軽度の高血圧などといった症状の診断基準を満たさない場合が多いが、全身性炎症マーカーなどの特殊なテストによって、いくつかの特徴的な異常が検出される場合がある。

　このような「前疾病状態」は、身体の消耗（アロスタティック負荷と呼ばれる）の結果と見なすことができ、小さなストレスを繰り返し経験したり、恒常的にストレスを受けたりすると次第に募ってくる。多くの人がストレスに満ちた環境のもとで暮らしているのは確かだが、なかにはとりわけ消耗しやすい人がいる。脳のストレス神経回路が繰り返し、もしくは長期間活性化すると、代謝、循環器系、脳の健康が損なわれる。またアロスタティック負荷は、「脳－腸－マイクロバイオーム」相関に強い影響を及ぼす。おそらく、内臓反応によって腸内微生物の振る舞いが左右されるからだ。アロスタティック負荷が増大するにつれ、腸内微生物と脳腸相関は、全身性炎症の発現を媒介しはじめる。炎症が悪化すると、ＬＰＳ、アディポカイン（脂肪細胞が生成するシグナル分子）、Ｃ反応性タンパクと呼ばれる物質など、血中の炎症マーカーのレベルが上昇する。

　これまで見てきたように、食事はマイクロバイオータに影響を及ぼして、代謝中毒症と呼ばれる類似の炎症状態を引き起こす。代謝中毒症を数十年抱えていると、たとえ他の面ではいたって健康だったとしても、脳に重大な構造的・機能的障害が生じる可能性が十分にある。

さらに憂慮すべきことに、慢性ストレスに起因する内臓反応と、高脂肪食に起因する内臓反応が組み合わさると、炎症が悪化する可能性がある。腸の漏れやすさが増し、マイクロバイオータの活動によって腸の免疫系が活性化される機会が増えるからだ。強いストレスを受けると、気晴らし食品に手を出しやすくなり、そのために脳のストレス神経回路の活動レベルが高まって、腸内の炎症が悪化するという悪循環に陥る。

腸内微生物に動物性脂肪の多い食物を与え続け、恒常的なストレスによって脳が常時消耗する状態に置かれると、この二つの要因が結びつき、（おそらくは、未知の要因が引き金となって）やがて猛烈な嵐（パーフェクト・ストーム）が引き起こされる。こうして「前疾病状態」から、メタボリックシンドローム、循環器系疾患、がん、神経変性疾患などの健康障害が発現する。

私は、サンディにしっかりとした医学的アドバイスを与え、健康なマイクロバイオームを築くにはどうすればよいのかという彼女の問いに正しく答えられただろうか？　どうすれば「前疾病状態」を脱して最適な健康を手にできるのかという問いについては？　答えはイエスだ。私は、「脳－腸－マイクロバイオーム」相関のバランスの維持に注意を払い、その回復力を強化することによって最適な健康を手にできると、固く信じている。

健康なマイクロバイオームとは何か

マイクロバイオームの健康を保つためには、健康なマイクロバイオームが何によって構成されるのかをまず理解しなければならない。

マイクロバイオームは一つの生態系なのだから、生態学の観点から考えてみるとよい。人体を風景になぞらえ、身体の個々の器官を一つの地域と見なし、おのおの地域が微生物に独自の生息地を提供しているととらえるのだ。たとえば腟内には少数の微生物種が、また、口内には多様な微生物が宿っている。消化器系内に限ってもいくつかの異なる地域が存在し、胃や小腸における微生物の多様性のレベルは低く、大腸には体内で最多種、最多数の微生物が生息する。

UCLAの同僚で生態学者のダニエル・ブルムスタインに生態系の健康とは何かを尋ねたところ、自然の生態系には、いくつかの安定した健康状態があることを教えてくれた。つまり、いかなる生態系も複数の安定状態を示すのだ。人体内の微生物の生態系では、健康に結びつく安定状態と、疾病をもたらす安定状態の二通りがある。

生態系の安定状態という概念を視覚化するために、私はよく、パシフィック・コースト・ハイウェイ（カリフォルニア州道一号線）に沿った、サンタバーバラからモントレーまでのドライブを思い出す。私はこのルートを走るとき、オークの木やブドウ園で覆われたゆるやかに波打つ丘が、海岸に近づくにつれ、峡谷によって分かたれた高い山々に変わってゆく様子を眺めて楽しむ。この美しい風景は、地質、河川、地震、断層活動、天候、あるいは数千年間この土地で暮らし続けてきた動物など、いくつかの要因によって形作られてきたものだ。この風景の真ん中に、上空から巨大なボールを落とし、その転がり具合を観察しようとしたとする。ボールは、谷やくぼ地に転がり込んで止まるだろう。いったん転がり込んだくぼ地が深ければ深いほど、そのくぼ地から丘を隔てた別のくぼ地へとボール

図7

抗生物質、ストレス、感染は
いかに腸内微生物の生態的風景を変えるのか

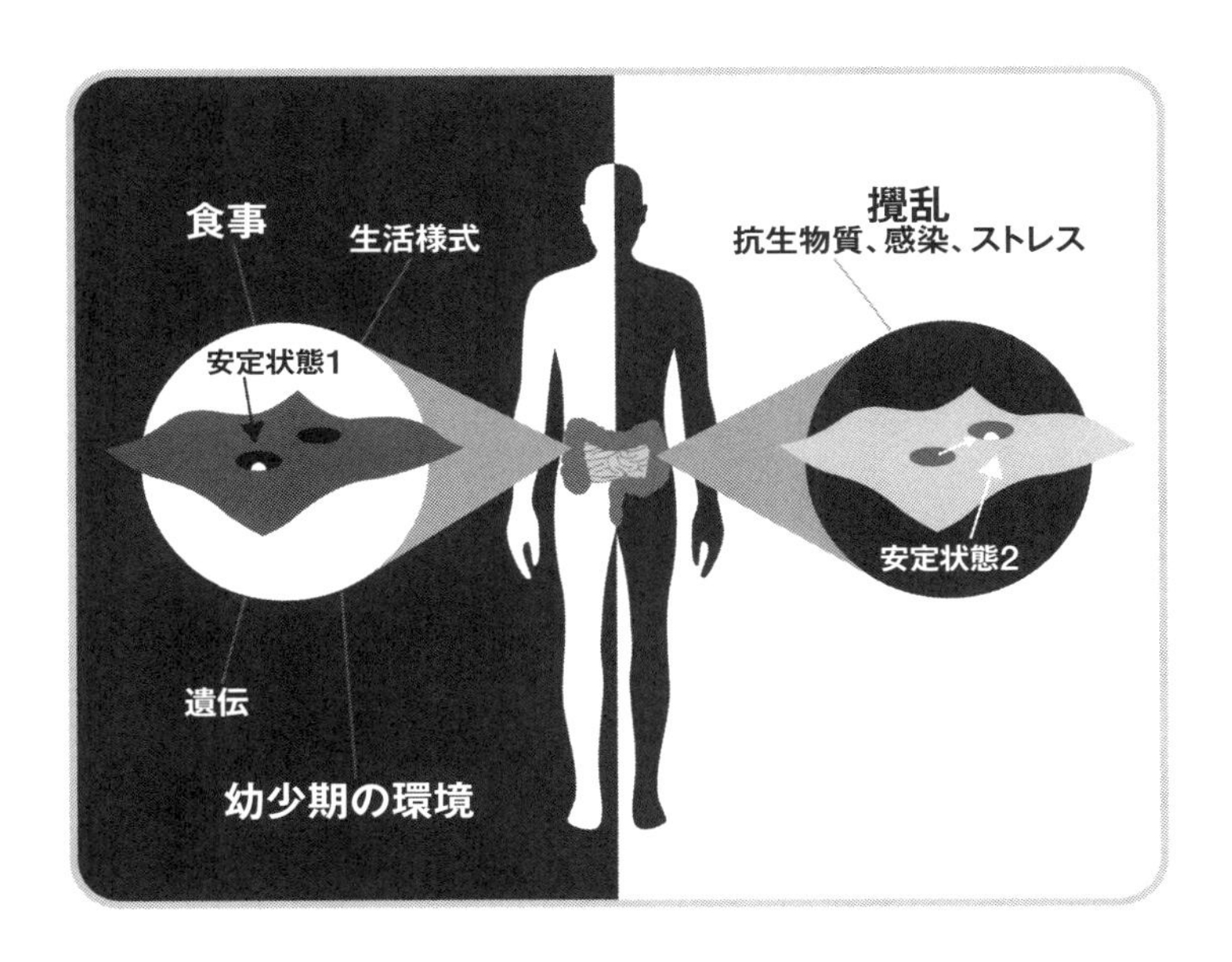

生態学の用語でいえば、腸の構造と、腸内微生物の機能は、丘と谷から構成される安定した風景として概念化することができ、谷が深ければ深いほど、攪乱に対する抵抗力は強くなる。この風景が示す状態の安定性は、遺伝子や幼少期のできごとなど、さまざまな要因によって決定される。システムは、大きな攪乱を受けると、もとの安定した状態から新たな状態へと移行する。この新たな状態は、安定している場合もあれば、一時的なものにすぎない場合もあるが、その多くは疾病に結びつく。もっとも一般的な攪乱要因は、抗生物質、感染、ストレスである。

を移動させるには、より大きな力が必要になる。いい換えると、深いくぼ地にはまり込んだボールは、きわめて安定した状態に置かれる。そしてくぼ地が深ければ深いほど、安定度は高い。

それと同様、腸内微生物で構成される生態系を、丘に覆われた風景として三次元グラフに表わすことができる。この場合、くぼ地の底から丘の頂上までの距離によって、そのくぼ地から丘を隔てた隣のくぼ地までボールを移動させるのに必要な、すなわち一つの安定状態から別の安定状態に移るのに必要なエネルギー量が示される。スタンフォード大学に在籍する小児科医で微生物学の第一人者でもあるデイヴィッド・レルマンによれば、腸内微生物のもっとも安定した状態（もっとも際立ったくぼ地）は、最適な健康か慢性疾患かのいずれかを反映するという。

自然の風景と同様、マイクロバイオームの風景はさまざまな要因が決定づける。主要因は、遺伝的構成、および、良い方向にせよ悪い方向にせよ、幼少期の経験によって遺伝子がいかなる変更を被ったかである。また、免疫系の活動、食習慣、ライフスタイル、環境、および性格によって各人で異なってくる内臓反応も重要な要因をなす。

すでに完了した研究の数は限られるが、マイクロバイオータの構成を調査する経年的研究では、食生活の変更、免疫機能、薬、とりわけ抗生物質の投与によって、マイクロバイオータの構成が変化する場合があることが示されている。それには、元の健康な状態にすぐに戻る一時的な変化と、長引いて慢性疾患を引き起こす変化がある。このように腸内微生物が織りなす風景によって、腸感染に続いて消化器系に長引く不調が引き起こされたり、デザートを食べたあとで血糖値が異常に上がったりするのである。もしかすると、その人が宿す微生物の風景に応じて、健康的な食事への転換やプロバイオティクスの摂取による恩恵を受けられるか否かが、あるいは抗生物質の作用に敏感かどうかが決まる、ということも考えられる。

▼多様性

一般に認められている健康なマイクロバイオームの基準の一つは、多様性と、それを構成する微生物種の多さである。自然の生態系と同じく、マイクロバイオームの多様性のレベルが高ければ攪乱に対する回復力は強く、低ければ弱い。また、微生物の種数が少ないと、(病原菌、ウイルス、腸内の病原性共生生物による) 感染、粗悪な食事、投薬などによる攪乱に耐える能力が低下する。

ただしそれには、健康時に微生物の多様性が低下する、新生児の腸内、あるいは膣内のマイクロバイオータなどの顕著な例外がある。というのも、新生児のマイクロバイオームは、初期のプログラミングがなされる時期には腸内微生物コミュニティの独自のパターンを築くために、また、膣内マイクロバイオームは、生殖と分娩に求められる独自の条件に対応するために柔軟性を必要とするからだ。つまり、微生物が生息する場所の安定性を確保し、感染や疾病から守るための賢い戦略を、自然は生み出したのである。ちなみにどちらのマイクロバイオータも乳酸菌とビフィズス菌で占められるのだが、この二種類の細菌は抗菌性の物質を生成する能力や、乳酸を分泌して、他のほとんどの微生物や病原菌には生息が困難な酸性度の高い環境を生み出す独自の能力を有する。

多様性のレベルが低く、比較的不安定な腸内微生物コミュニティを宿す人でも、疾病のあからさまな徴候を示さない場合がある。しかし、そのような高いリスクを抱える人は、マイクロバイオータが攪乱されると疾病を発症しやすくなる。次々に得られつつある科学的な知見によると、肥満、炎症性腸疾患、ならびにその他の自己免疫疾患は、腸内微生物の多様性の低下に結びつき、抗生物質の継続的な服用の結果発症することも多い。おそらくは、他の疾病にも同じことが当てはまるのかもしれない。

残念ながら、生後の三年間で確立された腸内微生物の多様性は、向上させるより低下させるほうが簡単らしい。たとえば、何歳のころであれ、抗生物質の服用によって腸内微生物の多様性を低下させることは比較的簡単なのに対し、いくつかの研究によれば、多様性のレベルを向上させ、疾病からの回復力や健康を改善することは困難である。どれほどプロバイオティクス食品を摂取しても、いくらザワークラウトやキムチを食べても、いかなる食餌療法を実践しようとも、腸内微生物の基本的な構成と多様性は、比較的安定を保ったままでいるのだ。

しかし、だからといって白旗をあげる必要はない。プロバイオティクスによる介入は、マイクロバイオータが生成する代謝物質を変えて、腸の健康に資することが知られている。プロバイオティクスによる介入が腸内微生物の健康に与える効果は、マイクロバイオームが形成途上にある生後数年間、また、薬効範囲が広い抗生物質の服用によって腸内微生物の多様性が著しく低下しているとき、あるいは日常生活で恒常的にストレスを受けているときに、より大きくなる。

腸内微生物の多様性は、いかにして私たちを疾病から守ってくれるのか？　それは、健康な生態系が持つ二つの重要な特徴、すなわち安定性（スタビリティ）と回復力（レジリエンス）の高さに密接に結びついている。

▼安定性と回復力

人によって腸内に宿る微生物の種は異なるが、いくつかの主要な種は長期にわたって維持される。そして、このような安定性は健康にとって重要である。というのも、ストレスによる攪乱を受けていた場合に、安定性が高ければ良性の腸内微生物がもとの均衡状態に迅速に戻り、有益な活動を続けられるからだ。つまり、安定性はマイクロバイオームに回復力を与える。

それとは対照的に、特に攪乱に弱いマイクロバイオータを持つ人がいる。メキシコへの休暇旅行中に胃腸炎を発症し、症状が長引いたストーン夫人は、他の旅行者と比べて、明らかに安定性と回復力が低下したマイクロバイオームをそもそも宿していたと考えられる。彼女の腸内微生物の風景は、当時受けていた恒常的なストレスのせいで変化したのだろうか？　それとも、幼少期に一連の逆境を経験したために、安定性の低い微生物の風景が恒久的に成立してしまったのか？

腸内微生物の健康に関して現在確立されつつある生態学的な見方は、「健康なマイクロバイオームは決まった微生物種から構成される」とする、食品業界やメディアの主張とは好対照をなす。実のところ、個人間で共有される微生物種は一〇パーセントにすぎない。いい換えると、同様に健康なマイクロバイオームを宿していても、あなたと私の腸内微生物の構成は大幅に異なる。要するに、マイクロバイオータには、安定した健康状態が複数あるのだ。

この知見から、次のことがわかる。脳腸相関とその健康の統合度は、プレボテーラ属とバクテロイデス属の比率、あるいはファーミキューテス門とバクテロイデス門の比率の分析などといった、腸内細菌種の分析によっては単純に評価できない。また、どのプロバイオティクスを選択すればよいのか、どの食事法にどんな恩恵があるのかなどの問いに対して、あらゆるケースに回答できる万能な基準などない。

とはいえ、非常に異なる構成を有する二つの腸内微生物のコミュニティが、似通ったパターンの一連の代謝物質を生成する場合もある。ということは、今後マイクロバイオームの健康を評価する際には、単に微生物の構成を確認するのではなく、どの遺伝子が発現し、どの代謝経路が活性化しているのかを分析する必要があるだろう。

特殊な食餌療法などの単純な介入方法を導入するだけで、マイクロバイオームを最適化できるとは考えないほうがよい。ストレス、怒り、不安に結びついた不健康な内臓反応など、腸内微生物の働きに影響を及ぼすその他の諸要因は無視できないからだ。また、プロバイオティクスの豊富なヨーグルトを毎日食べていても、植物性の食物主体ではなく動物性脂肪を多量に含む食物を食べ続けていれば、あるいは短期間ザワークラウトやキムチを食べるだけでは、もっといえば単に穀物、複合炭水化物、グルテンをメニューから除いただけでは、マイクロバイオームを最適化することはできない。腸と脳の対話の慢性的障害の改善は、これらの介入方法のどれか一つだけを実践しても見込めない。シリアック病を抱えていないのにグルテンフリー食に切り替えたところで、グルテンフリー業界という一〇億ドル産業をさらに儲けさせることにはなっても、たいていのケースでは健康への長期的効果は得られないだろう。科学的な証拠に基づけば、食事の転換のみでは十分ではない。同時に、ライフスタイルも変えなければならないのだ。

いつ最適な健康に投資すべきか

「脳－腸－マイクロバイオーム」相関は、胎児期から乳児期にかけて（周産期）、成人後、高齢時という三つの時期に、健康障害による攪乱を受けると、もっとも損なわれやすい。科学者たちの一致した見解では、胎児のころから生後数年間にかけてが、長期的な健康にもっとも重要である。

「脳－腸－マイクロバイオーム」相関は、誕生前から一八歳ごろまでの人生の早い時期に、心理・社会的影響、食事、食品に含まれる化学物質（抗生物質、食品添加物、人工甘味料など）を介した、環境との相互作用を通じて形成される。誕生前から三歳にかけての周産期、乳児期は、マイクロバイオータの基盤形成にとりわけ重要な時期である。その時期には、マイクロバイオームも脳の神経回路も発達の途上にあり、この期間に生じた変化は永続しやすい。さらにいえば、内臓刺激やそれに結びついた情動的感情は、脳のデータベースに登録され、生涯バックグラウンドで作用する情動、気質、直感的判断力の基盤を形成する。

成人後の全生涯を通じて、「私たちが何を食べるか／どう感じるか」は、免疫細胞、ホルモンやセロトニンを含む細胞、感覚神経終末など、腸内に存在する他の主要なプレーヤーたちと腸内微生物が交わす、化学物質を介した会話に深い影響を及ぼす。さらに、この「腸を本拠地とする委員会」は脳にシグナルを送り、食欲、ストレス感受性、感情、直感的判断に影響を及ぼす。その一方、情動やその関連の内臓反応は、腸内で交わされる複雑な対話を変え、この変化によって脳に送り返されるメッセージのタイプが左右される。

腸とマイクロバイオータと脳の三者間で交わされる対話の変化の影響は、年齢を重ねてマイクロバイオータの多様性と回復力が低下するまで表に現われないこともある。また、その多様性と回復力の低下によって、アルツハイマー病やパーキンソン病などの神経変性疾患を発症しやすくなる。その種の破壊的な障害の発症を防ぐためには、脳に対するダメージが重い症状となって出現するはるか以前の幼少期から、「脳－腸－マイクロバイオータ」相関の扱いに十分な注意を払っていなければならない。

マイクロバイオームの改善による健康増進の指針

腸内微生物と腸と神経系のあいだの、化学物質を介した複雑な会話の様相が急速に解明されていくにつれ、この知見の健康増進への応用に関して、貴重な情報が得られるようになった。しかし科学的な証拠に基づく指針を紹介する前に、答えなければならないいくつかの重要な問いがある。スタンフォード大学の微生物学者デイヴィッド・レルマンは、以下のように要約した。

・誕生後、ヒトマイクロバイオータの構成を決めるもっとも重要なプロセスや要因とは何か？
・子どものころに形成された腸内微生物の構成は、成人後の健康状態や病気へのかかりやすさに影響を及ぼすのか？
・マイクロバイオームの安定性と回復力のもっとも重要な決定因子は何か？
・マイクロバイオータの安定性や回復力を向上させるにはどうすればよいのか？
・いかにして不健康なマイクロバイオータの健康を回復できるのか？

以上の問いに答えるためには、マイクロバイオームの障害を含め、相互に関係していると考えられるいくつかの病因を知っておく必要がある。

腸内微生物の構成や、それによって生成されるシグナル分子を評価するための方法が考案されれば、抗生物質、ストレス、食事、あるいは不安定さをもたらすその他の要因に対する各人の脆弱性を測定し、疾病の発症を防ぐための、あるいはマイクロバイオームを健康な状態に回復させるための、生活習慣の変更、食餌介入、最新のセラピーを基盤とする個人向けの治療法を提供できるようになるだろう。最近の研究によれば、マイクロバイオームの構成をはじめとするいくつかの個人的な要因を考慮してカスタマイズされた食餌介入は、食事後の血糖値コントロールの効率を改善する。

あるいは、幼少期にマイクロバイオームを検査することによって、将来発症する身体や脳の疾患の徴候を見つけられるようになるかもしれない。便のサンプルを用いた腸内微生物の分析は、ヘルスケアのもっとも強力なスクリーニングツールの一つになるだろう。それによって、自閉症スペクトラム障害、パーキンソン病、アルツハイマー病、うつ病などの、いまだよく理解されていない脳腸障害を含め、さまざまな疾病の検出や、疾病に対する脆弱性の発見が可能になるはずだ。

また、新たな治療法が考案される可能性もある。微生物学者やベンチャー企業のCEOたちは、新たな治療法の開発を目指して、ヒトマイクロバイオームの掘り起こしに余念がない。彼らはすでに、ヒトマイクロバイオータに数々の新薬候補を発見している。また、患者の腸内微生物の構成を変えることで、不安障害、うつ病、さらにはIBSや慢性便秘などの脳や腸の障害を治療することを企図しており、遺伝子を組み換えたプロバイオティクス微生物の特許の取得を目標に掲げている。とはいえ、その実現は予想以上に困難かもしれない。マイクロバイオータは、相互作用する幾多もの微生物種で構成される。したがって、生態系全体のバランスを崩さずに、個々の微生物種をコントロールしたり、加えたり、操作したりすることは非常に難しい。遠い将来、ナノテクノロジーや遺伝子を組み換えたプロバイオティクスを用いてマイクロバイオータを操作する高価な治療により、複雑な生態系を構成する個々の微生物の操作が可能になるかもしれない。だが、当分は治療に利用できるようにはならないだろう。

その代わり、現在でも大金をはたかずに手軽に利用できるアプローチがある。『サイエンス』誌に最近掲載された論文で、オックスフォード大学のヨナス・シュルターとケビン・フォスターは、私たち一人ひとりが、微生物コミュニティの持つ系の大きさに即した特性を操作する「生態系エンジニア」としての役割を果たすことができると論じている。これは、生態系の設計の基本をよく理解し、「最適な健康増進法」などといった謳い文句で煽る健康法には、つねに疑いの目を向けたほうがよいことを意味する。

以下、あなたが「生態系エンジニア」になるための一〇の指針を列記しておこう。

▼自然で有機的なマイクロバイオームを育成する

マイクロバイオームを農場、マイクロバイオータをそこで飼われる動物と見なし、その多様性、安定性、健康、そして脳に影響を及ぼす有益なシグナル分子の生成を最大化するには、どんな飼料を与えるべきかを考えよう。有害な化学物質や、不健康な食品添加物が多量に含まれているとわかっている飼料をわざわざ与えるだろうか？　そう考えてみることで、食事コントロールの第一歩を踏み出せるだろう。この心構えがあれば、ファストフードに手を出そうとしたときや、レストランでデザートを注文したくなったときには、考えなおせるようになるはずだ。

▼動物性脂肪を控える

典型的なアメリカの日常食に含まれる動物性脂肪は、見た目でわかろうが、原型をとどめないほど加工されていようが、いずれにせよ健康を損なう。ウエストのサイズは増大し、最近の研究によれば、とりわけ脂肪分の多い加工肉は、乳がん、結腸がん、前立腺がんを含め、いくつかの重病を発症するリスクを高める。動物性脂肪を大量に摂取すると、脳の健康も損なわれる。また、腸内微生物が行なう、腸の免疫系を介した脳へのシグナル伝達が脂肪分の摂取によって変化すると、神経系の構造や機能も変化をきたすことを示す科学的証拠が得られつつある。私たちの脳腸相関は、脂肪やコーンシロップ〔トウモロコシのでんぷんからつくられる液糖〕の日々の大量摂取に対応できるよう進化してはおらず、高脂肪食は、脳の健康を阻害する無節操な食習慣という悪循環を始動する。そのことをしっかりと肝に銘じておこう。

▼腸内微生物の多様性を最大化する

腸内微生物の多様性を最大化するためには、その回復力を高め、慢性疾患に対する脳の脆弱性を低下させ、栄養士、心臓専門医、公衆衛生士のアドバイスに従う必要がある。魚類や家禽類を原料とする、脂肪分の少ない肉を適量食べることに加え、植物繊維の形態で種々のプレバイオティクスを含む食物の摂取を増やすよう心がけるべきだ。今日では、その種の食物の組み合わせによって、腸内微生物の多様性を高められることが知られている。

アマゾンの熱帯雨林で暮らす原住民は、数百種にのぼる食用、あるいは薬用の植物に関する知識を持ち、また野生動物を原料とする多種類の食物を食べている。人類の腸は、その種の食用植物や薬用植物に含まれる無数のシグナルを検知してコード化する感覚メカニズムを、数十万年の時を経て進化させてきた。ワサビからトウガラシに至るまで、あるいはミントから甘味や苦味まで、各種薬草や植物性化学物質に反応する多数のセンサーが腸には備わっている。薬草や食物の摂取を通じて発せられるシグナルは、腸管神経系や脳に送られ、消化や感情に多大な影響を及ぼす。健康に資するのでなければ、自然は、このようなメカニズムをわざわざ数百万年もの時を費やして進化させはしなかったはずだ。

そして、腸に耳を澄ませる習慣を身につけよう。つまり、腸は自然環境のもとで育つきわめて多様な野菜や果物、あるいはそれらを原料とする食物や、少量の動物性タンパク質を処理する精巧なシステムを進化させたのであり、食品業界が加工食品に添加している、脂肪分、糖分、食品添加物の処理には適していない。この事実をつねに念頭に置いておくべきである。また、食物アレルギー（海産物やピーナッツなどに対するアレルギー）やシリアック病のような、命取りになりかねない疾病と診断されたのでなければ、とりわけ自然の恵みである植物性食物の多様性を制限するような極端な食事は避けるべきだ。「植物性食物を主体とする、多様性に富む食事を維持すべし」とする基本ルールの範囲内で、自分に合った食事を見つけよう。

▼大量生産された食品や加工食品は避け、なるべく有機栽培で育てられたものを食べる

マイケル・ポーランが著書『フード・ルール――人と地球にやさしいシンプルな食習慣64』で述べているアドバイスに従おう。スーパーでは食べ物らしい食べ物を買うべきである。食べ物らしく見えなければ、脳を阻害する人工甘味料、乳化剤、フルクトース・コーンシロップ、活性グルテンなどの食品添加物が含まれている可能性が高い。それと同じ理由により、スーパーで売られている食品の見かけには注意しよう。ラベルをよく読んで、成分や添加物、そして生産地を確認しよう。この確認を心がけていれば、買おうとしている魚や鶏肉が、飼料や飼育方法に関する規定のない国から輸入されたものだと気づいたり、低脂肪と銘打たれたポテトチップスを一袋食べるとどのくらいのカロリーを摂取することになるかがわかって、驚くはずだ。

現代の食品産業は、微生物世界の複雑性や、生命の多様さの重要性をまったく考慮せず、生産性と利益を最優先している。ウシ、家禽類、魚類やその他の海洋生物の工場式農場経営は、生態系の原理に反し、抗生物質をはじめとする化学物質を使用することでのみ維持可能な、生態的に荒廃した飼育場を造成している。また、飼育されている家畜や魚類の排出物や、抗生物質に対する抵抗力を獲得して飼育場の外に拡散した微生物は、環境にダメージを与える。さらには、そのような荒廃した生態系から漏れ出る物質は、水であれ、土壌であれ、空気であれ、周囲の住宅地に入り込んで人々の健康を

損なう。

土壌や植物や家畜の消化管に宿る微生物の多様性の低下は、私たちのマイクロバイオームや神経系にいずれダメージを与える可能性がある。遺伝子操作穀物を栽培する過程で用いられている殺虫剤は、たとえ直接的には人体に危害が及ばないとしても、腸内微生物の機能や健康、ならびに脳との相互作用に悪影響を及ぼす恐れがある。大量生産された肉類や海産食品に残留する少量の抗生物質についても、同じことが当てはまる。

▼発酵食品やプロバイオティクスを摂取する

この研究は発展途上だが、腸内微生物の多様性を保つには、発酵食品や、あらゆる種類のプロバイオティクスを定期的に摂取することが奨励される。とりわけ強いストレスにさらされている時期や、抗生物質の服用中、または高齢者に勧めたい。どんな発酵食品も、プロバイオティクス、すなわち健康に良い生きた微生物を含む。いくつかの市販の発酵乳製品、発酵飲料に含まれるプロバイオティクスや、錠剤のプロバイオティクスには、健康に対する効果が評価確認されている。とはいえ残念なことに、「健康に良い」とほのめかす何百もの、世に出回っている食品のうちの多くは、十分な数の生きた微生物が小腸や大腸に達して、能書きどおりの効力を発揮するかどうかさえ定かでない。しかし人類は何千年ものあいだ、殺菌されていない自然発酵の食物を食べてきた。あなたもそれをメニューに含めるべきだと思う。キムチ、ザワークラウト、昆布茶、味噌など、現在でも簡単に手に入る食品も多い。また、ケフィア、各種ヨーグルト、チーズなどの発酵乳製品にもプロバイオティクスが含まれている。つけ加えておくと、乳化剤、着色料、人工甘味料が添加されていない、脂肪分・糖分の少ないものを推奨する。

プロバイオティクス入りヨーグルトなどの発酵乳製品を食べれば、腸内微生物に（乳果オリゴ糖などの）プレバイオティクスの重要な原料を与えることができる。また、発酵野菜を食べれば、複合炭水化物で構成される食物繊維などの、別の形態のプレバイオティクスを与えられる。成人後に摂取したプロバイオティクス細菌は、マイクロバイオータの恒久的な構成メンバーにはならないが、プロバイオティクスの定期的な摂取は、ストレス下における腸内微生物の多様性の維持や、微生物が生成する代謝物質のパターンの正常化に役立つ。

▼妊娠時には栄養とストレスに留意する

あなたが出産を控えている女性なら、妊娠時からはじまって、出産時、母乳で乳児を育てている期間、そして子どもが三歳になってマイクロバイオータが完全に確立するころまで、自分の食べたものが子どもにも影響を及ぼすことに留意しておく必要がある。母体のマイクロバイオームは、胎児の脳の発達に影響を及ぼしうる代謝物質を生成する。また、食事によって「脳–腸–マイクロバイオーム」相関に引き起こされた炎症は、成長途上の胎児の脳を阻害する恐れがある。事実、妊娠中に本格的な炎症を抱え込むと、自閉症や統合失調症などを発症する大きなリスクが生じ、母親の高脂肪食に起因する低悪性度炎症は、胎児の脳の発達に微細な悪影響を及ぼす可能性がある。また、妊娠中や子どもの養育中に母親がストレスを受けると、子どもの脳やマイクロバイオータに負の作用がもたらされ、その結果、問題行動に至る場合がある。

▼食べ過ぎない

食べ過ぎなければ、消費カロリー量を低下させて、身体が必要としている代謝量に合わせられ、同時に脂肪分の摂取も減らせる。パッケージ製品を食べるときには、袋に記載されている一人あたりの適量に注意しよう。ポテトチップスの袋に記載されているカロリー量は、袋全体のカロリー量を示しているわけではないこともある。したがって、一人で一袋まるごと食べてしまうと、一日の適量よりもはるかに多いカロリーや脂肪を摂取する結果になる場合がある。

▼断食をして腸内微生物を飢えさせる

この数千年のあいだ、さまざまな文化や宗教のもとで実践されてきた伝統的な治療法として、定期的な断食がある。長めの断食には、脳の機能や健康に良い効果があるのかもしれない。有害な毒素を除去することで腸や身体を浄化するというのがその説明としてよく知られているものの、人々に長らく信じられてきたこの説を裏づける科学的証拠はほとんどない。ただし、腸とマイクロバイオータと脳の相互作用に関して現在知られているところに基づけば、断食は、マイクロバイオームの構成と機能に、そしておそらく脳にも、とても大きな効果を及ぼすことが考えられる。

胃に内容物が残っていないときには、食道から結腸の末端に向かって、ゆっくりと力強く移動する高振幅の収縮が周期的に生じることを思い出してほしい。それとともに、膵臓と胆嚢は同期して消化液を分泌する。ＭＭＣ（migrating motor complex）と呼ばれるこの反射反応の全般的な効果は、週に一度の道路清掃にたとえられる。この道路清掃が、腸内微生物にいかなる作用を及ぼすのか、また、微生物が生成する代謝物質を変化させるのかはわかっていないが、通常は少数の微生物しか生息していない小腸からほとんどの腸内微生物が宿る結腸へと、微生物を掃き出していることを示す確たる証拠がある。よって、ＭＭＣが不活発な人は、そうでない人より多くの微生物を小腸内に宿している。この現象は、小腸における細菌過剰繁殖と呼ばれ、それによって、腹部の不快感、膨満感、便通の変化が引き起こされる。断食は大腸に宿る微生物の過剰も緩和するのか、また、腸壁付近に生息する微生物にも効果があるのか否かは、現在のところ定かではない。

断食はまた、腸と脳のコミュニケーションに必須の、腸内のさまざまな感覚メカニズムを再設定する効果をもたらすのかもしれない。それには、満腹感を検知する食欲コントロールメカニズムも含まれる。一日以上腸内から脂肪分を締め出すことで、コレシストキニンやレプチンなどのホルモンに対する迷走神経終末の感受性を回復させ、視床下部の感受性設定を正常なレベルに戻せるだろう。

▼強いストレスを受けているとき、怒っているとき、悲しいときは食べるのを控える

最適な腸内微生物を育てるにあたって、何を食べるかは話の半分にすぎない。内臓反応という形態で、情動が、腸や腸内微生物の生息環境に重大な影響を及ぼしうることはすでに見た。ネガティブな情動は、さまざまなあり方で「脳－腸－マイクロバイオータ」相関のバランスを崩す。腸を漏れやすくし、腸の免疫系を活性化させ、腸壁の内分泌細胞に、ストレスホルモンのノルエピネフリンやセロ

トニン分子などのシグナル分子を分泌させる。また、腸内微生物コミュニティの主たるメンバー、とりわけ乳酸菌やビフィズス菌を低減させる。そのために、腸内微生物の振る舞いが顕著に変わることもある。このような微生物の振る舞いの変化は、微生物コミュニティの構成、微生物が食物を分解する方法、脳に送られる代謝物質の種類に影響を及ぼす可能性がある。

以上のような理由から、スーパーで食品を買うときにいくら気をつけたとしても、あるいは健康に良いとされる流行の食事法の効果をいかに固く信じていたとしても、食卓では、ストレス、怒り、悲しみ、不安の作用が、つねに立ち現われる。そのような情動反応は食事を台無しにするばかりでなく、腸や脳の健康も損なう。初めて入ったレストランで、トイレの近くの席を確保できずに不安が高じると食物に対する耐性を失うフランクや、ストレスを受けると嘔吐が止まらなくなるビルの例を思い出してほしい。また、ストレスや、身体に感じるネガティブな情動に気を遣わなければ、不健康な気晴らし食品に手を出しやすくなる。

だから、何かを口にする前には、心と身体をチェックして、沸き起こる情動に注意を向けよう。ストレスを受けているあいだや、不安、怒りを感じているときには、腹に食物を詰め込んで事態を悪化させることは避けるべきだ。

つけ加えておくと、不安障害や抑うつを抱える人や、性格的に常に不安を感じている人に関していえば、腸内微生物の活動に対するネガティブな心理状態の影響は、微生物が食物の残留物を処理しているときにさらに明確に現われ、たとえそれに気づいたとしても状況を変えることは困難である。その場合、その種の症状の診療に長けた医師や精神科医に相談したほうが賢明であろう。

▼皆で食事を楽しむ

ネガティブな情動が「脳－腸－マイクロバイオータ」相関に悪影響を及ぼすのに対し、幸福、喜び、社会的な絆の感覚は良い影響を与えるはずだ。幸福を感じているときに食事をすると、脳は腸に、腸内微生物を喜ばせる特殊な成分のごとく作用するシグナルを送る。すると満足した微生物は、脳の健康に資する代謝物質を生成する。そう私は考えている。いくつかの科学論文で論じられているように、地中海式食事法で得られる健康への恵みのいくぶんかは、それを実践している国々でよく見られる、親密な社会的関係やライフスタイルに由来するらしい。社会的な絆の感覚や幸福感が、腸や、マイクロバイオータの反応に影響を及ぼすことは、ほぼまちがいない。

身体を精査してどう感じているのかに気づいたら、次は前向きな気分に切り替えて、この気分転換が自分の健康に与えた効果を体験するようにしよう。その実践には、認知行動療法、催眠、セルフリラクゼーション、マインドフルネス・ストレス低減法など、さまざまな方法が有効なことが実証されている。食事をするたびに効果が感じられる場合もあれば、長期間かけて徐々に健康状態が改善する場合もあるだろう。

内臓感覚に耳を澄ます

マインドフルネス・ストレス低減法は、内臓感覚に耳を澄ますことによって、ネガティブな思考や記憶を和らげようとするもので、ひいては脳腸相関の障害を緩和する。

マインドフルネス瞑想法は、一般的には「判断力を行使することなく、今この瞬間の経験に注意を向けること」とされる。それには、「今この瞬間に集中し、それに対する注意を維持すること」「情動をコントロールする能力を向上させること」「自己認識を深めること」という、相互に関連する三つの技術をマスターしなければならない。通常は、身体が脳に送るシグナルの大半は気づかれない。マインドフルネス瞑想法の主な要素は、深い腹式呼吸に結びついた刺激、消化器系の状態などの身体刺激に対して、より深い気づきを得ることにある。健康、あるいは不健康な内臓反応に結びついた内臓感覚に対する気づきによって、効率良く情動をコントロールできるようになる。私の同僚キルステン・ティリッシュが行なった研究を含めたいくつかの脳画像研究によれば、瞑想は、ものごとに注意を払い、周囲の世界や体内で生じている事象に対する価値判断を補助する役割を担う主要な脳領域に、影響を及ぼす。また、身体意識、記憶、情動のコントロールに関与するいくつかの脳領域、ならびに左右両半球の解剖学的結合に、構造的な変化をもたらす。

脳とマイクロバイオータをフィットさせる

運動は健康に良い——これに疑いの余地はない。規則正しい運動をメニューに取り込まない健康法など存在しないといってよい。たびたび報告されてきたように、エアロビック体操は、年齢を重ねることで大脳皮質が薄くなっていくのを食い止めるほか、認知機能の改善、ストレス反応の抑制など、脳の構造や機能に有益な効果を及ぼす。腸と腸内微生物と脳の緊密な相互作用を考慮すると、規則的な運動による脳の健康の増進は、まちがいなくマイクロバイオームの健康に資するはずだ。

人類は、地球上の未開の地を開拓し、広大な海を探検してきた。ところが、体内の複雑な宇宙という未開の地になると、最近まで探検はあまり進んでいなかった。この、脳と腸と腸内細菌が織りなす系（システム）と健康との関係について知るべきことはまだ山ほどあるが、現在姿を現わしつつある科学的知見は、われわれの健康への見方に大きな影響を及ぼしはじめている。

「脳－腸－マイクロバイオーム」相関は、食物、家畜の飼育方法、穀物や野菜の栽培方法、食品加工の手段、薬の服用、分娩方法、生涯を通じた環境微生物との相互作用に、脳の健康を結びつける。この驚くほど複雑に結びついた宇宙の仕組みが、今や解明されつつある。そのうち人類の占める部分はほんのちっぽけなものだ。思うに私たちは今後、世界を、自己を、そして自分の健康を、これまでとは異なる目で見るようになるだろう。

この新たな気づきから、医療の焦点は、「疾病の治療」から「最適な健康の確保」へと移行していくはずだ。焦土作戦のごとくがん治療に莫大な資金を注ぎ込んだり、機能を損なってでも消化管の手術で肥満を治療したり、認知能力を失った人を高額な延命システムで支援したり――このような試みは、やがて放棄されるだろう。今後私たちは、次々に開発される新薬の受け手に甘んじることなく、「脳－腸－マイクロバイオータ」相関の最適な機能を引き出すための知識、能力、意欲を備えた生態系エンジニアとなり、自ら進んで最適な健康の維持に努めるようになるはずだ。

マイクロバイオームの改善による健康増進の指針

- 自然で有機的なマイクロバイオームを育成する
- 動物性脂肪を控える
- 腸内微生物の多様性を最大化する
- 大量生産された食品や加工食品は避け、なるべく有機栽培で育てられたものを食べる
- 発酵食品やプロバイオティクスを摂取する
- 妊娠時には特に栄養とストレスに留意する
- 食べ過ぎない
- 断食をして腸内微生物を飢えさせる
- ストレスフルなとき、怒っているとき、悲しいときは食べるのを控える
- 皆で食事を楽しむ

謝辞

本書は、多くの人々の協力なくしては完成しなかった。まず、自分の経験を語ることによって、健康や疾病に対する腸と脳と心の相互作用の重要性を教えてくれた私の患者たちに感謝する。また、これまで腸とマイクロバイオータと脳の相互作用を研究するにあたって、欠かせない任務を果たしてくれたすばらしい同僚たちと研究チームにお礼の言葉を述べたい。ポール・ベル、スー・スモーリー、バーブ・ナターソンは、本書を執筆するよう私を励まし、完成まで支援してくれた。執筆という創造的なプロセスへの着手にあたって、寛大にも、美しい風景に囲まれたすばらしい場所を提供してくださったロブ・レメルソンとマルコ・カバリエリに感謝する。また、科学の最前線の知見を読みやすくおもしろい文章にするべく貴重な助言をしてくれた、ダン・ファーバーにも感謝する。サンドラ・ブレイクスリー、ビル・ゴードン、ロイス・フリピンからは創造性あふれる助言を得た。マーク・ライトからは、腸とマイクロバイオームのシグナル交換の進化について教わった。マルコ・カバリエリとナンシー・チャフィーには、地中海式食事法に関する実践的なアドバイスをもらった。一般読者向けの本の出版という世界に私を招待してくれたエージェントのキャサリン・コールズ、当初から本書の提案を強く支持し、執筆の過程を通じて編集上の貴重な助言をくださったハーパー・ウェイヴ社の編集者ジュリー・ウィルにも感謝する。ジョン・リーには図版を描いてもらった。そして最後になったが、執筆の過程で壁にぶつかったときにも書き続けるよう私を激励し、ここしばらくいないに等しかった夫を辛抱強く見守り続けてくれた、妻のミノウにもお礼の言葉を述べたい。

日本の読者へのあとがき

二〇一六年夏に本書をアメリカで最初に刊行して以来、私は規模の大小を問わず、国内各地で一般読者や専門家を相手に講演や対話を行ない、脳腸相関、栄養、最適な健康、福祉などのテーマに強い関心を寄せる人々と出会ってきた。

一連の経験を通して、心と脳と腸内微生物の相互作用、いわゆる「脳-腸-マイクロバイオーム」相関、およびそれが気分や健康全般に及ぼす影響に対する関心が、世界中で科学者のみならず、福祉・健康コミュニティに属する患者やスタッフのあいだでも、もっとも頻繁に取り上げられるトピックの一つになってきたことを実感する。

今や、脳と腸の相互作用の阻害は、活力の喪失、食物感受性、機能的消化管障害などの身体的な問題から、抑うつ、食物依存症などの精神疾患、さらにはアルツハイマー病やパーキンソン病などの脳疾患にいたる、さまざまな健康問題を引き起こすと考えられるようになった。数々のアイデアや仮説のなかには、思いつき程度のものもあるとはいえ、実験動物を用いた研究で裏づけられているものもあり、さらには少数ながら人間の被験者を対象に行なわれた、よく練られた実験で検証されているものもある。これまでに発表されてきた人間を対象とする研究の大多数は、腸内微生物と脳のあいだに因果関係があることを証明せずして、脳の変化や、（うつ病、アルツハイマー病、パーキンソン病にともなうもののような）行動異常と腸内微生物の構成の結びつきを示唆している。しかし現在では、因果関係を明らかにし、よくある脳障害の治療の新たな標的を特定することを目標に、十分に練られた実験、研究が続けられている。

現代のアメリカ的食生活のもたらす弊害に焦点を絞ることによって、私は、植物性複合炭水化物、魚類、植物性脂肪、穀物、自然発酵食品を基本とし、赤肉、動物性脂肪、精製糖、加工食品の割合が少ない食事が、世界のいかなる地域でも、健康な食事の見本になることを確信するようになった。さらにいえば、オリーブオイルや赤ワインに含まれるポリフェノールや、ウコン、クルクミン、ショウガなどの抗炎症効果を持つ植物性食物、あるいは微生物に富むさまざまな発酵食品の効果を加えれば、腸内微生物（健康に資する微生物の個体数や多様性を増大させる）、腸（腸管透過性を低下させる）（腸管透過性が高いと食物が未消化のまま吸収されやすくなる）、そして脳（低レベル炎症を防止する）に有益な食事のシンプルな見本ができあがるだろう。

本書では、私たちと腸内微生物の健康に大きく寄与する食事の一例として、欧米の科学雑誌に数多く発表されている疫学的な実験研究の裏づけのある、地中海式食事法に焦点を絞って取り上げた。しかしながら、脳の健康や食に関する研究を続けていくうちに、世界中のさまざまな地域に伝わる伝統食のほとんどが、個々の素材は各地域の事情で異なるとはいえ、地中海式食事法と非常によく似たパターンを示すことに気づいた。

日本、韓国、中国を含めたアジアの伝統食は、魚類、ポリフェノールや抗酸化物質に富む多様な植物性食物、穀物、大豆発酵食物などの自然発酵食品の消費量が高く、肉類や乳製品などの動物性食物の消費量が低い点で、地中海式食事法と共通する。加えて、地中海地域やアジア地域の諸文化のもとで発展した伝統的な食事の際には、複数の小ぶりの食器を用いて料理を分け合う、共同体的要素が色濃く認められる。日本の食事は、味噌汁の入った汁椀、ご飯を盛った茶碗、魚料理の皿、和え物や漬物など野菜料理が入ったいくつかの鉢からなる。使われる食器はすべて小さい。このような、複数の皿に少量の食物を盛って皆で分け合う日本の食事様式は、スペインのタパスや、発酵食物を主体とする韓国のバンチャンという食事様式にも類似する。日本食のもう一つの重要な要素は、食事の準備から食べるときの作法に至る、審美的側面への配慮である。伝統的な日本食は、車を運転しながら、あるいは講義に耳を傾けながら食べるような類のものではない。また、量や多量栄養素の構成に基づいて評価されるものでもない。日本を訪問したときの経験や、ロサンゼルスの日本食レストランでの経験に基づいていえば、日本食は、味覚のみならず視覚や舌触りを含むあらゆる感覚に訴えかけ、食べる人がその感覚を楽しめるよう配慮している。

しかし世界の他の地域と同様、数千年の長い伝統に根ざす伝統的な日本食は、自然や環境との宗教的なつながり、あるいは食をめぐって構築された親密な社会などを含め、ファストフードや、魚類から肉類への消費の移行をはじめとする急速な「食の欧米化」によって脅(おびや)かされつつある。中国や韓国と同じく、二〇世紀以降の日本は、経済的要因（牛肉の価格の低下など）、都市化（新鮮な酪農製品の途絶など）、入手可能な食料の全体的な増大のために、栄養面で劇的な変化を経験してきた。東京都民の赤肉の消費量は、一九四七年の時点と比べてほぼ二〇倍に増大し、日本史上初めて、海産物の消費量を上まわりつつある。

伝統的な日本食が長寿をもたらす秘訣であり、また、心循環器系や脳の健康に恩恵をもたらすものだということは、十分に立証されている。アメリカで暮らす日本人のあいだでは、肥満、メタボリックシンドローム、アルツハイマー病などの欧米の典型的な疾病の有病率が大幅に上昇しており、日本人以外のアメリカ在住者の割合に近づきつつある。のみならず、アメリカで暮らしていない日本人に関しても、ここ数十年における認知症の有病率が高まっている。この現象を説明する要因の一つとして、魚類や植物性食物を主体とした食事から、肉類などの動物性食物を主体とする食事への漸進的な転換が指摘されている。データが示すところでは、日本におけるアルツハイマー病患者の増加にもっとも強く結びつく食物関連の要因は、動物性脂肪の消費量の増大である。

日本や世界各地の伝統食がもたらす健康への恩恵は、腸内マイクロバイオータの構成や多様性と何か関係があるのではないだろうか。本書で論じたように、植物性食物を主体とした食事は、より健全な腸内マイクロバイオームの構築、ならびに身体や脳に低レベルの炎症をきたす危険性の軽減と結びついている。

ところが残念なことに、アジアのあらゆる国々で、植物性食物と動物性食物の消費量の割合の逆転が進んでおり、食習慣の欧米化が人々の健康のさまざまな側面を脅(おびや)かすようになってきた。沖縄料理を含めた伝統的な日本食の健康への効果は、理由は本書で述べたとおりだが、腸内マイクロバイオームとの相互作用における「最適な調節」に由来すると、私は考えている。

食事関連の要因に加え、禅の精神やマインドフルネス、さらには日本食特有の審美的な様式は、心と腸内マイクロバイオームのコミュニケーションにおいて重要な役割を果たしている。そしてこのコミュニケーションは、腸内微生物が宿る体内の環境を決定するという大事な役目を、脳に与えているのである。

私は、日本の読者の皆さんに、脳と腸とマイクロバイオームがいかに相互作用し、健康にどのような影響を及ぼすかを理解してもらうことだけでなく、伝統的な日本食の価値や、マインドフルネスがもたらす健康への恩恵を再発見し、最適な健康を維持するための戦略として非常に有用だと認識してもらえることを願っている。

二〇一七年八月五日　エムラン・A・メイヤー

カリフォルニア州ロサンゼルスにて

訳者あとがき

本書は、*The Mind-Gut Connection: How the Hidden Conversation Within Our Bodies Impacts Our Mood, Our Choices, and Our Overall Health*（HarperWave, 2016）の全訳である。著者のエムラン・メイヤーはドイツ出身の胃腸病学者で、現在はカリフォルニア大学ロサンゼルス校の教授を務めている。また、学問の世界のみならず、胃腸病や腸内微生物に関する知識を活かして、臨床の現場でも活躍している。なお、著者のホームページによれば、本書は一六か国で刊行が決まっており、世界的にも注目を集めているトピックの書物であることがうかがえる。

本書はタイトルが示すとおり、腸および腸内微生物と、脳・心・情動の相互作用（本文中、「脳腸相関」と示した）についてわかりやすく解説する。腸内微生物の集合は（腸内）マイクロバイオータとも呼ばれ、遺伝的な観点から表わす場合にはマイクロバイオームと呼ぶ。

マイクロバイオータに関しては、ブレイザー『失われてゆく、我々の内なる細菌』（山本太郎訳、みすず書房、二〇一五年）を皮切りに、コリン『あなたの体は9割が細菌——微生物の生態系が崩れはじめた』（矢野真千子訳、河出書房新社、二〇一六年）や、デ・サール＆パーキンズ『マイクロバイオームの世界――あなたの中と表面と周りにいる何兆もの微生物たち』(斉藤隆央訳、紀伊國屋書店、二〇一六年)など、関連書が続々と邦訳され、国内の一般書やマスメディアでも「腸内細菌」にスポットライトが当たり、一つのトレンドとなっているようだ。そのような状況にあってさらなる一冊を世に問うなら、そこには当然独自性が求められよう。

その点に関していえば、本書の際立った特徴は、腸と腸内のマイクロバイオータと、脳・心・情動の、関係に大きな比重が置かれている点にある。そのため、過敏性腸症候群(IBS)、うつ病、不安障害、自閉症、さらにはパーキンソン病をはじめとする神経変性疾患などの脳や心の病気に、腸やマイクロバイオータの異常が関連しうることが詳述されており、そこに心身の疾病に対する新たな視点を読み取ることができる。また、著者は医療にも従事しているので、担当した患者の症例が具体的かつ豊富に取り上げられており、それを参照しながら理論的な側面が解説されるため、非常にわかりやすい。

次に全体の構成を概観する。本書は三部構成である。

第1部では、脳と腸と腸内微生物が、一種のスーパーコンピューターとして情報ネットワークを構築していることを論じ、それに関する生理学的な基礎が解説される。第1章は「はじめに」に相当する章で、本書のおおまかな見取り図を描く。第2章では脳(心)が腸に影響を及ぼすトップダウンの作用が、第3章では腸から脳へのボトムアップの影響が論じられる。第4章は、脳と腸のコミュニケーションにおける腸内微生物(マイクロバイオータ)の役割を解説する。

第2部では、脳腸相関の働きによって何がもたらされ、この働きが阻害されるといかなる影響が現れるのかが詳細に解説される。第5章は、幼少期に健全な脳腸相関を築けるか否かが、生涯にわたる心身の健康の維持に多大な影響を及ぼすことを示す。第6章は、脳腸相関の観点から、人間の情動や行動をいかに理解できるかを論じる。第7章は、脳腸相関が情動や行動のみならず判断にも影響を及ぼすことを示す。

第3部では、第2部までの知見の実践的な応用が紹介される。第8章は、食べ物によって脳腸相関がいかなる影響を受けるかを論じる。第9章は、アメリカで典型的に見られる、動物性食物を大量に消費し、植物性食物の摂取が少ない食習慣が、脳腸相関に及ぼす悪影響が解説され、第10章では、前章までの議論に基づきながら、健康な生活を送るための食習慣について、具体的かつ実践的なアドバイスが提示される。

さて、前述のとおり腸の健康やマイクロバイオーム関連のトピックは、ここ二、三年でポピュラーサイエンス本の界隈（さらには自己啓発系に近い本）で流行している感がある。理由の一つには、アメリカをはじめとした各国で多額の予算がマイクロバイオーム研究に投じられており、その成果が出てきていることが考えられる。とはいえ、ぐにゃぐにゃした腸や、目には見えない微生物（細菌）が主人公なので、少々とっつきにくい。たとえばＡＩや宇宙などのトピックと比べると華々しさに欠ける、あるいは嫌悪を催す人さえいるかもしれない。しかし、もはやそんなことはいっていられない。腸や腸内微生物は、身体はもちろん心の健康にさえ、非常に大きな影響を及ぼすことがわかってきたからだ。

最近よく目にする主張に、医学や医療は、単に人間や哺乳類が保有する遺伝子のみならず、腸をはじめ、身体の内部や表面の組織に宿るマイクロバイオータが持つ遺伝子（マイクロバイオーム）も含めて、健康というものをとらえるべきだという主張がある。ちなみに、人間自身が持つ遺伝子の数はおよそ二万二〇〇〇だが、この数は人体の内部や表面に存在する遺伝子の総数の一パーセント相当にすぎず、残りの九九パーセントはマイクロバイオータが保有する。このように健康の維持には、マイクロバイオータとマイクロバイオームの役割が重要であることが認識され始めた今日、それらと脳・心・情動の相互作用の重要性を強調するこの本は、今後の医学や、健康増進に関する日常的実践に関して、一つの方向性を示す恰好の書物である。

もう一点指摘しておくと、本書のとりわけ第３部では、科学的な事実だけでなく、生活に密着した実践的な指針が紹介されている。もちろんアメリカで刊行されたこともあり、現状分析はおもにアメリカを対象としている。したがって、先進国のなかでも肥満率がもっとも低い国の一つとされ、伝統的に魚食中心の食文化を維持してきた日本には当てはまらない部分もある。しかし「日本の読者へのあとがき」（二九九頁）でも指摘されているように、現在では日本の状況はアメリカに近づきつつあり、予防という観点からも著者の提起する指針に耳を傾ける必要がある。このように、心身の健康を腸とマイクロバイオータという観点から解説する本書は、今こそ読むべき一冊だ。

ここで本書を読むにあたって誤解が生じないよう、いくつか用語の明確化をしておきたい。

まず、原題にも含まれるgutについて。科学論文ではなく一般読者を対象としているためか、この意味範囲の広い一般用語が本文内でも頻出し、翻訳上実に悩ましい問題を引き起こした（マイクロバイオーム系の本の翻訳者がよく指摘するところである）。というのもgutという用語は、①腸 ②胃腸 ③消化管 ④消化器系 ⑤内臓全体 と、さまざまな粒度で解釈できるが、日本語にはそのような伸縮自在の用語が存在しないからだ。

この問題について著者に相談したところ、おおむね腸内微生物が関与するケースでは①、それ以外のケースでは③④⑤ととらえればよいという回答が戻ってきた。ただし、日本語の既存の用語を考慮すると、この指針を厳密に適用することはむずかしい場合も多々あり、文脈に基づいて訳者が判断した箇所も多い（いずれにせよ、指針に厳密に従っても③④⑤の区別は文脈で判断するしかない）。そのため、厳密さを欠くケースもあろうが、腸、消化管、内臓という訳語に対応するのは、一部を除けば――まれにintestine（腸）などの用語も使われている――ほぼすべてgutであると理解されたい。

また、microbesを「細菌」ではなく「微生物」と訳したのは、本書でいうmicrobesには、古細菌、菌類、ウイルスなどの細菌（バクテリア）以外の生命形態も含まれるからである（二一一頁「マイクロバイオームの夜明け」の節参照）。

次に、情動（emotion）と感情（feeling）について。これら二つの用語は、さまざまな著者のあいだで、必ずしも意味が一致しない。そこで本書において採用した、自分なりにもっとも妥当だと思われた大まかな定義は、情動は身体内の機能状態で、感情は情動を意識的に経験すること、というとらえ方である。

訳者は、英米の大手版元から刊行される脳や心や情動をテーマとする書物はできる限り読むよう心掛けているが、そのうえで前掲の定義を一般的な emotion と feeling の区分と判断して、本書に訳出した。ただし単なる感情（feeling）ではなく、情動的感情（emotional feeling）と表現されている箇所もある。

最後に、内臓刺激（gut sensation）、内臓反応（gut reaction）、内臓感覚（gut feeling）について。この三つ組の概念を正しく理解することは、本書全体の理解にとっても非常に重要である。

まず gut をここでは「内臓」と訳した理由から説明しよう。この場合、内臓とは図1（一九頁）にあるようにおもに腸を指す。内臓と訳したのは、「腸感覚」とするより「内臓感覚」とするほうが日本語では一般的であり、直感的にとらえやすいと考えたからだ。内臓刺激と内臓反応は、それに合わせた。

次に、より重要な点を指摘しておく。内臓刺激（gut sensation）の sensation は、単に「感覚」「気持ち」「感じ」などと訳されることも多いが、本書では、脳に到達する以前の感覚入力を指す（図1参照）。「感覚」は一般に、感覚入力が意識にとらえられ、気づかれた状態をいうのに対し、gut sensation は、「脳によって処理されたあとで、感覚としてとらえられる可能性のある内臓由来の刺激とその作用」、つまり「感覚として顕現しうる素材」を意味する。よって内臓刺激と訳した。脳によって処理された後の気づかれた状態という意味には、内臓感覚（gut feeling）が対応する。

最後に内臓反応だが、これは腸自体の反応ではなく、内臓刺激を受けて引き起こされる、腸に対する脳の反応を指す（図1参照）。なお、この反応が内臓感覚として気づかれるか否かは問わない。

以上、かなり細かな区分ではあるが、このような意味のちがいに留意して読めば、本書をより正確に理解できるだろう。

最後に、訳者からの質問に丁寧に答え、日本の読者のためにあとがきを送ってくださった著者のエムラン・メイヤー氏にお礼の言葉を述べたい。また、この本は訳者にとって紀伊國屋書店から刊行される一〇冊目の翻訳書となる。同社出版部と担当編集者の和泉仁士氏にも感謝の言葉を述べる。

二〇一八年四月　高橋　洋

Neurogastroenterology and Motility 26 (2014): 303–15.

Wu, Gary D., Jun Chen, Christian Hoffmann, Kyle Bittinger, Ying-Yu Chen, Sue A. Keilbaugh, Meenakshi Bewtra, et al. "Linking Long-Term Dietary Patterns with Gut Microbial Enterotypes." *Science* 334 (2011): 105–8.

Wu, Gary D., Charlene Compher, Eric Z. Chen, Sarah A. Smith, Rachana D. Shah, Kyle Bittinger, Christel Chehoud, et al. "Comparative Metabolomics in Vegans and Omnivores Reveal Constraints on Diet-Dependent Gut Microbiota Metabolite Production." *Gut* 65 (2016): 63–72.

Yano, Jessica M., Kristie Yu, Gregory P. Donaldson, Gauri G. Shastri, Phoebe Ann, Liang Ma, Cathryn R. Nagler, Rustem F. Ismagilov, Sarkis K. Mazmanian, and Elaine Y. Hsiao. "Indigenous Bacteria from the Gut Microbiota Regulate Host Serotonin Biosynthesis." *Cell* 161 (2015): 264–76.

Yatsunenko, Tanya, Federico E. Rey, Mark J. Manary, Indi Trehan, Maria Gloria Dominguez-Bello, Monica Contreras, Magda Magris, et al. "Human Gut Microbiome Viewed Across Age and Geography." *Nature* 486 (2012): 222–27.

Zeevi, David, Tal Korem, Niv Zmora, David Israeli, Daphna Rothschild, Adina Weinberger, Orly Ben-Yacov, et al. "Personalized Nutrition by Prediction of Glycemic Responses." *Cell* 163 (2015): 1079–94.

Thaiss, Ori Maza, David Israeli, et al. "Artificial Sweeteners Induce Glucose Intolerance by Altering the Gut Microbiota." *Nature* 514 (2014): 181–86.

Taché, Yvette. "Corticotrophin-Releasing Factor 1 Activation in the Central Amygdale and Visceral Hyperalgesia." *Neurogastroenterology and Motility* 27 (2015): 1–6.

Thaler, Joshua P., Chun-Xia Yi, Ellen A. Schur, Stephan J. Guyenet, Bang H. Hwang, Marcelo O. Dietrich, Xiaolin Zhao, et al. "Obesity Is Associated with Hypothalamic Injury in Rodents and Humans." *Journal of Clinical Investigation* 122 (2012): 153–62.

Tillisch, Kirsten, Jennifer Labus, Lisa Kilpatrick, Zhiguo Jiang, Jean Stains, Bahar Ebrat, Denis Guyonnet, Sophie Legrain-Raspaud, Beatrice Trotin, Bruce Naliboff, and Emeran A. Mayer. "Consumption of Fermented Milk Product with Probiotic Modulates Brain Activity." *Gastroenterology* 144 (2013): 1394–401, 1401.e1–4.

Tomiyama, A. Janet, Mary F. Dallman, Ph.D., and Elissa S. Epel. "Comfort Food Is Comforting to Those Most Stressed: Evidence of the Chronic Stress Response Network in High Stress Women." *Psychoneuroendocrinology* 36 (2011): 1513–19.

Truelove, Sidney C. "Movements of the Large Intestine." *Physiological Reviews* 46 (1966): 457–512.

Trust for America's Health Foundation and Robert Wood Johnson Foundation. "Obesity Rates and Trends: Adult Obesity in the US." http://stateofobesity.org/rates/ (accessed September 2015)

Ursell, Luke K., Henry J. Haiser, Will Van Treuren, Neha Garg, Lavanya Reddivari, Jairam Vanamala, Pieter C. Dorrestein, Peter J. Turnbaugh, and Rob Knight. "The Intestinal Metabolome: An Intersection Between Microbiota and Host." *Gastroenterology* 146 (2014): 1470–76.

Vals-Pedret, Cinta, Aleix Sala-Vila, DPharm, Mercè Serra-Mir, Dolores Corella, DPharm, Rafael de la Torre, Miguel Ángel Martínez-González, Elena H. Martínez-Lapiscina, et al. "Mediterranean Diet and Age-Related Cognitive Decline: A Randomized Clinical Trial." *Journal of the American Medical Association Internal Medicine* 175 (2015): 1094–1103.

Van Oudenhove, Lukas, Shane McKie, Daniel Lassman, Bilal Uddin, Peter Paine, Steven Coen, Lloyd Gregory, Jan Tack, and Qasim Aziz. "Fatty Acid–Induced Gut-Brain Signaling Attenuates Neural and Behavioral Effects of Sad Emotion in Humans." *Journal of Clinical Investigation* 121 (2011): 3094–99.

Volkow, Nora D., Gene-Jack Wangc, Dardo Tomasib, and Ruben D. Balera. "The Addictive Dimensionality of Obesity." *Biological Psychiatry* 73 (2013): 811–18.

Walsh, John H. "Gastrin (First of Two Parts) ." *New England Journal of Medicine* 292 (1975): 1324–34.

—— "Peptides as Regulators of Gastric Acid Secretion." *Annual Review of Physiology* 50 (1998): 41–63.

Weltens, N., D. Zhao, and Lukas Van Oudenhove. "Where is the Comfort in Comfort Foods? Mechanisms Linking Fat Signaling, Reward, and Emotion."

Experience as a Developmental Risk Factor for Later Psychopathology: Evidence from Rodent and Primate Models." *Development and Psychopathology* 13 (2001): 419–49.

Sapolsky, Robert. "Bugs in the Brain." *Scientific American*, March 2003, 94.

Scheperjans, Filip, Velma Aho, Pedro A. B. Pereira, Kaisa Koskinen, Lars Paulin, Eero Pekkonen, Elena Haapaniemi, et al. "Gut Microbiota Are Related to Parkinson's Disease and Clinical Phenotype." *Movement Disorders* 30 (2015): 350–58.

Schnorr, Stephanie L., Marco Candela, Simone Rampelli, Manuela Centanni, Clarissa Consolandi, Giulia Basaglia, Silvia Turroni, et al. "Gut Microbiome of the Hadza Hunter-Gatherers." *Nature Communications* 5 (2014): 3654.

Schulze, Matthias B., Kurt Hoffmann, JoAnn E. Manson, Walter C. Willett, James B. Meigs, Cornelia Weikert, Christin Heidemann, Graham A. Colditz, and Frank B. Hu. "Dietary Pattern, Inflammation, and Incidence of Type 2 Diabetes in Women." *American Journal of Clinical Nutrition* 82 (2005): 675–84; quiz 714–15.

Seeley, William W., Vinod Menon, Alan F. Schatzberg, Jennifer Keller, Gary H. Glover, Heather Kenna, Allan L. Reiss, and Michael D. Greicius. "Dissociable Intrinsic Connectivity Networks for Salience Processing and Executive Control." *Journal of Neuroscience* 27 (2007): 2349–56.

Sender, Ron, Shai Fuchs, and Ron Milo. "Are We Really Vastly Outnumbered? Revisiting the Ratio of Bacterial to Host Cells in Humans." *Cell* 164 (2016): 337–340.

Shannon, Kathleen M., Ali Keshavarzian, Hemraj B. Dodiya, Shriram Jakate, and Jeffrey H. Kordower. "Is Alpha-Synuclein in the Colon a Biomarker for Premotor Parkinson's Disease? Evidence from 3 Cases." *Movement Disorders* 27 (2012): 716–19.

Spiller, Robin, and Klara Garsed. "Postinfectious Irritable Bowel Syndrome." *Gastroenterology* 136 (2009): 1979–88.

Stengel, Andreas, and Yvette Taché. "Corticotropin-Releasing Factor Signaling and Visceral Response to Stress." *Experimental Biology and Medicine (Maywood)* 235 (2010): 1168–78.

Sternini, Catia, Laura Anselmi, and Enrique Rozengurt. "Enteroendocrine Cells: A Site of 'Taste' in Gastrointestinal Chemosensing." *Current Opinion in Endocrinology, Diabetes and Obesity* 15 (2008): 73–78.

Stilling, Roman M., Seth R. Bordenstein, Timothy G. Dinan, and John F. Cryan. "Friends with Social Benefits: Host-Microbe Interactions as a Driver of Brain Evolution and Development?" *Frontiers in Cellular and Infection Microbiology* 4 (2014): 147.

Sudo, Nobuyuki, Yoichi Chida, Yuji Aiba, Junko Sonoda, Naomi Oyama, Xiao-Nian Yu, Chiharu Kubo, and Yasuhiro Koga. "Postnatal Microbial Colonization Programs the Hypothalamic-Pituitary-Adrenal System for Stress Response in Mice." *Journal of Physiology* 558 (2004): 263–75.

Suez, Jotham, Tal Korem, David Zeevi, Gili Zilberman-Schapira, Christoph A.

Charlotte Bernard, Olivier Periot, Bixente Dilharreguy, et al. "Mediterranean Diet and Preserved Brain Structural Connectivity in Older Subjects." *Alzheimer's and Dementia* 11 (2015): 1023–31.

Pollan, Michael. *Food Rules: An Eater's Manual*. New York: Penguin Books, 2009. [『フード・ルール——人と地球にやさしいシンプルな食習慣 64』ラッセル秀子訳、東洋経済新報社、2010 年]

Psaltopoulou, Theodora, Theodoros N. Sergentanis, Demosthenes B. Panagiotakos, Ioannis N. Sergentanis, Rena Kosti, and Nikolaos Scarmeas. "Mediterranean Diet, Stroke, Cognitive Impairment, and Depression: A Meta-Analysis." *Annals of Neurology* 74 (2013): 580–91.

Psichas, Arianna, Frank Reimann, and Fiona M. Gribble. "Gut Chemosensing Mechanisms." *Journal of Clinical Investigation* 125 (2015): 908–17.

Qin, Junjie, Ruiqiang Li, Jeroen Raes, Manimozhiyan Arumugam, Kristoffer Solvsten Burgdorf, Chaysavanh Manichanh, Trine Nielsen, et al. "A Human Gut Microbial Gene Catalogue Established by Metagenomic Sequencing." *Nature* 464 (2010): 59–65.

Queipo-Ortuno, Maria Isabel, María Boto-Ordóñez, Mora Murri, Juan Miguel Gomez-Zumaquero, Mercedes Clemente-Postigo, Ramon Estruch, Fernando Cardona Diaz, Cristina Andrés-Lacueva,and Francisco J. Tinahones. "Influence of Red Wine Polyphenols and Ethanol on the Gut Microbiota Ecology and Biochemical Biomarkers." *American Journal of Clinical Nutrition* 95 (2012): 1323–34.

Raybould, Helen E. "Gut Chemosensing: Interactions Between Gut Endocrine Cells and Visceral Afferents." *Autonomic Neuroscience* 153 (2010): 41–46.

Relman, David A. "The Human Microbiome and the Future Practice of Medicine." *Journal of the American Medical Association* 314 (2015): 1127–28.

Rook, Graham A., and Christopher A. Lowry. "The Hygiene Hypothesis and Psychiatric Disorders." *Trends in Immunology* 29 (2008): 150–58.

Rook, Graham A., Charles L. Raison, and Christopher A. Lowry. "Microbiota, Immunoregulatory Old Friends and Psychiatric Disorders." *Advances in Experimental Medicine and Biology* 817 (2014): 319–56.

Roth, Jesse, Derek LeRoith, E. S. Collier, N. R. Weaver, A. Watkinson, C. F. Cleland, and S. M. Glick. "Evolutionary Origins of Neuropeptides, Hormones, and Receptors: Possible Applications to Immunology." *Journal of Immunology* 135 Suppl (1985): 816s–819s.

Roth, Jesse, Derek LeRoith, Joseph Shiloach, James L. Rosenzweig, Maxine A. Lesniak, and Jana Havrankova. "The Evolutionary Origins of Hormones, Neurotransmitters, and Other Extracellular Chemical Messengers: Implications for Mammalian Biology." *New England Journal of Medicine* 306 (1982): 523–27.

Rutkow, Ira M. "Beaumont and St. Martin: A Blast from the Past." *Archives of Surgery* 133 (1998): 1259.

Sanchez, M. Mar, Charlotte O. Ladd, and Paul M. Plotsky. "Early Adverse

Mawe, Gary M., and Jill M. Hoffman. "Serotonin Signaling in the Gut: Functions, Dysfunctions, and Therapeutic Targets." *Nature Reviews Gastroenterology and Hepatology* 10 (2013): 473–86.

Mayer, Emeran A. "Gut Feelings: The Emerging Biology of Gut-Brain Communication." *Nature Reviews Neuroscience* 12 (2011): 453–66.

——. "The Neurobiology of Stress and Gastrointestinal Disease." *Gut* 47 (2000): 861–69.

Mayer, Emeran A., and Pierre Baldi. "Can Regulatory Peptides Be Regarded as Words of a Biological Language." *American Journal of Physiology* 261 (1991): G171–84.

Mayer, Emeran A., Rob Knight, Sarkis K. Mazmanian, John F. Cryan, and Kirsten Tillisch. "Gut Microbes and the Brain: Paradigm Shift in Neuroscience." *Journal of Neuroscience* 34 (2014): 15490–6.

Mayer, Emeran A., Bruce D. Naliboff, Lin Chang, and Santosh V. Coutinho. "V. Stress and Irritable Bowel Syndrome." *American Journal of Physiology—Gastrointestinal and Liver Physiology* 280 (2001): G519–24.

Mayer, Emeran A., Bruce D. Naliboff, and A. D. Craig. "Neuroimaging of the Brain-Gut Axis: From Basic Understanding to Treatment of Functional GI disorders." *Gastroenterology* 131 (2006): 1925–42.

Mayer, Emeran A., David Padua, and Kirsten Tillisch. "Altered Brain-Gut Axis in Autism: Comorbidity or Causative Mechanisms?" *Bioessays* 36 (2014): 933–39.

Mayer, Emeran A., Kirsten Tillisch, and Arpana Gupta. "Gut/Brain Axis and the Microbiota." *Journal of Clinical Investigation* 125 (2015): 926–38.

McGovern Institute for Brain Research at MIT. "Brain Disorders by the Numbers." January 16, 2014. https://mcgovern.mit.edu/brain-disorders/by-the-numbers#AD

Menon, Vinod, and Luciana Q. Uddin. "Saliency, Switching, Attention and Control: A Network Model of Insula Function." *Brain Structure and Function* 214 (2010): 655–67.

Mente, Andrew, Lawrence de Koning, Harry S. Shannon, and Sonia S. Anand. "A Systematic Review of the Evidence Supporting a Causal Link Between Dietary Factors and Coronary Heart Disease." *Archives of Internal Medicine* 169 (2009): 659–69.

Moss, Michael. *Salt, Sugar, Fat.* New York: Random House, 2013. [『フードトラップ——食品に仕掛けられた至福の罠』本間徳子訳、日経 BP 社、2014 年]

Pacheco, Alline R., Daniela Barile, Mark A. Underwood, and David A. Mills. "The Impact of the Milk Glycobiome on the Neonate Gut Microbiota." *Annual Review of Animal Biosciences* 3 (2015): 419–45.

Panksepp, Jaak. *Affective Neuroscience. The Foundations of Human and Animal Emotions.* Oxford: Oxford University Press, 1998.

Pelletier, Amandine, Christine Barul, Catherine Féart, Catherine Helmer,

Vaginal Microbiome by Maternal Stress Are Associated with Metabolic Reprogramming of the Offspring Gut and Brain." *Endocrinology* 156 (2015): 3265–76.

——. "A Novel Role for Maternal Stress and Microbial Transmission in Early Life Programming and Neurodevelopment." *Neurobiology of Stress* 1 (2015): 81–88.

Johnson, Pieter T. J., Jacobus C. de Roode, and Andy Fenton. "Why Infectious Disease Research Needs Community Ecology." *Science* 349 (2015): 1259504.

Jouanna, Jacques. *Hippocrates*. Baltimore: Johns Hopkins University Press, 1999.

Karamanos, B., A. Thanopoulou, F. Angelico, S. Assaad-Khalil, A. Barbato, M. Del Ben, V. Dimitrijevic-Sreckovic, et al. "Nutritional Habits in the Mediterranean Basin: The Macronutrient Composition of Diet and Its Relation with the Traditional Mediterranean Diet: Multi-Centre Study of the Mediterranean Group for the Study of Diabetes (MGSD) ." *European Journal of Clinical Nutrition* 56 (2002): 983–91.

Kastorini, Christina-Maria, Haralampos J. Milionis, Katherine Esposito, Dario Giugliano, John A. Goudevenos, and Demosthenes B. Panagiotakos. "The Effect of Mediterranean Diet on Metabolic Syndrome and Its Components: A Meta-Analysis of 50 Studies and 534,906 Individuals." *Journal of the American College of Cardiology* 57 (2011): 1299–1313.

Koenig, Jeremy E., Aymé Spor, Nicholas Scalfone, Ashwana D. Fricker, Jesse Stombaugh, Rob Knight, Largus T. Angenent, and Ruth E. Ley. "Succession of Microbial Consortia in the Developing Infant Gut Microbiome." *Proceedings of the National Academy of Sciences USA* 108 Suppl 1 (2011): 4578–85.

Krol, Kathleen M., Purva Rajhans, Manuela Missana, and Tobias Grossmann. "Duration of Exclusive Breastfeeding Is Associated with Differences in Infants' Brain Responses to Emotional Body Expressions." *Frontiers in Behavioral Neuroscience* 8 (2015): 459.

Le Doux, Joseph. *The Emotional Brain: The Mysterious Underpinnings of Emotional Life*. New York: Simon & Schuster, 1996. [『エモーショナル・ブレイン——情動の脳科学』松本元・川村光毅・小幡邦彦・石塚典生・湯浅茂樹訳、東京大学出版会、2003 年]

Ley, Ruth E., Catherine A. Lozupone, Micah Hamady, Rob Knight, and Jeffrey I. Gordon. "Worlds Within Worlds: Evolution of the Vertebrate Gut Microbiota." *Nature Reviews Microbiology* 6 (2008): 776–88.

Lizot, Jacques. *Tales of the Yanomami: Daily Life in the Venezuelan Forest*. Cambridge: Cambridge University Press, 1991.

Lopez-Legarrea, Patricia, Nicholas Robert Fuller, Maria Angeles Zulet, Jose Alfredo Martinez, and Ian Douglas Caterson. "The Influence of Mediterranean, Carbohydrate and High Protein Diets on Gut Microbiota Composition in the Treatment of Obesity and Associated Inflammatory State." *Asia Pacific Journal of Clinical Nutrition* 23 (2014): 360–68.

Lyte, Mark. "The Effect of Stress on Microbial Growth." *Anima: Health Research Reviews* 15 (2014): 172–74.

Gershon, Michael D. "5-Hydroxytryptamine (Serotonin) in the Gastrointestinal Tract." *Current Opinion in Endocrinology, Diabetes and Obesity* 20 (2013): 14–21.

——. *The Second Brain.* New York: HarperCollins, 1998.

Groelund, Minna-Maija, Olli-Pekka Lehtonen, Erkki Eerola, and Pentti Kero. "Fecal Microflora in Healthy Infants Born by Different Methods of Delivery: Permanent Changes in Intestinal Flora after Cesarean Delivery." *Journal of Pediatric Gastroenterology and Nutrition* 28 (1999): 19–25.

Grupe, Dan W., and Jack B. Nitschke. "Uncertainty and Anticipation in Anxiety: An Integrated Neurobiological and Psychological Perspective." *Nature Reviews Neuroscience* 14 (2013): 488–501.

Gu, Yian, Adam M. Brickman, Yaakov Stern, Christina G. Habeck, Qolamreza R. Razlighi, Jose A. Luchsinger, Jennifer J. Manly, Nicole Schupf, Richard Mayeux, and Nikolaos Scarmeas. "Mediterranean Diet and Brain Structure in a Multiethnic Elderly Cohort." *Neurology* 85 (2015): 1744–51.

Hamilton, M. Kristina, Gaëlle Boudry, Danielle G. Lemay, and Helen E. Raybould. "Changes in Intestinal Barrier Function and Gut Microbiota in High-Fat Diet-Fed Rats Are Dynamic and Region Dependent." *American Journal of Physiology—Gastrointestinal and Liver Physiology* 308 (2015): G840–51.

Henry J. Kaiser Family Foundation. "Health Care Costs: A Primer. How Much Does the US Spend on Health Care and How Has It Changed." May 1, 2012. http://kff.org/report-section/health-care-costs-a-primer-2012-report/

——. "Snapshots: Health Care Spending in the United States and Selected OECD Countries." April 12, 2011. http://kff.org/health-costs/issue-brief/snapshots-health-care-spending-in-the-united-states-selected-oecd-countries/

Hildebrandt, Marie A., Christian Hoffman, Scott A. Sherrill-Mix, Sue A. Keilbaugh, Micah Hamady, Ying-Yu Chen, Rob Knight, Rexford S. Ahima, Frederic Bushman, and Gary D. Wul. "High-Fat Diet Determines the Composition of the Murine Gut Microbiome Independently of Obesity." *Gastroenterology* 137 (2009): 1716–24.e1–2.

House, Patrick K., Ajai Vyas, and Robert Sapolsky. "Predator Cat Odors Activate Sexual Arousal Pathways in Brains of Toxoplasma gondii Infected Rats." *PLoS One* 6 (2011): e23277.

Hsiao, Elaine Y. "Gastrointestinal Issues in Autism Spectrum Disorder." *Harvard Review of Psychiatry* 22 (2014): 104–11.

Human Microbiome Consortium. "A Framework for Human Microbiome Research." *Nature* 486 (2012): 215–21.

Iwatsuki, Ken, R. Ichikawa, A. Uematsu, A. Kitamura, H. Uneyama, and K. Torii. "Detecting Sweet and Umami Tastes in the Gastrointestinal Tract." *Acta Physiologica (Oxford)* 204 (2012): 169–77.

Jaenig, Wilfrid. *The Integrative Action of the Autonomic Nervous System: Neurobiology of Homeostasis.* Cambridge: Cambridge University Press, 2006.

Jasarevic, Eldin, Ali B. Rodgers, and Tracy L. Bale. "Alterations in the

David, Lawrence A., Corinne F. Maurice, Rachel N. Carmody, David B. Gootenberg, Julie E. Button, Benjamin E. Wolfe, Alisha V. Ling, et al. "Diet Rapidly and Reproducibly Alters the Human Gut Microbiome." *Nature* 505 (2014): 559–63.

De Lartigue, Guillaume, Claire Barbier de La Serre, and Helen E Raybould. "Vagal Afferent Neurons in High Gat Diet-Induced Obesity: Intestinal Microflora, Gut Inflammation and Cholecystokinin." *Physiology and Behavior* 105 (2011): 100–105.

De Palma, Giada, Patricia Blennerhassett, J. Lu, Y. Deng, A. J. Park, W. Green, E. Denou, et al. "Microbiota and Host Determinants of Behavioural Phenotype in Maternally Separated Mice." *Nature Communications* 6 (2015): 7735.

Diaz-Heijtz, Rochellys, Shugui Wang, Farhana Anuar, Yu Qian, Britta Björkholm, Annika Samuelsson, Martin L. Hibberd, Hans Forssberg, and Sven Petterssonc. "Normal Gut Microbiota Modulates Brain Development and Behavior." *Proceedings of the National Academy of Sciences USA* 108 (2011): 3047–52.

Dinan, Timothy G., and John F. Cryan. "Melancholic Microbes: A Link Between Gut Microbiota and Depression?" *Neurogastroenterology and Motility* 25 (2013): 713–19.

Dinan, Timothy G., Catherine Stanton, and John F. Cryan. "Psychobiotics: A Novel Class of Psychotropic." *Biological Psychiatry* 74 (2013): 720–26.

Dorrestein, Pieter C., Sarkis K. Mazmanian, and Rob Knight. "Finding the Missing Links Among Metabolites, Microbes, and the Host." *Immunity* 40 (2014): 824–32.

Ernst, Edzard. "Colonic Irrigation and the Theory of Autointoxication: A Triumph of Ignorance over Science." *Journal of Clinical Gastroenterology* 24 (1997): 196–98.

Fasano, Alessio, Anna Sapone, Victor Zevallos, and Detlef Schuppan. "Nonceliac Gluten Sensitivity." *Gastroenterology* 148 (2015): 1195–1204.

Flint, Harry J., Karen P. Scott, Petra Louis, and Sylvia H. Duncan. "The Role of the Gut Microbiota in Nutrition and Health." *Nature Reviews Gastroenterology and Hepatology* 9 (2012): 577–89.

Francis, Darlene D., and Michael J. Meaney. "Maternal Care and the Development of the Stress Response." *Current Opinion in Neurobiology* 9 (1999): 128–34.

Furness, John B. "The Enteric Nervous System and Neurogastroenterology." *Nature Reviews Gastroenterology and Hepatology* 9 (2012): 286–94.

Furness, John B., Brid P. Callaghan, Leni R. Rivera, and Hyun-Jung Cho. "The Enteric Nervous System and Gastrointestinal Innervation: Integrated Local and Central Control." *Advances in Experimental Medicine and Biology* 817 (2014): 39–71.

Furness, John B., Leni R. Rivera, Hyun-Jung Cho, David M. Bravo, and Brid Callaghan. "The Gut as a Sensory Organ." *Nature Reviews Gastroenterology and Hepatology* 10 (2013): 729–40.

Chu, Hiutung, and Sarkis K. Mazmanian. "Innate Immune Recognition of the Microbiota Promotes Host-Microbial Symbiosis." *Nature Immunology* 14 (2013): 668–75.

Collins, Stephen M., Michael Surette, and Premysl Bercik. "The Interplay Between the Intestinal Microbiota and the Brain." *Nature Reviews Microbiology* 10 (2012): 735–42.

Costello, Elizabeth K., Keaton Stagaman, Les Dethlefsen, Brendan J. M. Bohannan, and David A. Relman. "The Application of Ecological Theory Toward an Understanding of the Human Microbiome." *Science* 336 (2012): 1255–62.

Coutinho, Santosh V., Paul M. Plotsky, Marc Sablad, John C. Miller, H. Zhou, Alfred I. Bayati, James A. McRoberts, and Emeran A. Mayer. "Neonatal Maternal Separation Alters Stress-Induced Responses to Viscerosomatic Nociceptive Stimuli in Rat." *American Journal of Physiology—Gastrointestinal and Liver Physiology* 282 (2002): G307–16.

Cox, Laura M., Shingo Yamanashi, Jiho Sohn, Alexander V. Alekseyenko, Jacqueline M. Young, Ilseung Cho, Sungheon Kim, Hullin Li, Zhan Gao, Douglas Mahana, Jorge G. Zarate Rodriguez, Arlin B. Rogers, Nicolas Robine, P'ng Loke, and Martin Blaser. *Cell* 158 (2014): 705–721.

Coyte, Katherine Z., Jonas Schluter, and Kevin R. Foster. "The Ecology of the Microbiome: Networks, Competition, and Stability." *Science* 350 (2015): 663–66.

Craig, A. D. *How Do You Feel? An Interoceptive Moment with Your Neurobiological Self.* Princeton, NJ: Princeton University Press, 2015.

——. "How Do You Feel—Now? The Anterior Insula and Human Awareness." *Nature Reviews Neuroscience* 10 (2009): 59–70.

——. "Interoception and Emotion: A Neuroanatomical Perspective." In *Handbook of Emotions*, 3rd ed. Edited by Michael Lewis, Jeannette M. Haviland-Jones, and Lisa Feldman Barrett, 272–88. New York: Guilford Press, 2008.

Critchley, Hugo D., Stefan Wiens, Pia Rotshtein, Arne Öhman, and Raymond J. Dolan. "Neural Systems Supporting Interoceptive Awareness." *Nature Neuroscience* 7 (2004): 189–95.

Cryan, John F., and Timothy G. Dinan. "Mind-Altering Microorganisms: The Impact of the Gut Microbiota on Brain and Behaviour." *Nature Reviews Neuroscience* 13 (2012): 701–12.

Damasio, Antonio. *Descartes' Error: Emotion, Reason, and the Human Brain.* New York: Putnam, 1996. [『デカルトの誤り――情動、理性、人間の脳』田中三彦訳、ちくま学芸文庫、2010年]

——. *The Feeling of What Happens: Body and Emotion in the Making of Consciousness.* New York: Harcourt Brace, 1999. [『無意識の脳　自己意識の脳――身体と情動と感情の神秘』田中三彦訳、講談社、2003年]

Damasio, Antonio, and Gil B. Carvalho. "The Nature of Feelings: Evolutionary and Neurobiological Origins." *Nature Reviews Neuroscience* 14 (2013): 143–52.

Gastroenterology 141 (2011): 599–609, 609.e1–3.

Berdoy, Manuel, Joanne P. Webster, and David W. Macdonald. "Fatal Attraction in Rats Infected with Toxoplasma gondii." *Proceedings of the Royal Society B: Biological Sciences* 267 (2000): 1591–94.

Bested, Alison C., Alan C. Logan, and Eva M. Selhub. "Intestinal Microbiota,Probiotics and Mental Health: From Metchnikoff to Modern Advances: Part II—Contemporary Contextual Research." *Gut Pathogens* 5 (2013): 3.

Binder, Elisabeth B., and Charles B. Nemeroff. "The CRF System, Stress, Depression, and Anxiety: Insights from Human Genetic Studies." *Molecular Psychiatry* 15 (2010): 574–88.

Blaser, Martin. *Missing Microbes*. New York: Henry Holt, 2014. [『失われてゆく、我々の内なる細菌』山本太郎訳、みすず書房、2015 年]

Braak, Heiko, U. Rüb, W. P. Gai, and Kelly Del Tredici. "Idiopathic Parkinson's Disease: Possible Routes by Which Vulnerable Neuronal Types May Be Subject to Neuroinvasion by an Unknown Pathogen." *Journal of Neural Transmission (Vienna)* 110 (2003): 517–36.

Bravo, Javier A., Paul Forsythe, Marianne V. Chew, Emily Escaravage, Hélène M. Savignac, Timothy G. Dinan, John Bienenstock, and John F. Cryan. "Ingestion of Lactobacillus Strain Regulates Emotional Behavior and Central GABA Receptor Expression in a Mouse via the Vagus Nerve." *Proceedings of the National Academy of Sciences USA* 108 (2011): 16050–55.

Bronson, Stephanie L., and Tracy L. Bale. "The Placenta as a Mediator of Stress Effects on Neurodevelopmental Reprogramming." *Neuropsychopharmacology* 41 (2016): 207–18.

Buchsbaum, Monte S., Erin A. Hazlett, Joseph Wu, and William E. Bunney Jr. "Positron Emission Tomography with Deoxyglucose-F18 Imaging of Sleep." *Neuropsychopharmacology* 25, no. 5 Suppl (2001): S50–S56.

Caldji, Christian, Ian C. Hellstrom, Tie-Yuan Zhang, Josie Diorio, and Michael J. Meaney. "Environmental Regulation of the Neural Epigenome." *FEBS Letters* 585 (2011): 2049–58.

Cani, Patrice D., and Amandine Everard. "Talking Microbes: When Gut Bacteria Interact with Diet and Host Organs." *Molecular Nutrition and Food Research* 60 (2016): 58–66.

Champagne, Frances, and Michael J. Meaney. "Like Mother, like Daughter: Evidence for Non-Genomic Transmission of Parental Behavior and Stress Responsivity." *Progress in Brain Research* 133 (2001): 287–302.

Chassaing, Benoit, Jesse D. Aitken, Andrew T. Gewirtz, and Matam Vijay-Kumar. "Gut Microbiota Drives Metabolic Disease in Immunologically Altered Mice." *Advances in Immunology* 116 (2012): 93–112.

Chassaing, Benoit, Omry Koren, Julia K. Goodrich, Angela C. Poole, Shanthi Srinivasan, Ruth E. Ley, and Andrew T. Gewirtz. "Dietary Emulsifiers Impact the Mouse Gut Microbiota Promoting Colitis and Metabolic Syndrome." *Nature* 519 (2015): 92–96.

参考文献

Aagaard, Kjersti, Jun Ma, Kathleen M. Antony, Radhika Ganu, Joseph Petrosino, and James Versalovic. "The Placenta Harbors a Unique Microbiome." *Science Translational Medicine* 6 (2014): 237ra65.

Abell, Thomas L., Kathleen A. Adams, Richard. G. Boles, Athos Bousvaros, S. K. F. Chong, David R. Fleisher, William L. Hasler, et al. "Cyclic Vomiting Syndrome in Adults." *Neurogastroenterology and Motility* 20 (2008): 269–84.

Aksenov, Pavel. "Stanislav Petrovic: The Man Who May Have Saved the World." BBC News, September 26, 2013. http://www.bbc.com/news/world-europe-24280831

Albenberg, Lindsey G., and Gary D. Wu. "Diet and the Intestinal Microbiome: Associations, Functions, and Implications for Health and Disease." *Gastroenterology* 146 (2014): 1564–72.

Alcock, Joe, Carlo C. Maley, and C. Athena Aktipis. "Is Eating Behavior Manipulated by the Gastrointestinal Microbiota? Evolutionary Pressures and Potential Mechanisms." *Bioessays* 36 (2014): 940–49.

Allman, John M., Karli K. Watson, Nicole A. Tetreault, and Atiya Y. Hakeem. "Intuition and Autism: A Possible Role for Von Economo Neurons." *Trends in Cognitive Neurosciences* 9 (2005): 367–73.

Almy, Thomas P., and Maurice Tulin. "Alterations in Colonic Function in Man Under Stress. I. Experimental Production of Changes Simulating the Irritable Colon." *Gastroenterology* 8 (1947): 616–26.

Aziz, Imran, Marios Hadjivassiliou, and David S. Sanders. "The Spectrum of Noncoeliac Gluten Sensitivity." *Nature Reviews Gastroenterology and Hepatology* 12 (2015): 516–26.

Baeckhed, Fredrik, Josefine Roswall, Yangqing Peng, Qiang Feng, Huijue Jia, Petia Kovatcheva-Datchary, Yin Li, et al. "Dynamics and Stabilization of the Human Gut Microbiome During the First Year of Life." *Cell Host and Microbe* 17 (2015): 690–703.

Bailey, Michael T., Gabriele R. Lubach, and Christopher L. Coe. "Prenatal Stress Alters Bacterial Colonization of the Gut in Infant Monkeys." *Journal of Pediatric Gastroenterology and Nutrition* 38 (2004): 414–21.

Bailey, Michael T., Scot E. Dowd, Jeffrey D. Galley, Amy R. Hufnagle, Rebecca G. Allen, and Mark Lyte. "Exposure to a Social Stressor Alters the Structure of the Intestinal Microbiota: Implications for Stressor-Induced Immunomodulation." *Brain, Behavior and Immunity* 25 (2011): 397–407.

Bercik, Premysl, Emmanuel Denou, Josh Collins, Wendy Jackson, Jun Lu, Jennifer Jury, Yikang Deng, et al. "The Intestinal Microbiota Affect Central Levels of Brain-Derived Neurotropic Factor and Behavior in Mice."

【ヤ行】

【ラ行】

【マ行】

【ハ行】

【ナ行】

【タ行】

【サ行】

【カ行】

索引

[著者]
エムラン・メイヤー　Emeran Mayer, M. D.
ドイツ生まれの胃腸病学者。カリフォルニア大学ロサンゼルス校（UCLA）教授。脳と身体の相互作用、特に脳と腸のつながりを40年にわたって研究し続け、ストレスとレジリエンス（回復力）を神経生物学的に研究するUCLAの付属機関、CNSRのディレクター、および潰瘍研究教育センター（CURE）の共同ディレクターを務める。脳と腸のつながり及び慢性的腹痛研究の第一人者として知られ、その研究は四半世紀にわたって米国国立保健研究所（NIH）の支援を受けている。また、アメリカ公共放送のラジオ（NPR）やテレビ（PBS）、ドキュメンタリー映画「In Search of Balance」（米・2016）への出演など、幅広く活動している。著者の研究は、『アトランティック』『サイエンティフィック・アメリカン』『ニューヨーク・タイムズ』『ガーディアン』などの新聞・雑誌のほか、さまざまな出版物で紹介、参照されている。ロサンゼルス在住。

[訳者]
高橋 洋（たかはし・ひろし）
翻訳家。同志社大学文学部文化学科卒（哲学及び倫理学専攻）。訳書にキャロル『セレンゲティ・ルール』、ドイジ『脳はいかに治癒をもたらすか』、レイン『暴力の解剖学』、ハイト『社会はなぜ左と右にわかれるのか』（以上、紀伊國屋書店）、ブルーム『反共感論』（白揚社）、ダン『世界からバナナがなくなるまえに』（青土社）ほかがある。

腸と脳

体内の会話はいかにあなたの気分や選択や健康を左右するか

2018年7月18日　第1刷発行
2025年4月4日　第16刷発行

著者　エムラン・メイヤー
訳者　高橋 洋
発行所　株式会社紀伊國屋書店
東京都新宿区新宿3-17-7
出版部（編集）電話　03-6910-0508
ホールセール部（営業）電話　03-6910-0519
〒153-8504　東京都目黒区下目黒3-7-10

装幀　水戸部 功
本文組版　明昌堂
印刷・製本　中央精版印刷

ISBN978-4-314-01157-0 C0040 Printed in Japan

定価は外装に表示してあります